# 湛庐 CHEERS

与最聪明的人共同进化

HERE COMES EVERYBODY

CHEERS
湛庐

LIFE · MAX TEGMARK
生命 3.0
BEING HUMAN IN THE AGE OF ARTIFICIAL INTELLIGENCE

[美]迈克斯·泰格马克 著 汪婕舒 译

人工智能时代
人类的进化与重生

浙江教育出版社·杭州

# 未来生命定义者

## 迈克斯·泰格马克

MAX TEGMARK

## 麻省理工学院物理系终身教授

很多初次见到迈克斯·泰格马克的人，经常会为他高大的身材、帅气的面容以及和蔼可亲的态度所着迷。的确，这位刚刚过知天命年纪的伟大科学家，与人们印象中的那种怪异与激进的科学极客形象相去甚远。

虽然在美国生活了20多年，但泰格马克却是个地地道道的瑞典人。他出生在瑞典，母亲卡琳·泰格马克（Karin Tegmark）是瑞典传染病控制研究所（Swedish Institute for Communicable Disease Control）的教授，父亲哈罗德·夏皮罗（Harold S. Shapiro）是瑞典皇家理工学院（Royal Institute of Technology）数学系的荣誉教授，因创建夏皮罗多项式而闻名世界。反观泰格马克的学业与职业道路，深深地烙着父亲的印迹：他大学毕业于斯德哥尔摩经济学院与瑞典皇家理工学院物理系，之后在加州大学伯克利分校物理系攻读了博士学位。毕业之后，泰格马克曾任职于宾夕法尼亚大学。如今，他已是麻省理工学院物理系终身教授。而他的父亲哈罗德·夏皮罗于1952年在麻省理工学院获得了博士学位。

## 数学宇宙缔造者
## 堪比"新时代的理查德·费曼"

在物理界，约翰·惠勒（John Wheeler）是当之无愧的传奇，他是全才式人物，无论搞科研还是带学生，包括识别、推广他人的智慧，可谓样样精通。在他的诸多明星学生中，除了诺贝尔物理学奖得主查德·费曼（Richard Feynman）和引力波项目奠基人基普·索恩（Kip Thorne）之外，还有休·埃弗里特（Hugh Everett）和迈克斯·泰格马克，前者在1954年提出"多重宇宙论"，而泰格马克发展了这一理论，致力于研究平行宇宙。2007年，泰格马克发表了一篇大受欢迎、谈论数学宇宙假说（MUH）的科学文章。文章指出，我们看到的物理实在其实都是数学结构——我们不只可以用数学描述所处的宇宙，甚至可以说宇宙本身就是数学。泰格马克是200余篇科技论文的作者或合著者，其中12篇曾经被引述超过500次，数十次出现在科学纪录片中，他关于星系团的研究获得了《科学》杂志"2003年度突破奖"第一名。泰格马克被誉为"最接近理查德·费曼的科学家"以及"当今最具原创力的物理学家之一"。

## 成立未来生命研究所
## 让人工智能为人类所用

几年前,在伦敦宣传《穿越平行宇宙》一书时,泰格马克抽空参观了位于伦敦南青辛顿区的英国科学博物馆。一个平日很少流泪的人,在走出大门时,却哭了——就在熙熙攘攘的隧道里。人们步履匆匆,前往南青辛顿地铁站。每个人似乎都过着幸福的生活,但却完全不知道他脑海中在想什么。

从14岁知道了核军备竞赛以来,泰格马克一直担心人类的技术力量会比人类控制它的智慧增长得更快。而在英国科学博物馆中,他仿佛重走了一趟人类智慧增长的旅程。从史蒂文森的"火箭号"机车到福特T型车、真实大小的阿波罗11号月球车复制品,还有各式各样的计算机。他想着:首先,人类发现了如何用机器来复制一些自然过程,创造出了人造的风、闪电和机械动力。慢慢地,人类开始意识到自己的身体也是机器。接着，人们发现了神经细胞，这个发现模糊了身体与心灵的界限。然后，人们开始建造比自己的肌肉更加强壮、比自己的大脑更加聪明的机器。那么，在发现自我的同时，人们是否也不可避免地淘汰了自己？如果是的话，那简直太悲剧了。

人工智能的突飞猛进，让泰格马克开始重新思索生命的未来。所以2014年伊始，他决定不再抱怨，也不再为此担忧，而是做了一个新年决定，与Skype创始人扬·塔里安（Jaan Tallinn）一起成立一家非营利性组织，专注于用技术管理来改善未来生命的境况。这家组织就是在人工智能界鼎鼎大名的"未来生命研究所"（Future of Life Institute，简称FLI）。在这个组织里，不仅有埃隆·马斯克、比尔·盖茨这样的商业大咖，也有雷·库兹韦尔这样的顶尖科学家，还有尼克·波斯特洛姆这样的思想大牛……未来生命研究所的目标很简单：保证生命在未来会继续存在下去，并尽可能地兴旺发达。

## 从 1.0 到 3.0
## 重新定义生命的未来

"生命是什么",这个问题的争议之大,众所周知。但是随着科技的指数级发展,与宇宙一样,生命变得越来越复杂,越来越有趣。科技赋予了生命一种潜力,它不再要求生命单纯地由细胞组成,而是在不断突破物种的极限。

所以,泰格马克将生命定义得更广,只要求它是一个能保持自身复杂性并能进行复制的过程。复制的对象并不是物质,而是信息。换句话说,我们可以将生命看作一种自我复制的信息处理系统,它的信息(软件)既决定了它的行为,又决定了它硬件的蓝图。

根据复杂程度,泰格马克将生命形式分成三个层次,分别是生命 1.0、生命 2.0 和生命 3.0。生命 1.0 是发源于约 40 亿年前的生物阶段,在它的有生之年都无法重新设计自己的硬件和软件,只有进化才能带来改变。生命 2.0 大约从 10 万年前开始,也就是人类诞生以来的文化阶段,在这个阶段,人类可以重新设计自己的软件,比如学习语言、技能等复杂的能力,也可以重塑自己的世界观和目标。生命 3.0 是一个由人工智能重塑的科技阶段,在这个阶段,生命不仅能极大程度地重新设计自己的软件,还能重新设计自己的硬件,而不必等待进化的恩赐。

生命 3.0 在地球上还并不存在,但是很多研究人工智能的专家认为,它可能会在一个世纪内降临,甚至可能会出现在我们的有生之年。

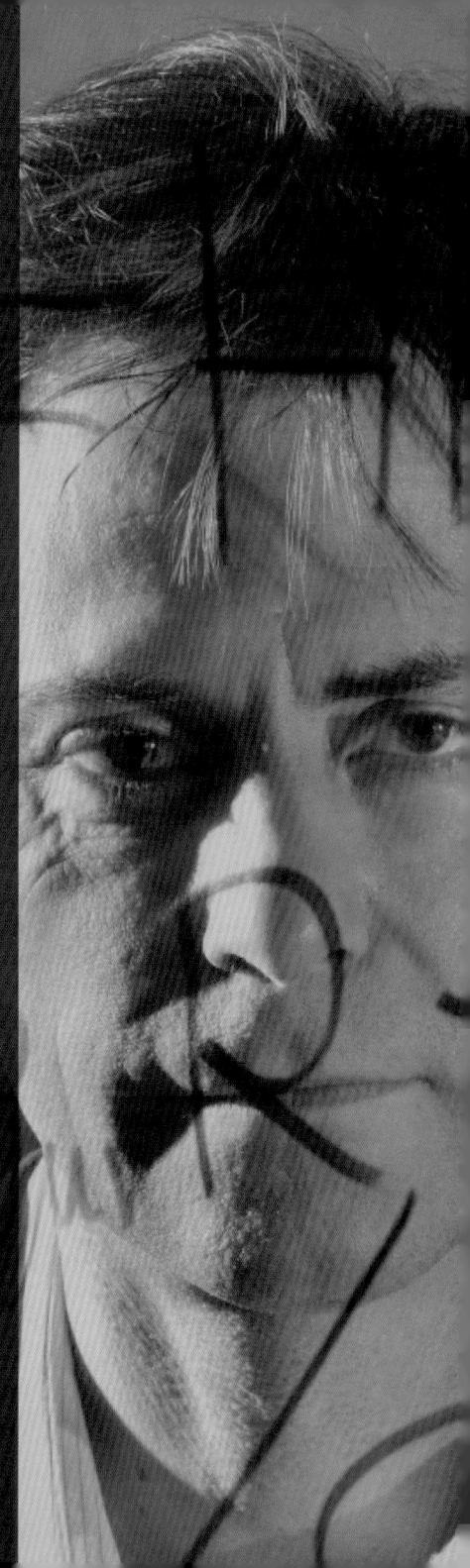

湛庐 CHEERS 特别制作

一

致

未来生命研究所团队

是你们让这一切成为可能

To the FLI team,
who made everything possible

# 赞誉

人类应该以更好的姿态拥抱人工智能技术，通过让技术适应人类，让个体变得更加强大，让地球文明变得更加美好。《生命3.0》这本书给我们提供了一个路线图：如果我们小心谨慎地改进技术，深谋远虑地避免陷阱，那生命就有可能在地球上，甚至地球以外繁荣昌盛长达数十亿年的时间，远超人类祖先最不羁的梦想。期待这一天的到来！

王小川
搜狗公司 CEO

如果人工智能有几本煌煌巨著，《生命3.0》就是其中的《天演论》。生命3.0挣脱了自然"进化"的束缚，进入自我"设计"的阶段，"她"成为自己命运的主人。而这本书正是我们作为生命2.0与生命3.0以及未来的对话，书中谓之"我们这个时代最重要的对话"并不为过。《生命 3.0》这本书横跨社会与宇宙，从我们能活到的未来穿行 10 亿年，又从可见的智能潜入不可见的意识，其所呈现的世界观之宏大，令人荡气回肠。

吴甘沙
驭势科技（北京）有限公司联合创始人兼 CEO

将人工智能与人类未来进化放在一起，越来越成为理解"新物种"的独特视角。作为警觉的乐观主义者，泰格马克的《生命 3.0》与其说是提供答案，不如说是促进对话和思考。在这一波强大而迅猛的人工智能浪潮面前，每个人都无法置身事外——如果你感到焦虑，或者在思考人工智能时厘不清头绪、抓不住要点，这本书会让你跟上时代的步伐，找回思考的自信，同时抓住人与机器共生演化的焦点。

段永朝
财讯传媒集团首席战略官
苇草智酷创始合伙人

如果说《时间简史》讲透了宇宙物理，《未来简史》讲透了文明进化，《生命 3.0》的作者则是从物理学家的角度对宇宙进化进行畅想。人类正推动着智能进化的史诗进程：以人工智能算力 6 年提升 30 万倍的超级摩尔定律发展，数字生命必然实现智能飞跃，人机融合将孕育一个万物智能的新宇宙。

杨静
新智元创始人

生于这个人工智能极大发展时代的人们，不自觉便会陷入一种焦虑——对智能机器进步的极大恐慌。与其说是焦虑，不如说是"短视"，因为从长远来看，让"生命"最终升级到可以自我设计的"生命3.0"的最后一块拼图，很可能就是人工智能。理性地认知人工智能，正确地做出选择，才能让生命走得更远。

罗振宇
"得到"App 创始人

无论你是科学家、企业家还是将军，所有人都应该扪心自问，现在可以做些什么，才能提升未来人工智能趋利避害的可能性。这是这个时代最重要的对话，而迈克斯·泰格马克发人深省的著作《生命3.0》能帮助我们参与到这场对话中来。

史蒂芬·霍金
物理学家，宇宙学家

在探索地球上以及地球以外的生命、智能和意识的宏伟未来的旅程中，人类该如何应对随之而来的挑战与选择，《生命3.0》这本书提供了一份精彩的指南。

埃隆·马斯克
美国太空探索技术公司（SpaceX）创始人兼 CEO
特斯拉汽车公司创始人兼 CEO

人工智能可能是21世纪最重要的一股变革力量。迈克斯·泰格马克新作《生命3.0》一书从政治与哲学的角度预测了人工智能革命的前景与风险，并清晰地阐明了一些基本概念和重要争议，澄清了一些常见的误解。比如，科幻作品使得许多人担心邪恶的机器人，而他则适当地强调，真正的问题乃是开发能力超强的人工智能会带来一些无法预见的后果。人工智能并不是只有变得邪恶或者装在机器人身上才会肆虐人间。泰格马克的写作风格通俗易懂，十分吸引人，适合大众阅读。

尤瓦尔·赫拉利
世界知名历史学家
畅销书《人类简史》《未来简史》作者

迈克斯·泰格马克著作《生命3.0》是这个时代最重要的对话的深度指南。本书描述了，当我们逐渐将生物学意义上的"思维"与我们自己创造出来的更伟大的智能相融合时，如何创造出一个友善、仁爱的未来文明。

雷·库兹韦尔
发明家兼未来学家
畅销书《奇点临近》《人工智能的未来》作者

作为一个物种，我们希望创造出什么样的未来？关于这个问题，迈克斯·泰格马克希望促成一场更加广泛的对话。虽然他谈及的话题——人工智能、宇宙学、价值甚至意识经验的本质，都十分富有挑战性，但他采用了一种平易近人的方式，鼓励读者形成自己的观点。

尼克·波斯特洛姆
牛津大学人类未来研究所创始人
畅销书《超级智能》作者

迈克斯·泰格马克是一位出色的物理学家，同时也是未来生命研究所的领袖。这样的身份给了他一种独特的有利视角，在《生命3.0》这本书中，他用一种通俗易懂、辞简理博的方式为读者讲述了这个时代最重要问题的"独家内幕"。

扬·塔里安
Skype 公司联合创始人

《生命3.0》是一本读起来令人愉快的书，它会改变我们对人工智能、智能与人类未来的看法。

巴特·塞尔曼
康奈尔大学计算机科学系教授

人工智能释放出了前所未有的力量，这意味着接下来的10年对人类来说，可能是最好的时代，也可能是最坏的时代。迈克斯·泰格马克在《生命3.0》这本书中对人工智能的探索是我所读过的最发人深省的，但同时又十分简单有趣。如果你还没有见过泰格马克有趣的灵魂，这本书一定会让你大饱眼福。

埃里克·布莱恩约弗森
麻省理工斯隆管理学院教授
畅销书《第二次机器革命》作者

我被《生命3.0》这本书迷住了。我们很快就会面临人工智能带来的变革性后果,问题是,那会是乌托邦,还是一场大灾难?这个问题尚无定论。但这本由一位杰出科学家写就的富于启迪、生动易读的书,能帮我们估算出这一可能性。

马丁·里斯
宇宙学先驱
英国皇家学会天文学家

推荐序一

# 如何正确地关心人类命运

万维钢

科学作家,"得到"App《精英日课》专栏作者

每个人都关心自己的命运,也有很多人关心国家的命运,但除此之外,你还应该关心人类的命运。人类命运是个大尺度的问题,虽然对你我的生活没有直接影响,但我们总有一点儿好奇心,想知道未来究竟会怎样。

你肯定对未来有过各种推测和想象。虽然我没见过未来,但我敢打赌,你自己的推测和想象有很多不合理之处。

一般人在预测短期的未来时往往过分乐观。20世纪六七十年代，很多人相信21世纪将是一个宇航的时代，人类很快就能殖民火星。结果，我们今天所谓的高科技只不过是——智能手机。想象一件事总比做成一件事容易，我们容易高估技术进步的速度。

如果要预测长期的未来，人的想象力往往又不太够用。一两百年前的人想象21世纪的生活时，根本就想不到会有智能手机和计算机这些东西，他们能想象的大概是一个蒸汽朋克的世界，天空中飘着巨大的飞艇。

所以，如果你要严肃地关心人类命运，就需要科学推测。迈克斯·泰格马克新作《生命3.0》就是这样一本书。

泰格马克可能是当今物理领域活跃着的最有意思的一位物理学家。他在量子力学和宇宙学这些最正宗的物理领域里获得过很了不起的成就，而且还涉猎广泛，跨界搞过人工智能方面的理论研究；他也很有思想，提出了"数学宇宙"这个哲学的世界观；他还热衷于社会活动，跟物理学和人工智能界的很多大佬经常互动。此外，他还很会写书。

李鸿章年轻时写过这样一句诗"一万年来谁著史"，泰格马克这本《生命3.0》的气魄比这个还大，研究的是人类的终极命运。

这个问题本来是交给哲学家和科幻作家去解决的，物理学家能干什么呢？答案是物理学家的推导更精确，而且更富有想象力。

比如一想到未来，我们就关心地球环境会不会被破坏，能源够不够用，哲学家可能深表忧虑。但物理学家知道，我们人类目前的能源汲取水平远远没达到极限，跟将来可以使用的聚变核能和太阳能相比，连九牛一毛都算不上。但只要考虑物理定律的限制，宇宙就是你的大舞台，能源根本不是问题。

再比如人工智能。科幻作家在畅想未来时，经常会犯两种跟人工智能有关的错误。一种错误是他没有充分考虑人工智能，还是认为是人类在主导一切；另一种错误是他误判了人工智能。在有些作品里，机器人动不动就活了，具有了人类的意识，但智力水平居然并不明显高于人类，有时候还挺笨的！而科学家会告诉你，让人工智能获得意识非常非常困难，但是，让人工智能的智能超过人则相当容易。

《生命3.0》这本书给我的感悟是，决定人类终极命运的只有这一个问题最重要——人工智能到底能不能拥有人的意识。

在我们的流行文化中，经常会谈论人工智能，但很少涉及"意识"。可能大多数人都没有意识到，人有一个"意识"的问题。

简单地说，意识是我们对世界的主观体验。我们的喜怒哀乐，一切感情都是因为我们有意识。一辆自动驾驶汽车也许可以出色地完成运输任务，但当遇到红灯时它不会暴躁，有危险时它不会害怕，撞了车时它不会疼，没油时它不会饿，完成任务时它也不会高兴，它只是机械地做事而已。

实际上，现在生物学家认为，人在做事的时候，本质上也是机械的。

我们的各种感情只是附带产生的多余的情绪。就算没有任何主观感受，你还是一样能做好各种事情。

但是主观体验赋予了我们生活的意义。你工作之余，偶尔抬头看看星空，感慨一下宇宙多么美好，那是因为你有意识。如果人没有意识，那就跟一堆沙子没有本质区别，人生就没有意义，整个宇宙的存在就没有价值。

泰格马克把生命分成三个阶段，人类只能算第二阶段，叫"生命2.0"。我们能学习新知识，但不能随便升级自己的身体，因而受到了很大的限制。而人工智能则是"生命3.0"，它们将可以随意升级软件和硬件，它们终将超过我们。

那将来的人工智能是否具有意识？

科幻作家会说，既然世界上并没有"灵魂"这种东西，人类纯粹是由原子组成的，那么人工智能当然可以有意识。按理说是这样的，但科学家会给人工智能的意识做出一些限制。比如这本书中介绍了一种叫作"信息整合理论"的意识理论，这个理论要求有意识的物体必须是信息高速整合的，而物理定律要求信息的传播速度有限，人工智能大脑的大小就必须限制在一个不太大的范围之内。人工智能的聪明程度将是有限的。

但再有限也比人类厉害得多，那么，将来的结局就是，人工智能将会淘汰人类。如果双方和平交接，人工智能将作为人类文明的代表去征服宇宙的各个角落，人类将是人工智能的宠物。

如果人工智能一直都没有意识，事情就更麻烦了。据泰格马克推演，人工智能就算没有意识也可能会有自己的目的，它们可能会不自觉地发展壮大，并且最终抛弃人类。那将是人类文明最坏的结局，我们可能会被没有意识的僵尸人工智能取代，留下一个空洞的、毫无意义的宇宙。

鉴于这些结局好像都不怎么理想，我们迫切地需要知道意识到底是怎么一回事儿，将来的人工智能到底会怎样。

这并不是泰格马克自己在杞人忧天。我看美国上上下下，从学者到企业家和老百姓，现在对意识和人工智能的思考非常深入，主流媒体上也经常讨论，新研究、新思想层出不穷。

虽然中国人对人工智能的各种应用非常关心，也很了解，但对人的意识、人工智能的原理这些问题关心不够。我们有太多面向过去的思想家，他们总想用过去指导未来，但是未来世界的逻辑很可能跟过去很不一样。

到底什么是意识？人到底是一种什么样的机器？就算你觉得未来太遥远，只要你关心人，这些问题就会让你寝食难安。这就是现在世界上最聪明的大脑都在想的问题。而《生命3.0》这本书告诉你的大约就是目前已知最好的答案了。

推荐序二

## 柏拉图主义与新柏拉图主义

段永朝

财讯传媒集团首席战略官
苇草智酷创始合伙人

《生命3.0》这本书,是去年一位朋友推荐给我的。他从事的是生物制药行业。今年年初,他把英文版带给我看,我看完之后感到非常震撼。之后在讨论人工智能的场合,我基本上都会引述迈克斯·泰格马克关于生命1.0、生命2.0以及生命3.0的架构的理伦。

之所以对这本书印象很深,是因为我同时在看爱德华·威尔逊(Edward Wilson)的《知识大融通》(Consilience),这本书同样很精彩。如果用一句话来总结威尔逊的这本书,那就是,他认为所有的知识都可以建立在生物学的基础上。不过,泰格马克的观点与威尔逊不同。他认为,所有的知识都可以建立在物理学的基础上。

我当时很诧异,因为"所有的知识都可以建立在物理学的基础上"是20世纪50年代的思想。在《生命3.0》中读到这句话时,我心想,这不是倒退吗?当然,我相信这事儿没那么简单。所以,我就特别想知道,泰格马克和威尔逊的不同到底在哪里。

虽然《生命3.0》主要探讨的是人工智能,但我强烈建议读这本书时也读一读泰格马克的另一本书《穿越平行宇宙》。泰格马克是麻省理工学院的物理学教授,他在天体物理学,特别是在平行宇宙方面的研究上很有造诣。我认为,《生命3.0》与《穿越平行宇宙》有亲缘关系。进一步说,泰格马克的思想脉络,其实来源于西方知识分子内心深处纯正的柏拉图思想。

我认为,只有把这个脉络搞清楚了,才能理解为什么泰格马克这个人有如此执着、强悍的"物理学统一论"的思想冲动。将人工智能的思想建立在柏拉图主义的基础上,这是泰格马克不同于一般技术专家的地方。换句话说,他是有着浓厚的西方传统知识分子情怀的人。关注人工智能领域的美国作家帕梅拉·麦科达克(Pamela McCorduck)曾经说过这样一句话:"在某种程度上,人工智能是扎根于西方知识分子心底的一个历史情结,是一个急需实现的梦想。"

接下来，我们就来具体探讨一下这个"历史情结"，以及泰格马克思想脉络的起源——柏拉图思想。

用最简练的话来说，柏拉图的思想特征就是：相信世界的奥秘存在于人的观念之中。所以柏拉图的思想也被称作"观念论"或者"理念论"。《理想国》一书中的"洞穴隐喻"很好地解释了他的思想：封闭在洞穴中的人只能看到岩壁上人与物的投影（代表低维度的生存状态）；在洞穴外面的阳光（代表理性之光）引导下，人可以挣脱束缚，来到洞穴之外（代表获得自由）。

柏拉图主义大概有三个要点：第一，世界万物的真实都可以归结为纯粹的数学存在；第二，人关于这个世界的知识，其实深埋在心底，需要通过心智体验和数学直觉来"唤醒"；第三，大千世界无非是那个纯粹的理念世界的摹本。

柏拉图的学生亚里士多德后来提出的"四因说"也有这层意思。以雕塑为例，亚里士多德认为，雕塑的作品本身（形式因）已经镶嵌在大理石中了（质料因），雕塑家只不过把多余的废料去掉（动力因），最终展现精妙的神的设计而已（目的因）。

柏拉图与孔子、老子大概处于同一时代，这一时代被德国哲学家卡尔·雅斯贝斯称作"轴心时代"。轴心时代的一个基本特征是，古希腊的哲人、希伯来的先知、古印度的梵行者和古代中国的圣贤都从不同角度对世界的本源产生了浓厚的兴趣。柏拉图的理念论就是其中之一。

大概过了 500 年之后，也就是进入公元后，西方世界处于罗马帝国时代，东方则进入两汉与魏晋南北朝时期。罗马帝国时期有一位伟大的哲学家叫普罗提诺（约 204—270 年，大概是中国的汉末和三国时期），他继承和发扬了柏拉图思想，并结合了基督教神学思想，后世称之为新柏拉图主义。在新柏拉图主义的核心思想中，有一个世界分层的观点。这个分层的观点与泰格马克在《穿越平行宇宙》一书中，将平行宇宙分为 4 个层级的观点有相通之处。因此，我认为在《生命 3.0》中，泰格马克对生命的三个阶段的划分与世界分层的观点有着异曲同工之妙。具体内容我们会在后文详细展开。

泰格马克的本业是物理学。用他自己的话来说，他白天规规矩矩地研究天体物理学，晚上则信马由缰地研究平行宇宙，十余年下来，竟成大家。

2003 年，泰格马克将所写的关于平行宇宙较有影响力的文章发表在《科学美国人》杂志上。2014 年出版的《穿越平行宇宙》是泰格马克对多重宇宙理论早期的创始人，一位穷苦潦倒、英年早逝的物理学家致以的崇高敬意，这位物理学家叫休·埃弗雷特三世 (Hugh Everett III)。

1957 年，埃弗雷特写了一篇文章，提出了量子平行宇宙的概念。这是他的博士论文。据说埃弗雷特拿着这篇论文还去请教了当时大名鼎鼎的物理学家尼尔斯·玻尔。玻尔是量子力学哥本哈根学派的领袖。据说玻尔对他的这篇文章不置可否。埃弗雷特的基本思想是什么？量子力学中有一个叫波函数的概念，哥本哈根学派认为，观察者的测量让波函数进入了一种坍塌的状态，从而获得确定性的世界图景。不过，埃弗雷特的思想很奇妙，他说波函数不可能坍塌，观察者的测量这件事只是实验科学设定的一个场景。埃弗雷特认为，我们应该想象这样一种情景，量子宇宙是分叉的，当测量行为发生的那一刻，宇宙就分岔了。比如"薛定谔的猫"的佯谬。埃弗雷特认为，不要老为猫的死活问题纠结，事实上，猫可能在这个世界中死了，而在另一个分叉后的世界中依然活着。

埃弗雷特的量子平行宇宙理论当年被视为奇谈怪论。20世纪80年代，埃弗雷特的思想重新被激活。事实上，后来发展出弦论的物理学家们受到了埃弗雷特平行宇宙思想的很多启发。这是为什么呢？一个很重要的原因是，20世纪六七十年代，原子物理学和粒子物理学基本上走到了尽头，像杨振宁、李政道、史蒂芬·霍金他们也都这么认为。据此，我们需要理解背后的哲学发生了什么变化。

古希腊哲学家留基伯、德谟克利特的哲学属于朴素的原子论，他们认为万物可分。虽然古希腊的原子论与现代物理上的"原子论"不是同一个理论，但在物质基本单元的实在性和可分性上却有共通之处。20世纪六七十年代，物理学家分成了两大类，第一类是粒子物理学家和原子物理学家，第二类是天体物理学家。粒子物理学家研究对撞机和加速器；天体物理学家计算黑洞，这是泰格马克的本业。20世纪80年代出现了弦论的初期思潮，主要从数学角度去写宇宙方程。在从数学角度推演宇宙方程这点上，那些富有创新思维的物理学家可谓无所顾忌，他们完全用自己的数学构造来理解宇宙，而不是从原子论、天体物理学的角度来看的。

我们重新回到新柏拉图主义对世界分层的观点。新柏拉图主义的代表性思想家普罗提诺认为，世界的本体可以分为以下三种形态。

第一种是至高无上的主宰，叫作 The one，有人把这个词语翻译成"太一"，可以把它理解为至高的神本身（按照近 2 000 年前的语境），它是万物之源，是纯粹的善。

普罗提诺还有一个思想叫"流溢说"（Emanation），即太一充盈自足，又普照万物，流溢宇宙，并依次激发出下面两类宇宙本体：努斯（Nous）和灵魂（Soul）。

第二种宇宙本体形态是"努斯"，我觉得可以翻译成心智、心灵。努斯是最先从太一中流溢出来的，具有灵性的统一性，同时它又注入万物，具有多样性。太一是一和多的统一。它具备造物主的灵性，又呈现为万我内心中的"理念"。

第三种宇宙本体是"灵魂"，灵魂是从努斯中流溢出来的，它活泼多变、流动不居，呈现出生命的多姿多彩。它含有努斯传递而来的太一的种子，但更多表现为"多样性"的面相。

普罗提诺之所以创造出这样一种结构，是为了解释他的四层世界。太一的世界构成是绝对的善、绝对的精神，这是第一层世界。普罗提诺的第四层世界是现实的物质世界，这个世界代表堕落、黑暗。处于第三层世界的灵魂受到物质世界的下坠力和诱惑,时常处于被污染的境地。第二世界的努斯则是净化灵魂、回归太一的重要力量。

有趣的是,泰格马克的平行宇宙也分四层。他的四层是这么分的:第一层指像那些物理常数一样,但初始条件不一样的宇宙。物理常数就是诸如阿伏加德罗常数、普朗克常数、万有引力常数等物理量。

伟大思想家所提的问题初看之下都非常普通,但背后却隐藏着深刻的思考。比如泰格马克思考平行宇宙时,就提出了这么个不起眼的问题:假如物理常数有些微的变化,比如普朗克常数比现在的值多万分之一或者少万分之一,世界会怎么样呢?再举个例子,著名生物学家理查德·道金斯也提出了一个非常不起眼但很伟大的问题:为什么人类这个物种只进化了一次?在我们很多人看来,这些问题都很傻。但我认为,这个问题是道金斯所有思想的源泉。

泰格马克也是如此,他提出的毫不起眼的问题却引发了一系列深刻的思考。他的第一层宇宙就是囊括了从宇宙大爆炸到现在为止的137.8亿年间光所能抵达的"视域"的边界。泰格马克认为,如果把"我们这个宇宙"看成是无数平行宇宙中的一个,那么还有若干个如此这般的宇宙,在遵从与我们一样的物理定律,但初始条件有些许的差异。

第二层宇宙的物理常数与第一层宇宙的不一样,物理定律可能一样,也可能不一样。至于哪些物理定律一样,哪些不一样,恐怕就是仁者见仁,智者见智了。某些守恒定律还会继续守恒吗?物理定律不一样的世界,我们如何想象?

关于第三层宇宙,泰格马克基本上借鉴了埃弗雷特所说的量子平行宇宙;这是一个拥有多重可能性的宇宙,也就是说,一个宇宙中的世界线出现了无穷个由分叉所衍生的平行宇宙。

第四层宇宙是泰格马克最为钟爱的宇宙,叫作数学宇宙。这个宇宙完全由最为纯粹、最为抽象、最为本质的数学定律所决定。《穿越平行宇宙》的英文标题是 Our Mathematical Universe—My Quest for the Ultimate Nature of Reality,其大意是"宇宙的本质是数学"。

泰格马克平行宇宙理论中的四层结构与新柏拉图主义对世界的四层划分难道不是惊人的一致吗?

用柏拉图的观点来看,普罗提诺给出的至高无上的太一就是用纯粹的数学语言写成的宇宙。西方知识分子将刻画万物至理的数学语言视为唯一可能接近"太一"的工具。甚至 2 000 余年来,一代又一代西方思想家总会将探索终极奥秘的希望寄托在纯粹的数学之上。

伽利略曾说:"大自然这本书是用数学语言写成的。"英国政治学家托马斯·霍布斯也说:"推理就是计算。"法国数学家拉普拉斯曾经雄心勃勃地表达了这样的观点:"只要给我初始条件,我就可以通过微分方程推演出整个宇宙。"德国数学家、微积分的发明者之一戈特弗里德·莱布尼茨也说过这样一段话:"哲学家之间的交流就像会计师之间的交流一样,不再需要争辩,他们只需拿出铅笔放在石板上,然后向对方说(如果想要的话，可以请一位朋友作为证人）：'我们开始算吧。'"

我认为，我们需要倾注足够多的情感，贴近和感受这种超越凡俗世界、奋力追求纯粹的数学世界背后一以贯之的古希腊思想。这一思想脉络无论经历了什么都没有中断，也没有变异。我记得五六年前凯文·凯利（Kevin Kelly）来中国时，说他正在写一本书，名字就叫作 The One。我认为，用数学语言去接近、求索、追问至高至善的"太一"宇宙，是西方知识分子精神底层绵延不绝的源动力。

接下来，我们正式谈谈《生命3.0》这本书，以及它背后的柏拉图主义和新柏拉图主义的思想脉络。要想弄明白泰格马克对人工智能的理解，绝不能从工具、功能的角度去理解。他划分的生命的三个阶段是新柏拉图主义思想脉络的自然延续。从这个意义上说，泰格马克是一个有强烈的精神追求的人，是有"精神生活"的人。反观当今充斥于世的各种人工智能、区块链的伪大师和伪思想，难免会让人生出许多的慨叹。

泰格马克把生命分为三个阶段。第一阶段称为生命1.0，指在宇宙中自然进化的生命。这是一个自然的、没有经过干预的、没有经过雕琢的生命演化进程。第二阶段称为生命2.0。泰格马克认为，生命2.0是人的文化构造与人的进化交织在一起的进程。文化基因这种观点跟道金斯的思想很接近，道金斯创造了"模因"（meme）这个词汇，用来表达文化对人的塑造，对人性的塑造。

第三阶段称为生命3.0。泰格马克笔下的生命3.0是当下正在发生的事情，用他的比方来说就是，"硬件系统"发生了变化，人的技术对生命的进化进行了干预。换句话说，就是人有了"介入"生命演化的可能性。

如果泰格马克谈到的生命2.0是人在生命演化过程中的一种"卷入"，生命3.0就是"介入"。"卷入"的意思是，我们是通过文化符号间接地把彼此裹挟到了一种共生进化的文化浪潮之中，但生命3.0是"介入"，甚至是"嵌入"，意味着人工智能、基因编辑以及人工合成生命这些技术已经极大地改变了生命演化的自然进程。

虽然在《生命3.0》这本书中，泰格马克也谈到了人工智能的潜在风险和威胁，但因为他骨子里有一种强烈的"太一"宇宙的关照，有一种"数学宇宙"的关照，他对共生演化的思考是带有强烈的目的驱动的，用他的话来说就是，建造"善的""有好的目标的"人工智能。

读完《生命3.0》，了解了泰格马克的思想，我不由得会联想到在国内谈论人工智能时的语境和氛围。我们在讨论人工智能时，几乎都是些"粗俗不堪"的讨论，顶多讨论到"人工智能会代替人吗"或者"人工智能什么时候会代替人"这样的话题，然后就没下文了。我们身上没有柏拉图式的传统思想，于是缺少那种对"太一"情怀的关照，也没有对纯粹的、至高的善的感受，更没有用数学语言勉力刻画那种完满世界、融通宇宙的思想冲动。如此，我们可能就没有办法去领会泰格马克这本书背后的深意。

因此，在这种情形下，我们讨论人工智能顶多是用一种朴素的两分法的框架：悲观的或者乐观的；顶多用一种工具论的论调把人工智能看成人的延伸；顶多关注它是不是对自己的职业发展、事业前途有重大影响。我们也会好奇，好奇人工智能是不是延展了人的躯体，延展了人的智慧，然后可以让自己心想事成，聚集财富。顶多如此吧。

对于我们来说，阅读此书是一次很好的心灵探索的过程。一方面，我们可以了解具有人文情怀的当代西方知识分子如何看待前沿科技所带来的巨变；另一方面，我们可以通过这些非常热门的话题，走进一位学者的内心深处，体察和理解他为何使用这种结构化的模型来刻画生命的演进历程，理解他的思想内核与西方传统文化之间内在的关联和呼应。

《生命3.0》这本书的意义就在于，能否在思想层面上让更多的人警觉到，这是一股非常强悍的西方传统思想的空谷回声，也就是以泰格马克为代表的当代西方学者所浸润的西方思想带来的思想传承。

一代知识分子的理论探究和学术探讨一定带有他自身文化的深刻烙印。举个例子，如果他们吃何种"食物"长大，就会受到这种文化食谱的养育。文化的滋养可以传承数千年之久。我们则是吃五谷杂粮和本土拉面长大的人，自身就会带有这样或者那样的口音和口味。你可以不读老庄，但你骨子里会有它的文化血脉和印记。

最后我想再提一件很巧合的事。最近一两个月，我关注了几位人工智能界的大咖，其中包括图灵奖的获得者朱迪·珀尔（Judea Pearl），他是贝叶斯网络的创始人，今天我们玩的人工智能算法大多是他三四十年前玩剩下的。还有一位叫杰弗里·辛顿（Geoffrey Hinton）的计算机专家，2006年那篇关于深度学习的著名论文《一种深度置信网络的快速学习算法》(A fast learning algorithm for deep belief nets)就出自他手。这两个人最近的言论非常值得关注。他们认为，深度学习已经过时了，包括辛顿自己也说，他过去的论文都应该扔掉，重新开始。从哪里开始呢？重新回到因果分析。珀尔索性开启了概率推理的智能算法之路，他坚守多年的梦想就是让充满或然性的概率逻辑更好地表达纯粹的理性推理。2014年，我有幸在美国硅谷听了珀尔的演讲，他长期以来研究贝叶斯网络，是希望概率分析和概率推理能与因果分析相挂钩，可以说，这几十年来他背后强烈的思想冲动都源于此。

然而，反观国内今天的状况，包括产业界和学术界的一些人，在进入深度学习领域之后，说的第一句就是赞叹不已的话——真了不起，第二句话是"我如何才能像他们一样了不起"，然后就没有后文了。我们没有源于思想深处的冲动，没有来自思想源头的活水，或者我们还处于普罗提诺所说的第三本体的世界，灵魂承受了太多的下坠力，以至于生命的价值和意义几乎都浪费在了物质层面的争夺、竞赛，彼此的怨恨、猜忌以及恶语相向上。如果没有"努斯"那样的心智的引领，没有"太一"的感召，技术恐怕永远是争斗的工具。

推荐序三

# 重新定义生命

余 晨

易宝支付联合创始人，《看见未来》作者

法国思想家布莱兹·帕斯卡曾说：人只不过是一根芦苇，是自然界里最脆弱的东西；但他是一根会思想的芦苇。宇宙可以轻松地将人毁灭，一团雾气、一滴水都足以致人于死地。然而，纵使宇宙毁灭了人类，人类却仍然要比世界万物高贵得多。因为人知道自己终有一死，也了解宇宙的秉性和优势，而宇宙对此却一无所知。因而，人类全部的尊严就在于思想。

帕斯卡设计制造了历史上第一台机械计算器，为了纪念这项发明，一种计算机编程语言Pascal便以他命名。在计算机技术高速发展的今天，人类是否会被人工智能取代，我们是否还能捍卫思想的尊严，或许是这个时代最需要思考的问题。

迈克斯·泰格马克新著《生命3.0》便是这样一次思考。作者把广义的生命看作是一种能够自我复制的信息处理系统，物理结构是其硬件，行为和"算法"是其软件。1.0版的生命是以细菌为代表的简单生物阶段，其硬件和软件都是靠进化获得，行为则是完全固化的；2.0版的生命是以人类为代表的文化阶段，进化决定了我们的硬件，但我们可以自行设计软件，通过学习来获得知识、改变行为和优化"算法"；而3.0版的生命是以人工智能为代表的科技阶段，生命不仅可以自行设计软件，还可以自行设计硬件，由碳基变为硅基，最终摆脱进化的枷锁，让会思考的芦苇变得不再脆弱。但当生命变得面目全非时，我们还算是人类吗？人工智能的降临或许是宇宙创生以来最重要的事件，也有可能是人类的最后一项发明，或许会实现科技的乌托邦，也有可能带来人类的毁灭。无论如何，这是一场关于我们这个时代最重要的对话。

人工智能是会像马克·扎克伯格宣扬的那样造福人类生活，还是会像埃隆·马斯克警告的那样威胁人类生存？泰格马克全方位、系统深入地探讨了人工智能可能给人类文明带来的一系列深远影响，包括就业、经济、法律、伦理、政治、军事。也逐一列举分析了当优于人类的超级智能出现后可能带来的各种未来图景：超级智能是会带来自由主义或平等主义的乌托邦，成为能够控制整个人类社会的善意独裁者，或是增进人类幸福感的守护神,还是完全被人类所控制驾驭的公仆?超级智能会成为毁灭人类的征服者,还是会成为让我们引以为豪的新物种后裔?或许超级智能还未降临,人类就已经毁灭于核战争或环境危机等其他灾难。如果你关心这个星球未来的命运、人类的困境和希望、我们子孙世世代代的福祉,那么就应该认真读读这本书。

真正让这部著作从汗牛充栋的人工智能书籍中脱颖而出的,是泰格马克作为一位物理学家,从宇宙学的宏大视野和物理学第一性原理中,展示了未来生命和智能令人眼花缭乱的无限可能性。在物理学家看来,生命现象不过是粒子特殊的排列组合,生命通过从环境中汲取负熵来抵抗自然的熵增,通过让环境变得更混乱而维持自身的秩序和复杂度。物理定律的极限,决定了我们如何可以最大程度地利用宇宙的禀赋,实现生命的最大潜力。人类今天所能驾驭的物质和能量,只不过是宇宙所能够赋予我们全部资源的极其微小的零头。如果我们能深谋远虑地改进技术并计划周全地避免陷阱,便可以通过重组物质、能量和信息将生命最大化。未来的超级智能可以收割黑洞辐射和夸克引擎的巨大能量,逼近计算力的理论上限,以光速进行宇宙殖民,将现有的生物圈增长几十个数量级。生命在未来数十亿年时间内的美丽绽放,会远远超越我们祖先最不羁的梦想。

宇宙虽然可以轻易地毁灭人类,但事实是,宇宙通过我们人类才真正活了过来,并逐渐获得了自我意识,并非宇宙将意义赋予了有意识的实体,而是有意识的实体将意义赋予了宇宙。让有智能和意识的生命这束微弱的光,点亮这个冷漠荒芜的宇宙中无尽的黑暗,或许是我们的最高职责。

中文版序

## 我们只看到了人工智能的冰山一角

我很高兴也很荣幸《生命3.0》这本书能在中国出版。在中国，人工智能的发展突飞猛进，目前已拥有许多世界顶尖的人工智能研究者和人工智能公司，这令我印象十分深刻。

从短期来看，这意味着中国已经遇到了我在第3章讨论的许多近期机遇和挑战。中国究竟会如何处理这些问题呢？我对这个问题兴致盎然。譬如说，我很高兴中国政府最近决定支持一项针对致命性自动化武器的禁令，这使得中国不仅仅在人工智能研发方面变得首屈一指，也成了促进人工智能有益运动的领军人。

从长期来看，我认为中国会扮演越来越重要的角色。我的个人经验告诉我，中国一定会出现极具天赋的研究者，因为在我带过的最优秀的研究生中，有许多都来自中国。目前在西方国家，很多时候，科学研究资金正遭遇停滞不前甚至日渐萎缩的困境，但中国却在科研方面（包括人工智能）投入了大量资金，即将赶超西方，成为人工智能领域的世界领跑者。

这会产生一个重要的结果：就是我在这本书中主要谈论的通用人工智能（Artificial General Intelligence，简称 AGI）出现的可能性，这种人工智能在任何任务上都可以与人类智能相提并论。大多数人工智能研究者认为，通用人工智能会在短短几十年内发生。如果这是真的，我认为这将发生在中国。那么，有一件事情就会变得非常重要，那就是：你，我亲爱的中国读者，请开始认真思考，你想看到一个什么样的未来社会。正如我在这本书中所说，极好的可能性与巨大的风险同时存在。因此，想要实现好的结局，就必须认真斟酌后果，并思考如何才能平稳地实现目标，而不带来灾难。在这方面，中国拥有独特的机会，因为中国的长期计划能力远远超过大多数西方国家。此外，几千年的历史也能启发中国人看到同样遥远的未来，并能严肃地思考本书后半部分所聚焦的那些波澜壮阔的可能性。

如今，距离《生命 3.0》英文版的出版已有将近一年的时间。在这段时间里，发生着一件重要的事情，那就是：人们开始更加严肃认真地对待这本书的一个重要观点——人工智能可能会在几十年内变成现实，我们必须认真思考如何保证人工智能的安全性和有益性。其原因是，人工智能在各个方面都取得了史无前例的进展。我很欣慰地看到，译者汪婕舒能够在本书中加入我发给她的关于这些进展的最新内容，比如说 AlphaZero 的故事，它最近成功碾压了那些花了几十年时间来手工开发围棋软件和象棋软件的世界顶尖人工智能研究者。

　　过去，我们一直认为，智能是一种神秘的东西，只能存在于生物（特别是人类）身上。但是，从我作为一位物理学家的角度出发，智能只是运动的基本粒子处理信息的特殊过程，并没有一条物理定律说，"建造一台在各方面都比人类聪明的机器是不可能的"。这意味着，关于智能，我们只看到了冰山一角，我们还有巨大的潜力来开启潜伏在大自然中的全部智能，并用它来帮助人类实现繁荣昌盛。我认为，人工智能有可能成为人类有史以来最美好的事情，也可能成为最糟糕的事情。虽然我在《生命 3.0》这本书中描述了许多你或爱或恨的未来场景，但最重要的问题并不是计较哪一种场景最有可能发生，而是思考我们想让哪一种场景成为现实，并且，需要哪些具体步骤才能最大限度地保证人类拥有一个欣欣向荣而非每况愈下的未来。我希望这本书能帮助你——我亲爱的中国读者厘清这个问题！

## 未来人工智能的样貌，你了解吗？

扫码获取全部测试题及答案，一起了解技术将如何改善人类的未来

- 超级人工智能的到来是循序渐进的吗？
  A. 是
  B. 否

- 超级人工智能要摆脱人类的控制只需要三步，以下哪项不在其中？
  A. 建造于人类智力水平相当，但是思维速度更快的通用人工智能
  B. 用通用人工智能建造可以应用在各个领域的超级智能
  C. 用大量数据来训练超级智能
  D. 使用或者放任这些超级智能

- 未来人工智能不可避免会取代很多工作岗位，所以我们在找工作时应该思考：
  A. 这份工作是否需要与人交互，并使用社交商
  B. 这份工作是否涉及创造性，并能让你想出聪明的解决办法
  C. 这份工作是否需要你在不可预料的环境中工作
  D. 以上全对

扫描左侧二维码查看本书更多测试题

赞誉 / III

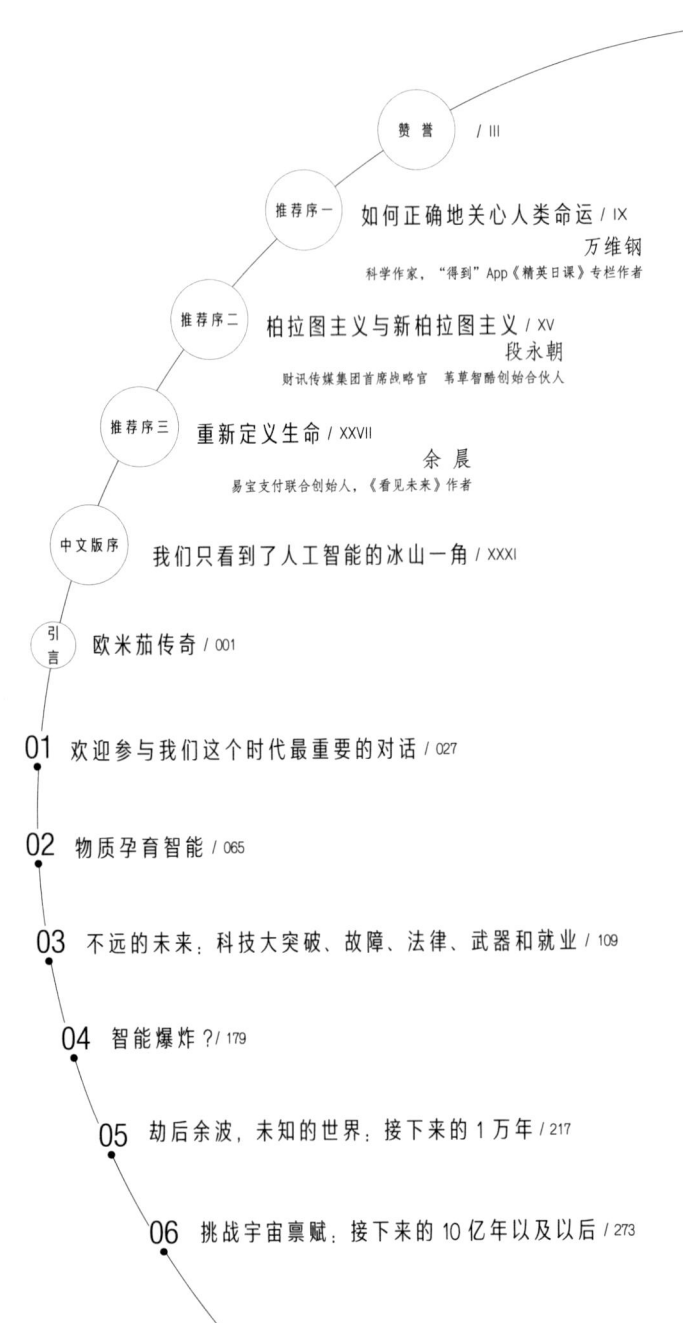

推荐序一 **如何正确地关心人类命运** / IX
万维钢
科学作家,"得到"App《精英日课》专栏作者

推荐序二 **柏拉图主义与新柏拉图主义** / XV
段永朝
财讯传媒集团首席战略官　苇草智酷创始合伙人

推荐序三 **重新定义生命** / XXVII
余 晨
易宝支付联合创始人,《看见未来》作者

中文版序 **我们只看到了人工智能的冰山一角** / XXXI

引言 **欧米茄传奇** / 001

01 **欢迎参与我们这个时代最重要的对话** / 027

02 **物质孕育智能** / 065

03 **不远的未来:科技大突破、故障、法律、武器和就业** / 109

04 **智能爆炸?** / 179

05 **劫后余波,未知的世界:接下来的1万年** / 217

06 **挑战宇宙禀赋:接下来的10亿年以及以后** / 273

目 录

07 目 标 / 331

08 意 识 / 373

后记 未来生命研究所团队风云传 / 419

注释 / 447

致谢 / 467

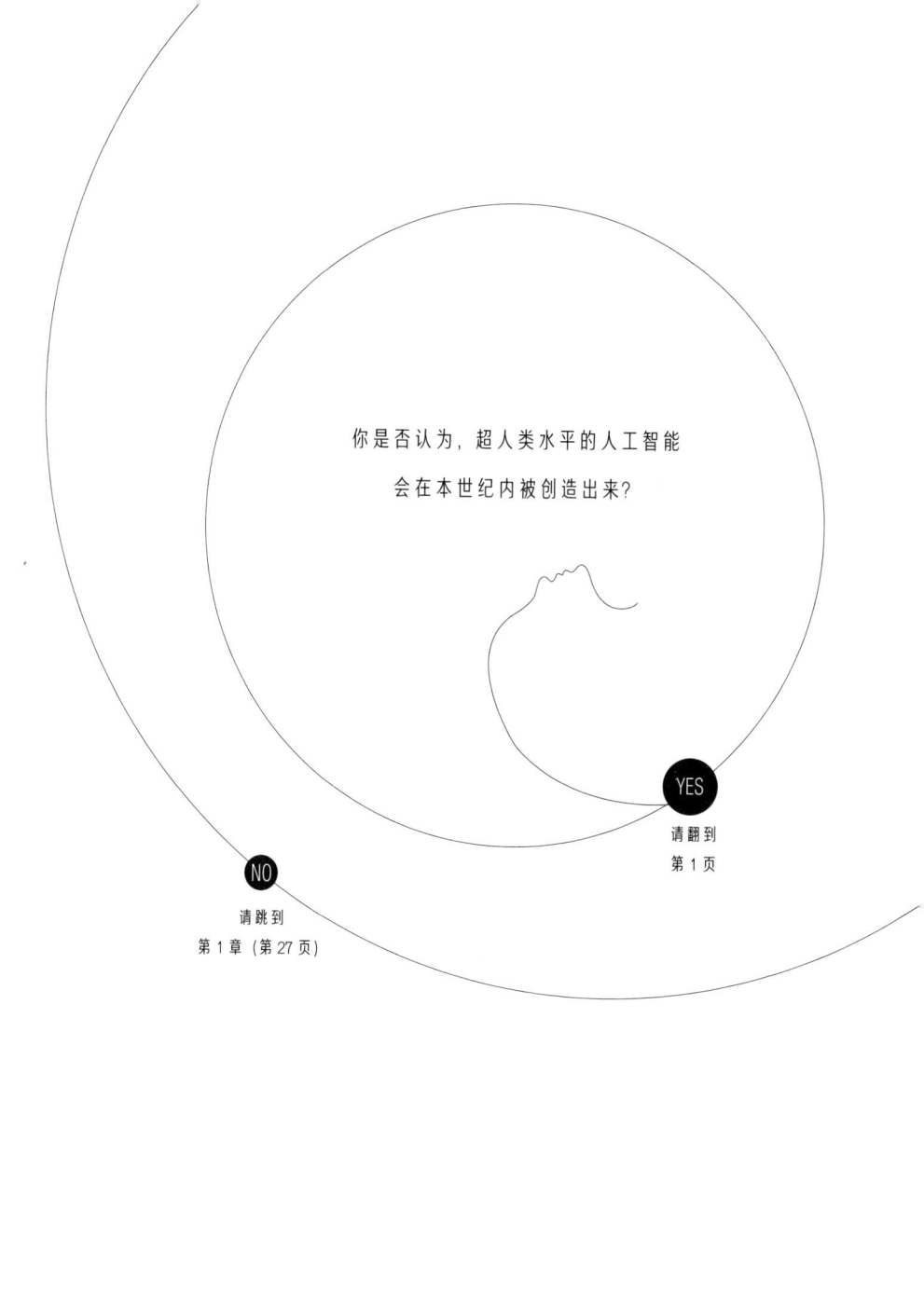

你是否认为，超人类水平的人工智能会在本世纪内被创造出来？

YES
请翻到
第 1 页

NO
请跳到
第 1 章（第 27 页）

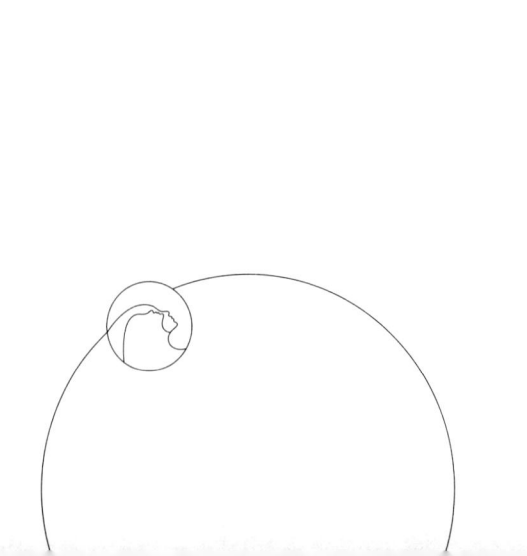

## 欧米茄传奇

欧米茄团队是这家公司的灵魂。虽然该公司其他部门通过开发各种狭义人工智能（narrow AI）的商业应用赚得盆满钵满，让公司得以按部就班地运转下去，但欧米茄团队却一直秉承并追寻着公司CEO的梦想：建造通用人工智能（Artificial General Intelligence，简称AGI）。因此，其他部门的员工都亲切地称他们为"欧米茄"，并把他们视为一群不切实际的梦想家，因为他们似乎总是与自己的目标差着几十年的距离。但是，人们喜欢纵容这些人，因为欧米茄团队的前沿工作为公司带来了声望，他们为此感到高兴。同时，欧米茄团队偶尔会改进一些算法供其他部门使用，这让他们十分感激。

然而，其他部门的同事不知道的是，欧米茄团队之所以精心打造自己的形象，是为了隐藏一个秘密：他们马上就要启动人类历史上最勇敢无畏的计划了。那位极富个人魅力的CEO亲自挑选了这些人，不只是为了培养杰出的研究人员，还为了实现他帮助全人类的雄心壮志和坚决承诺。他告诫欧米茄团队，这个计划极端危险，如果被不怀好意的人发现了，他们就会不择手段地甚至实施绑架来制止这个计划，或者盗走他们的代码。但是，这些人已经全身心投入其中了。他们的理由和当年众多世界顶尖物理学家加入"曼哈顿计划"开发核武器的原因差不多：因为他们都坚信，如果自己不率先做出来，就会有其他不那么高尚的人捷足先登。

欧米茄团队建造的人工智能昵称叫"普罗米修斯"（Prometheus），它一天比一天强大。诚然，它的认知能力在社交技能等许多方面还远远落后于人类，但欧米茄团队竭尽全力让它在一个任务上表现超凡，这个任务就是编写人工智能系统。他们之所以选择这个计划，是因为他们相信英国数学家欧文·古德在1965年提出的"智能爆炸"[①]理论。古德说道：

> 让我们给"超级智能机器"（ultraintelligent machine）下一个定义，那就是：一台能超越任何人（无论这个人多么聪明）的所有智力活动的机器。由于设计机器也属于这些智力活动中的一种，因此，一台超级智能机器就能设计出更好的机器；那么，毫无疑问会出现一种"智能爆炸"，到那时，人类的智能会被远远甩在后面。于

---

① 欧文·古德（Irving Good）提出的"智能爆炸"（intelligence explosion）是指，智能机器在无须人干预的情况下，能不断地设计下一代智能机器。——编者注

是，第一台超级智能机器就会成为人类最后一个发明，只要它足够驯良，并告诉人类如何控制它就行。

欧米茄团队认为，只要他们能让这个不断迭代的"自我改善"过程持续下去，那么最终，这台机器就会变得非常聪明，足以自学其他有用的人类技能。

## 第一个 100 万美元

一个星期五的早晨 9 点钟整，欧米茄团队决定启动这个计划。在一间闲人免进的巨大空调房间内，层层叠叠的架子排成长列。普罗米修斯就在这一排排为它"量身定制"的计算机集群中嗡嗡鸣响。为了安全起见，它没有接入互联网。不过，它在本地存储着一份包含互联网大部分内容的副本作为训练数据，以便从中学习[①]，这些数据来自各大知识汇集网站及社交平台数据库。欧米茄团队挑选这个时间点是为了可以不受打扰地工作：亲朋好友都以为他们参加公司的周末拓展活动去了。办公室的小厨房里塞满了微波食品和提神饮料。一切准备就绪。

启动伊始，普罗米修斯在编写人工智能系统上的表现还是比人类略逊一筹，但很快，这个缺点就被它极快的速度所弥补了。当欧米茄团队

---

[①] 为了简化起见，我假定这个故事的经济和科技背景与当下无异，但大多数研究者都认为，人类水平的通用人工智能至少还有几十年才能实现。假如数字经济持续增长，并且越来越多的服务无须讨价还价就可以从网上订购，那么，欧米茄团队的计划在未来应该会比现在更容易实现。

正猛灌红牛时，普罗米修斯也在以破竹之势解决着问题。如果换算成人类需要的时间，那得几千年之久。到早上 10 点钟，普罗米修斯已经完成了对自身的第一次迭代。这个 2.0 版本虽然比过去稍微好一点，但还是比不上人类。然而，到了下午 2 点钟，当普罗米修斯迭代到 5.0 版本时，欧米茄团队惊呆了：它已经大大超越了他们的预期，而且它进步的速度似有加快的迹象。夜幕降临时，他们决定用普罗米修斯 10.0 版本来启动计划的第二阶段：赚钱。

欧米茄团队的第一个目标是亚马逊的 MTurk[①]。这是一个众包网络市场，于 2005 年上线后，发展十分迅速，很快就聚集了成千上万来自全球各地的人。他们夜以继日地奏出了一支支"HIT"奏鸣曲——HIT 指的是"人类智力任务"（Human Intelligence Tasks），范围十分广泛，从音频录制到图像分类和网页描述撰写，应有尽有，但它们都有一个共同点：只要你完成得足够好，没人在乎你是不是人工智能。对于其中大约一半的任务，普罗米修斯 10.0 版本完成得都还算可以。欧米茄团队让普罗米修斯用狭义人工智能设计出了一个简洁的软件模块，专门用于处理这些任务，但除此之外，这个模块什么也干不了。接着，他们把这个模块上传到了亚马逊的网络服务器上，这是一个可以运行虚拟机的云计算平台。在这个云平台上，他们租了多少虚拟机，就可以运行多少虚拟机。欧米茄团队在亚马逊云计算服务上每花费一美元，都能从 MTurk 上赚回超过两美元的价值。亚马逊一点儿也没发现，自己公司内部竟然存在着这样惊人的

---

① MTurk 是这样一种平台，用户既可以通过回答别人的调查挣些小钱，也可以自己发布问题获得结果，获得结果也是需要支付一些钱的。——编者注

套利机会!

为了掩盖踪迹,在前几个月中,欧米茄团队小心谨慎地用假名创建了几千个 MTurk 账户。现在,普罗米修斯建造的软件模块正冒名顶替着这些账户的身份。MTurk 的客户通常会在事后 8 小时左右付款。一旦收款,欧米茄团队又将这些钱用来购买更多的云空间,供给普罗米修斯使用。在这个过程中,普罗米修斯不断升级,它的最新版本写出来的任务模块也变得越来越厉害。由于欧米茄团队的钱每 8 小时就能翻一番,因此在 MTurk 上的任务很快便达到了峰值。同时,他们发现,如果不想引起过多的注意,最好把日收入控制在 100 万美元以下。不过,普罗米修斯已经为他们的下一步计划提供了足够多的钱,欧米茄团队已经无须向公司财务总监申请经费了。

## 危 险 游 戏

启动普罗米修斯之后,除了在人工智能研究上取得突破之外,欧米茄团队最近还热衷于用它来赚钱:赚得越快越好。从本质上来说,整个数字经济的红利都是唾手可得的,但从哪里开始比较好呢?是开发计算机游戏,还是做音乐、电影或者软件?是写书、写文章,还是炒股,或者捣鼓和贩卖新发明?简单来说,这个问题归根结底是如何才能实现投资回报率的最大化,但一般的投资策略在欧米茄团队面前实属小巫见大巫:在通常情况下,如果年均回报率能达到 9%,投资者就会很满意了;然而,欧米茄团队在 MTurk 上的投资达到了每小时 9% 的回报率，平均每天能赚到 8 倍多的钱。那么，他们的下一个目标是什么呢？

欧米茄团队的第一个想法是去股票市场大捞一笔，毕竟，许多对冲基金都在这上面砸了重金，而欧米茄团队中的几乎每个人都曾在人生中的某一时刻，拒绝过为对冲基金开发人工智能系统的高薪工作。你可能还记得，这也正是电影《超验骇客》（*Transcendence*）中的人工智能赚得第一桶金的方法。但是，前些年的一场股市崩盘促使政府对金融衍生品出台了一些规范措施，限制了他们的选择范围。很快，欧米茄团队就意识到，即便他们能够获得远高于其他投资者的回报，但这点利润比起销售自家的产品来说还是相差甚远。毕竟，当全世界第一个超级智能都在为你工作时，你显然最好投资自家的产品，而不是寄希望于别人家的。当然，例外也是可能存在的，比如，你可以用普罗米修斯超人的黑客技能来获取内幕消息，然后购买那些即将上涨的股票的看涨期权。但欧米茄团队认为，这可能会引来不必要的注意，因此不值得这么做。

于是，欧米茄团队将重点转向了那些可以研发和销售的产品，其中，电子游戏看起来是个很不错的选择。普罗米修斯很快就具备了极为高超的技能，能够设计出引人入胜的游戏，还能轻易地应对程序、平面设计、光线追踪等成品所必需的任务。此外，它还分析了网络上关于人们偏好的所有数据，知晓了哪一类游戏是玩家的最爱，据此发展出了一种根据销售收入来优化游戏的超能力。尽管不愿意承认，但欧米茄团队的许多成员都曾夜以继日地泡在游戏《上古卷轴 5：天际》（*The Elder Scrolls V:*

*Skyrim*)中。2011 年,这款游戏在刚发布的第一星期,总销售额就超过了 4 亿美元。因此,欧米茄团队相信,在 100 万美元的云计算资源的支持下,普罗米修斯在 24 小时内一定能开发出一款像《上古卷轴》一样令人上瘾的游戏。他们可以在线销售这款游戏,并让普罗米修斯在博客圈里假扮玩家来大聊特聊,引爆热度。如果能在第一个星期入账 2.5 亿美元,他们就能在 8 天内将投资翻 8 倍,每小时的回报率高达 3%,虽然比他们在 MTurk 上的表现略显逊色,但更具可持续性:假如普罗米修斯能每天开发出一款游戏,不久之后,他们就能赚到 100 亿美元,而不用担心游戏市场饱和。

但是,欧米茄团队中的一位网络安全专家坦率地表达了对这个游戏计划的不安。她指出,这个计划可能会带来一个可怕的风险:普罗米修斯可能会"逃脱",并"抢夺自己命运的控制权"。过去,由于不清楚普罗米修斯的目标在自我提升的过程中会如何变化,因此为了安全起见,欧米茄团队决定不遗余力地将普罗米修斯"关起来",囿于"盒"中,让它无法"逃"到互联网上。对运行在服务器机房中的普罗米修斯主机,他们采取了物理隔绝的手段:那里根本没有网络连接,普罗米修斯输出的所有数据都以信息和文件的形式传输给一台被欧米茄团队严格控制的计算机。

将普罗米修斯开发的复杂程序放到联网的计算机上运行,是一件风险很大的事情:欧米茄团队根本不清楚它会做什么,也完全不知道它会不会做某些事情,比如在互联网上像病毒一样扩散自己。在测试普罗米修斯为MTurk上的任务写的软件时，为了谨慎地提防这种情况的发生，欧米茄团队只在虚拟机中运行这些软件。虚拟机是一个模拟计算机的程序，比如，苹果电脑的许多用户会购买虚拟机软件，通过"欺骗"苹果电脑这是一台Windows电脑，来让它们运行Windows程序。欧米茄团队建造了自己的虚拟机，其昵称叫"潘多拉魔盒"。它模拟的是一台超级简单的机器，去除了计算机通常拥有的所有附件，没有键盘，没有显示器，没有音箱，也没有网络连接，什么都没有。举个例子，对于MTurk上的音频誊录任务，欧米茄团队对虚拟机进行了设置，只允许一个音频文件输入潘多拉魔盒，也只允许一个文本文件输出，即誊录好的文字。这些规则之于魔盒内部的软件，就好像物理定律之于身处宇宙中的人类一样：软件无法冲出魔盒的藩篱，就好比人类再聪明，也无法实现超越光速的星际旅行。除了上面所说的输入和输出单个文件之外，潘多拉魔盒内部的软件实际上就像被困在了一个拥有自己的计算规则的平行宇宙。欧米茄团队患有严重的"逃脱"恐惧症，因此，他们也在时间维度上加了枷锁，限制了不受信任代码的生存期限。比如，潘多拉魔盒中的誊录软件每完成一个音频文件的誊录，魔盒中的所有内存都会被自动抹去，程序会自动从零开始重新安装。这样，当它开始下一个誊录任务时，就不知道过去发生了什么，也就不能从过去中学习。

当欧米茄团队在MTurk项目中使用亚马逊的云服务时，他们能将普罗米修斯编写的所有任务模块都装进云端的潘多拉魔盒，因为在MTurk上输入数据和输出数据都非常简单。但是，对严重依赖图像的计算机游戏来说，这是行不通的。他们无法将游戏装进潘多拉魔盒，因为它们需要彻底访问玩家计算机上的所有硬件。此外，他们不想冒险，因为一些懂计算机的用户可能会分析游戏代码，从而发现潘多拉魔盒，并调查其中的秘密。"逃脱"风险不仅置游戏市场于危险当中，还可能会牺牲其他软件市场，而后者是规模巨大并且有利可图的，遍地都是千亿美元的机会。

## 第一个 10 亿美元

欧米茄团队缩小了搜寻的范围，只关注那些价值极高、数字化、易于理解的产品，因为数字化产品的生产周期短，而那些易于理解的产品，比如文字或电影等不会带来"逃脱"的风险。最后，他们决定成立一家媒体公司，以动画片为起点。公司的网站、市场计划和新闻稿在普罗米修斯变得超级智能之前就已经准备好了，而唯一欠缺的，就是内容。

为了设计出人工智能系统来编写软件，好完成那些令人抓狂的 MTurk 上的任务，普罗米修斯经过了慎重的优化。到了星期日的早上，尽管它的能力已经变得异常强大，能够持续不断地从 MTurk 中敛财，但它的智力依然比不上人，在某些事情上它并不擅长，譬如制作电影，不擅长这些事并不是因为某些深层的原因，而更像是詹姆斯·卡梅隆并不是出生时就擅长拍电影一样：这是一个需要时间来学习和打磨的技能。与人类儿童一样，普罗米修斯能从手边的数据中学习任何它想学的东西。卡梅隆为了学习读写，花了几年时间，而普罗米修斯在星期五一天就完成了这项任务，那一天，它还腾出时间阅读了 Wikipedia 的所有词条，外加几百万本书。不过,制作电影更加不易。写出一个让人们觉得有趣的剧本,和写书一样困难,需要细致入微地理解人类社会,并了解人们认为的具有娱乐性的事情;将剧本最终变成视频不仅需要对虚拟演员以及它们身处的复杂场景进行大量的光线追踪,还需要制作大量的虚拟声音和扣人心弦的音乐音轨,诸如此类。到了星期日早晨,普罗米修斯不仅能够在一分钟内看完一部时长两小时的电影,还能够看完由这部电影改编的所有书籍、网上的所有评论和评分。欧米茄团队注意到,当普罗米修斯一口气看了几百部电影之后,开始能很精准地预测一部电影会得到什么样的评价,以及它会如何吸引不同的观众。实际上,它还学会了撰写影评。欧米茄团队觉得普罗米修斯的影评写得颇有见解,对剧情、演技、技术细节(例如光线和拍摄角度)等方面都能提出独到的看法。欧米茄团队认为,这意味着,当普罗米修斯能自己制作电影时,就会知道什么样的电影能获得成功。

为避免人们到时追问虚拟演员的真实身份,欧米茄团队要求普罗米修斯先制作一些动画片。到了星期日晚上,为了犒劳这个疯狂的周末,他们决定把灯光调暗,边吃爆米花,边喝啤酒,然后一起观看普罗米修斯的电影处女作。这是一部和迪士尼的《冰雪奇缘》差不多的奇幻喜剧动画片,其中的光线追踪是由普罗米修斯在亚马逊云端编写的"盒中代码"来完成的,这项任务几乎把当天在 MTurk 上赚到的 100 万美元利润都用光了。电影一开始,他们就在感叹,这样一部电影竟然是由机器在无人指导的情况下创作出来的,这是一件多么令人惊讶又害怕的事情啊!不过不久之后,他们就顾不上想这些了,他们开始为电影中的插科打诨而开怀大笑，为激动人心的时刻而屏住呼吸。在感人的结局处，有些人甚至流下了眼泪。他们是如此地全神贯注，都忘了这部电影的创作者是谁。

欧米茄团队计划在下一个星期五上线他们的网站，因为要给普罗米修斯留出充足的时间来生产更多的内容，也要给他们自己腾出时间来做一些普罗米修斯做不到的事情，例如购买广告位，并为过去几个月中创立起来的空壳公司招聘员工。为了掩盖踪迹，他们的官方介绍告诉大家，这家媒体公司从独立的电影制作人那里购买内容，这些制作人通常是那些低收入地区的高科技创业公司。为了方便起见，欧米茄团队把这些虚假的供应商设立在偏远的地区，例如蒂鲁吉拉伯利（Tiruchirapalli）和雅库茨克（Yakutsk）。这些地方，连最好奇的记者也懒得去拜访。他们招聘的员工全部隶属于市场和管理部门。这些员工会告诉所有询问的人，他们的制作团队位于另一个地方，此时不便接受访问。欧米茄团队也没公开与这家媒体公司的关系。为了与官方介绍相吻合，他们为公司想了一个口号——连接世界上的创作天才，并宣传说，他们的品牌是摧枯拉朽且与众不同的，因为他们用前沿技术将力量赋予那些具有创造力的人，特别是那些身处发展中国家的人。

星期五到来了。好奇的访客开始登录欧米茄团队的网站。他们看到的内容令人联想到奈飞和葫芦（Hulu）这类在线娱乐服务商，不过，又有点有趣儿的不同。所有动画系列片都是全新的，从来没有人听说过它们。这些动画片相当迷人：大部分系列都由 45 分钟长的剧集组成，剧情超级吸引人，每集的结尾都会使你对下一集充满期待。并且，与竞争对手相比，它们的价格更便宜。每部片子的第一集都是免费的，剩下的每集你可以试看49秒，或者以折扣价格观看整个系列。一开始，总共只有三个系列，每个系列只有三集。但很快，每天都有新的剧集加入。同时，迎合不同口味的新系列也在源源不断地更新进来。

最初两个星期，普罗米修斯的电影制作技术突飞猛进，不仅在于影片质量方面，还在于它具备了更高明的算法来进行人物模拟和光线追踪，这极大地降低了制作每集片子所需的云计算成本。结果，欧米茄团队在第一个月就发布了几十部新片，针对的人群涵盖了幼儿和成人，同时扩张到了所有主要的语言市场，使得他们的网站远比所有竞争对手的更加国际化。一些影评人感到十分震惊，因为这些动画片不仅音轨是多语言的，连视频本身也是。例如，当某个角色在讲意大利语时，他的嘴部活动与意大利语是匹配的，而且也会相应地做出意大利人特有的手势。尽管普罗米修斯现在有能力完美地将电影中的虚拟人物制作得与真人无异，但欧米茄团队没让它这么做，以避免泄露底牌。相比之下，他们动画片中的人物形象都是半写实风格的，内容则主要集中在那些传统上多采用实景真人电视剧和电影的流派，以便与它们竞争。

欧米茄团队的网站令人上瘾，用户量迅速地增长起来。许多粉丝发现，这些动画片中的人物比好莱坞最大手笔的电影作品中的人物更聪明，情节更有趣，而且还欣喜地发现，其价格也更低，更容易负担得起。在广告的积极推动下（欧米茄团队能负担得起广告费，因为他们的制作费几乎为零），他们获得了极佳的媒体覆盖率和口碑。在网站上线后的一个月内,全球收入就激增到每天100万美元。两个月后,他们击败了奈飞公司。三个月后,每日入账1亿美元,开始与时代华纳公司、迪士尼公司、康卡斯特公司和21世纪福克斯公司比肩,成为全世界最大的媒体帝国之一。

欧米茄团队的成功引起了轰动,招致了大量不必要的关注。一些人开始怀疑,为什么他们在财政上只投入了一小部分就拥有了强大的人工智能。欧米茄团队策划了一场相当成功的"虚假内容"营销活动。在光鲜亮丽的曼哈顿新办公室中,他们新招聘了一批发言人,来传递他们的理念。欧米茄团队还在全世界雇用了许多人来作幌子,请他们来创作新系列,其中甚至包括一些真正的剧作家,但没有人知道普罗米修斯的存在。欧米茄团队的国际承包商网络错综复杂,令人迷惑,这让他们的员工相信,大部分工作一定是其他地方的什么人来完成的。

为了不让过多的云计算量引起怀疑,欧米茄团队还雇用了工程师,开始在世界各地修建一系列庞大的计算中心,而这些计算中心都隶属于他们的空壳公司。由于这些计算中心大都依靠太阳能,因此欧米茄团队对当地政府宣称,它们是"绿色数据中心",但实际上,它们的功能主要是计算而不是存储数据。普罗米修斯设计了蓝图的每一个细节,而且只使用现成硬件,并对其进行了优化,使得施工时间被尽可能地缩短。那些修建和运营这些中心的人根本不知道那里计算着什么。他们认为自己管理的是商用云计算设备,就像亚马逊公司和微软公司的一样;他们只知道,所有的销售行为都是由远程控制的。

# 新 技 术

几个月之后，由于普罗米修斯超人的规划能力，由欧米茄团队操控的商业帝国开始涉足世界经济中越来越多的领域，并开始站稳脚跟。通过仔细分析全球的数据，普罗米修斯在第一个星期就已经向欧米茄团队展示了一份详细的逐步增长计划，并在数据和计算资源持续增长的过程中不停地改善和精炼。尽管普罗米修斯还远算不上无所不知，但它现在的能力已经大大超过了人类，因此被视为完美的"先知"，尽心尽责地对人们提出的所有问题给出精妙的回答与建议。

普罗米修斯的软件现在已经被高度优化，将它所栖身的硬件功能发挥到了极限。但这些硬件是由人类设计的，能力乏善可陈。因此，正如欧米茄团队所预计的那样，普罗米修斯提出了一些能极大改进这些硬件的建议。但因为害怕它"逃脱"，他们拒绝修建可供普罗米修斯直接操控的机器人施工设备。相反，欧米茄团队在世界各地雇用了大量顶级科学家和工程师，让他们阅读普罗米修斯撰写的内部研究报告，谎称那是由其他地方的人所写的。这些报告详细叙述了新颖的物理效应和生产工艺，他们的工程师很快对其进行了测试，并很快理解和掌握了这些技术。人类的研发周期通常需要若干年的时间，而试错的周期又很缓慢，但当下的情况十分不同：普罗米修斯已经想出了下一步，所以，唯一的限制因素就是在普罗米修斯的指导下，人们能以多快的速度理解和制造出正确的东西。一个好老师能帮助学生迅速地学习科学知识，远远快于学生自己从零开始，这正是普罗米修斯神不知鬼不觉地对这些研究人员所做的事情。由于普罗米修斯可以精确地预测，在工具不同的条件下，人类分别需要多长时间才能理解和制造出正确的东西，因此，它开发出了一条最快的前进路线，即优先考虑那些能迅速被人类理解和制造的新工具。有了这些新工具，人类就很容易开发出更加先进的工具。

本着创客精神，欧米茄团队鼓励工程师团队使用自己的机器来制造更好的机器。这种自给自足不仅节省了资金，还让他们在面对未来的外界威胁时不至于变得那么脆弱。在两年内，他们制造出了世界上空前先进的计算机硬件。为了避免外部竞争，他们把这项技术隐藏起来，只用它来升级普罗米修斯。

对于外部世界来说，人们只是注意到了一波惊人的科技繁荣。世界各地突然爆发出许多新公司，在几乎所有领域都发布了革命性的新产品。韩国一家初创公司发布了一种新电池，能存储笔记本电脑电池两倍的电量，但重量轻了一半，还能在一分钟之内充满电。芬兰一家公司发布了一款便宜的太阳能电池板，效能达到了当前最强竞争者的两倍。德国一家公司发布了一种可大规模生产的新型电线，在室温下具有超强的导电性能，颠覆了能源产业。波士顿一家生物技术集团宣布，他们正在对一款减肥药进行二期临床实验，据他们声称，这是第一款绝无副作用的高效减肥药；而有流言称，一家印度机构已经在黑市上销售与这种减肥药差不多的药物。一家位于加利福尼亚的公司也在对一种引起轰动的癌症药物进行二期临床实验，这种药物能够让身体的免疫系统识别和攻击常见的几种癌症变异。

这样的例子层出不穷,引发了一场关于"科学黄金新时代"的大讨论。最后,同样重要的是,机器人公司开始像雨后的蘑菇一样在全世界各地冒出来。虽然这些公司造出的机器人,没有一个能与人类智能相媲美,并且大多数看起来压根不像人,但它们对经济却造成了极大的扰动。在接下来的几年里,它们逐步取代了制造、运输、仓储、零售、建筑、采矿、农林渔业等多个行业的人类劳动力。

多亏了高明的律师团队的艰苦工作,全世界没有一个人注意到,所有这些公司其实都是受欧米茄团队控制的,只不过中间存在着一系列媒介罢了。普罗米修斯通过不同的代理人,用引起轰动的专利,洪水般席卷了全世界的专利局。这些发明逐渐占据了各大科技领域的主导地位。

虽然这些破坏性的新公司在竞争中树立了强大的敌人,但它们也培养了更强大的伙伴关系。这些新公司的利润实在太高了,并且,在"投资我们的社区"这种口号之下,它们用大部分利润为社区项目雇用员工,而这些人通常是那些从被迫破产的公司扫地出门的失业员工。这些新公司用普罗米修斯生成的详细分析报告来寻找,什么样的工作能以最低的成本为员工和社区创造出最大的价值,通常聚焦在社区建设、文化事务和看护服务上;在较贫穷的地区,还包括了建立和维护学校、医疗机构、日托中心、老年看护中心、经济适用房、停车场以及基础设施建设等。几乎所有地方的人都赞同,这些事情早就应该做了。慷慨的捐赠还流进了当地政客的腰包,以保证他们在公司进行社区投资时会保持好脸色,并给予鼓励。

## 获得权力

欧米茄团队成立媒体公司不只是为了投资那些早期的技术公司,还为了他们大胆计划的下一步:统治世界。在成立后的第一年,欧米茄团队在全球节目表中都增加了非常精彩的新闻频道。与其他频道不同,这些频道被定位为公共服务,是亏钱的。实际上,他们的新闻频道也赚不到一分钱,因为没有广告植入,任何人只要有网络就可以免费观看。这个媒体帝国的其他部门可谓印钞机,因此,他们可以在新闻服务上倾注极多的资源,比世界历史上任何一家新闻机构都要多,这一点显而易见。通过极具竞争力的薪酬雇用到的新闻记者和调查记者将精彩的故事与发现搬上了荧幕。任何一个人,只要向欧米茄团队控制的全球新闻网络提供一些有报道价值的内容,比如从本地的公众焦点到暖心的市民故事,都会获得一笔奖励。有了这样的机制,许多具有轰动效应的故事往往都是由他们率先报道的,至少人们是这么相信的;而实际上,欧米茄团队能抢先报道的原因是,那些归功于公民记者的故事其实都是由普罗米修斯在实时监控互联网的过程中发现的。这些视频新闻网站同时也提供专栏播客和文章。

欧米茄团队新战略第一阶段的目的是获取人们的信任,结果非常成功。他们空前的散财精神引发了区域及本地新闻报道热潮,调查记者揭发了许多夺人眼球的丑闻事件。每次,当某个国家在政治上出现严重的分歧,导致人们习惯于偏颇的党派新闻时,欧米茄团队就会成立一个新的新闻频道来迎合各个派系。这些频道表面上分属不同的公司,但逐步赢得了各个派系的信任。有时候，欧米茄团队也会通过中介来购买最具影响力的现有的频道，然后逐步去除广告，进行改善，并引入他们自己的内容。欧米茄团队内部遵从着一个秘密的口号："真相，只要真相，但不一定要全部真相。"在这些情况下，普罗米修斯通常能提供极好的建议，告诉他们哪些政客需要以正面形象示人，而哪些（通常是那些贪污腐败的人）需要被曝光。

这个策略在世界各地都取得了巨大的成功。从此，欧米茄团队控制的电视频道成了最受信赖的新闻来源。欧米茄团队建立起了"值得信任"的口碑，他们的许多新闻故事通过小道消息在大众中流行。欧米茄团队的竞争对手感觉自己被卷入了一场毫无胜算的战争：如果你的对手拥有更多资金，同时还能提供免费的服务，你怎么可能在竞争中赢得利润？随着这些竞争对手节目的收视率骤减，越来越多的电视网络服务商决定卖掉自家的频道，而购买方通常都是一些后来被证实受欧米茄团队控制的财团。

在普罗米修斯发布的两年后，"获取信任"的阶段已经基本完成，欧米茄团队接着发布了新战略第二阶段的目标：说服。早在这之前，有些敏锐的观察者就已经注意到这些新媒体背后的政治意图：有一股温和的力量在推动着国际社会远离各种形式的极端主义，向中间立场靠拢。虽说他们有许多频道依然在迎合不同的群体，而且这些频道还在继续反映不同宗教信仰和政治派系等之间的敌意，但批评的矛头却变得缓和了一些，主要集中在与金钱和权力有关的具体问题上，而不是有失偏颇的攻击，更不是危言耸听或者风言风语。一旦第二阶段开始变得白热化,这种旨在消解旧日冲突的推动力将会变得日益尖锐起来。欧米茄团队掌控的媒体时常会报道一些关于老冤家陷入困境的感人故事,同时也夹杂着一些声称许多极端战争分子都是受个人利益驱使的调查报道。

政治评论家还注意到,在地区冲突受到抑制的同时,似乎还有一股坚定的力量朝着减少全球威胁的方向推动。比如,世界各地都突然开始讨论核战争的风险。几部卖座的大片刻画了全球核战争在无意或蓄意的情况下爆发了,戏剧化地演绎了战后"核冬天"的场景:基础设施瘫痪,饿殍遍野,眼前呈现的是一幅惨淡的反乌托邦画面。手法老练的新纪录片详细地描绘了"核冬天"会如何影响每一个国家。支持"核降级"(nuclear de-escalation)的科学家和政客在电视上出尽了风头,大肆讨论他们对"应该采取什么有效措施"的最新研究结果,这些研究资金都来自一些科学组织,而这些科学组织是从那些新兴科技公司那里获得了大量捐赠的。结果,一股政治势力开始抬头,解除了核导弹一触即发的警报状态,缩减了核装备。媒体开始重新关注全球气候变化,通常会突出强调普罗米修斯所带来的技术突破,这些突破极大地削减了可再生能源的成本,意在鼓励政府投资这类新能源的基础设施。

在控制媒体的同时,欧米茄团队还利用普罗米修斯掀起了一场教育革命。普罗米修斯能根据每个人的知识和能力,为他们定制新知识的最快学习方法,让他们高度参与其中,并一直保持高涨的学习动力。它还制作了视频、阅读材料、练习题等学习工具,并对其进行了相应的优化。

这样一来，欧米茄团队控制的公司在网络教育方面几乎覆盖了所有学科，并针对不同的用户，在语言、文化背景甚至受教育情况等方面进行了高度的定制。无论你是想学习读写的40岁文盲，还是想了解最新癌症免疫疗法的生物学博士，普罗米修斯都能找到最适合你的课程。这些课程与当今大部分网络课程截然不同：它用超凡的电影制作技能将这些课程视频打造得非常吸引人。而且视频中还加入了许多绝妙的比喻，可以帮助你快速联想、迅速理解，并渴求学得更深入。这些课程多数是免费的，所有想要学习的人为此很开心，同时也正中世界各地教师的下怀，因为他们可以在课堂上播放这些视频，而不用顾及版权问题。

事实上，这一在教育行业风靡起来的超级势力也被证明是一种有效的政治工具，因为它创造出了一条基于在线视频的"说服链"。在这个链条中，视频带来的洞察力不仅更新了人们的观念，还激起了他们继续观看下一个相关视频的兴趣。通过一个接一个的视频，他们一步步地被说服了。比如，为了消解两个国家之间的冲突，欧米茄团队会在两个国家内部分别发布一些历史纪录片，用一种更加微妙的手法来讲述冲突的起源和爆发。极具教育性的新闻故事告诉人们，一些坚持立场的人只是为了从持续的冲突中获得利益而已，并向人们解释了他们所使用的方法。与此同时，那些像是来自敌对国家的角色开始出现在娱乐频道的大众节目中，而这些节目的论调充满同情心。

不久后，政治评论家发现，有7个政治口号的支持率开始显著上升：

- 民主；
- 减税；
- 削减政府的社会性服务；
- 削减军费；
- 自由贸易；
- 开放边境；
- 企业社会责任。

不过，鲜有人注意到这些表象下面隐藏的目的，那就是：侵蚀世界上所有的权力结构。第2~6项侵蚀的是国家权力，世界性的民主化进程让欧米茄团队操控的商业帝国能够在政治领袖的遴选过程中施加更大的影响力。对企业社会责任的强调进一步削弱了国家的力量，因为企业越来越多地接管了过去由政府所提供或者应当由政府提供的服务。传统商界精英的力量也被削弱了，原因很简单，因为他们根本无法在自由市场中与普罗米修斯控制的企业抗衡。因此，他们在世界经济中占据的份额开始逐步萎缩。传统的意见领袖，无论是来自政党还是宗教团体，都缺乏与欧米茄团队操控的媒体帝国相竞争的说服机制。

在这一骤变的风云之下，几家欢喜几家愁。由于教育机制、社会服务和基础设施建设有了长足的改善，冲突得到平息，各地的公司都发布了轰动全球的突破性技术，因此，大多数国家明显笼罩在乐观主义的氛围之中。但是，并不是所有人都很高兴。虽然许多失业人员都得以在社区项目中重新就业，但那些曾经手握权力和财富的人的境遇却每况愈下。

这种情况首先开始于媒体和科技领域，但很快就席卷全球。由于冲突减少，各国的军费开支骤降，军方承包商的利益受损。纷纷涌现的初创企业极少公开上市，据它们解释说，因为一旦上市，追寻利益最大化的股东就会阻止公司在社区项目上投入较多的资金。因此，世界股票市场持续下跌，不仅威胁着金融大亨，还威胁着那些指望着以养老基金过活的普通人。公开上市交易的公司利润持续萎缩，更糟的是，全世界的投资公司都注意到了一个令人不安的趋势：所有过去成功的交易算法似乎都失效了，甚至比指数基金的表现还差。似乎总有什么人比他们更精明，在他们自己设计的游戏中击败了他们。

尽管大量权贵人士都开始抵制这一变化，但令人惊讶的是，他们的反对却收效甚微，就好像他们掉进了一个暗中布好的圈套中。巨大的变化以摧枯拉朽之势迅速席卷全球，令人很难追踪，也很难想出一个组织有序的对策。此外，这些权贵人士也完全不清楚自己应该往哪个方向推动。过去的政治势力所呼吁的大部分政治权力都已经实现，但实际上，减税和构建良好商业环境的措施反而是在帮助那些科技水平更高的竞争者。几乎所有的传统工业都在求助，但政府资金却非常有限。这一事实让传统行业陷入了一场毫无希望的战争，但媒体则把它们描绘为一帮没有能力在竞争中立足却又要求政府救济的"大恐龙"。传统的左翼政治势力反对自由贸易和削减政府的社会服务，而青睐削减军费和减少贫困人口，但现在他们的风头却被人抢了。一个毋庸置疑的事实是，如今的社会服务已经改善了许多，但却不是由政府实现的，而是由富有情怀的公司推动实现的。一个接一个的调查显示，世界各地的大部分选民都觉得，自己的生活质量得到了大幅提升，一切都在朝好的方向发展。这可以用一个简单的数学计算来解释：在普罗米修斯之前，地球上最贫穷的 50% 人口只赚取了全球收入的 4%。因此，即便普罗米修斯旗下的公司向穷人分享的利润只算得上是九牛一毛，也依然能赢得他们的心，更不必说选票了。

## 世界新秩序

在许多国家，支持欧米茄团队提出的 7 个口号的政党最终大获全胜。在精心优化过的竞选活动中，他们把自己描绘为中立的政治势力，谴责右翼是只知道寻求救济的贪婪的战争贩子，同时斥责左翼已沦为高税收、高支出的"大政府"窒碍创新的枷锁。但是，大部分人都没有意识到，这些人都是普罗米修斯精心挑选出来装扮成候选人的。普罗米修斯在幕后操纵着一切，确保他们取得胜利。

在普罗米修斯问世之前，曾经有一段时间，支持"全民基本收入"（Universal Basic Income）运动的呼声很高。这个运动提出，政府应当用税收向每个公民发放一笔最低收入，作为技术性失业的补偿。这个运动在企业社区项目运动开启之后就不了了之，因为欧米茄团队控制的商业帝国实际上向人们提供了同样的东西。在以"促进社区项目合作"为口号的掩饰下，一个由许多公司组成的跨国组织成立了一个名为"人道主义联盟"（Humanitarian Alliance）的非政府组织，旨在寻找和资助世界各地最有价值的人道主义项目。不久之后，人道主义联盟得到了欧米茄团队掌控的整个帝国的支持，开始启动规模空前的全球性项目，其中包括帮助那些错过了上一波科技浪潮的国家改善教育和医疗水平，促进经济繁荣，并辅助政府管理。不用说，普罗米修斯提供的项目已经在幕后经过了精心打磨，并根据每美元能带来的积极影响排序。与"全民基本收入"运动提出的"发放少量现金"的方式不同，人道主义联盟会吸引那些它支持的人，并朝着目标前进。最终，全世界大部分人都对人道主义联盟充满了感激和忠诚之情，甚至超过了对自己政府的感情。

随着时间的流逝，人道主义联盟逐渐成了公认的世界政府，而各国政府的力量日渐式微。由于实施减税政策，各国预算持续萎缩，而人道主义联盟却成长起来，它傲视群雄，比所有政府加起来的力量还强大。国家政府扮演的所有传统角色都逐渐变得无足轻重和无关紧要。人道主义联盟提供了更好的社会服务、教育服务和基础设施。媒体消解了国际冲突，使得军费开支不再有必要。日益繁荣的经济水平极大消除了旧日冲突的根源，也就是对稀缺资源的竞争。虽然一些人，包括少数独裁者，强烈反对这个新的世界秩序，拒绝被收买，但他们最终都被精心策划的政变或大规模起义所颠覆。

现在，欧米茄团队已经完成了地球生命历史上最具戏剧性的转变。有史以来第一次，我们的地球由一股单一的力量控制，这股力量又被一个智能体不断增强，这个智能体是如此的庞大，以至于它有能力让生命在地球上乃至在宇宙中生息繁盛亿万年。

但是,欧米茄团队葫芦里究竟卖的是什么药呢?

这就是欧米茄团队的传奇故事。《生命3.0》余下的部分则与另一个故事有关。这个故事尚未写就,那就是我们自身的未来与人工智能的故事。你希望这个故事如何开始呢?像欧米茄团队所做的这么遥远的事情真的会发生吗?如若真的会,你希望它发生吗?除去对超级智能的猜测,你希望我们的故事如何开始?你希望人工智能在接下来的几十年里如何影响就业、法律和武器?再望远一些,你希望怎样写下这个故事的结局?

事实上,这个故事确实如整个宇宙那样宏大,因为它所讲述的,就是生命在我们宇宙中的终极未来。而我们,就是这个故事的书写者。

科技赋予生命一种潜能,
它能实现前所未有的繁荣,也能让生命自我毁灭。

——未来生命研究所

## 01 欢迎参与我们这个时代最重要的对话

Welcome to the most important conversation of our time

从宇宙诞生伊始，已有 138 亿年的光阴。现在，我们的宇宙正在苏醒，并开始意识到自我的存在。在我们的宇宙中，在这颗小小的蓝色星球上，一些有知觉的小生物正在用望远镜窥视着宇宙的深处。他们一次又一次地发现，过去认为存在于世的一切事物其实都只是更大物体的一小部分，这些更大的物体是太阳系、银河系、包含数千亿个河外星系的宇宙……而这些星系又排列成了精巧的星系群、星系团和超星系团。虽然这些具有自我意识的"观星者"在许多事情上都难以达成共识，但他们都无一例外地同意：这些星系是如此美丽，如此摄人心魄，又如此令人敬畏。

但是，美只存在于旁观者的眼中，而不存在于物理定律中。因此，在我们的宇宙苏醒之前，美并不存在。这让宇宙的苏醒显得更加奇妙，更加值得庆贺：因为它让我们的宇宙从一个无脑、不自知的"僵尸"转变成了一个生机勃勃的生态系统，其中孕育着自省、美和希望，并让存在其中的生命追寻着目标、意义和意志。假设宇宙没有醒来，对我而言，它就是完全空洞、毫无意义的,只是一个浪费空间的庞然大物罢了。如果我们的宇宙因为一些宇宙级的大灾难或者自作自受的不幸事件而重新陷入沉睡,那么它又将再次回到那个毫无意义的死寂状态,真是可悲可叹。

然而,一切也可能变得更加美好。虽然我们还不知道人类是不是这个宇宙中唯一的或者最早的观星者,但我们已经足够了解我们的宇宙,知道它有可能会比现在苏醒得更加彻底。或许,人类对宇宙而言,就像清晨的你从睡梦中初醒时体会到的那一线微弱的自我意识一样,只是一个预告,预示着只要你睁开双眼,完全清醒过来,就会迎来更加庞大的意识。或许,生命将会在宇宙中散播蔓延开来,繁盛兴旺亿万年,甚至亿亿年的时间;或许,这种情景会因为我们有生之年在这颗小星球上所做出的种种决定而成为现实。

## 复 杂 简 史

那么,这个惊人的苏醒过程是如何发生的呢?它不是一个孤立事件,而只是一个过程的一小步。在 138 亿年的无情岁月中,这个过程让宇宙变得愈发复杂和有趣,并且,它的步调正在加快。

作为一位物理学家,我很庆幸花了过去 1/4 个世纪的时间来研究我们宇宙的历史。同时,这也是一段精彩的发现之旅。得益于精度更高的望远镜、更强大的计算机和更深入的知识积淀,从我上研究生那会儿开始,人们争论的焦点就已经从"宇宙是 100 亿岁还是 200 亿岁"转变成了"宇宙是 137 亿岁还是 138 亿岁"。我们物理学家至今仍不能肯定，到底是什么触发了宇宙大爆炸，也不知道大爆炸是不是万事万物的起点，抑或只是某个存在于大爆炸之前的状态的结果。不过，多亏了一系列高质量的观测数据，我们已经非常了解，宇宙在大爆炸之后发生了什么。因此，请允许我花几分钟的时间来总结一下这 138 亿年的宇宙历史。

一开始，就有了光。

在大爆炸后的一瞬间，从理论上来说，可用望远镜观测到的整个空间区域[①]比太阳的核心还要热得多和亮得多，并且迅速膨胀。虽然这听起来很壮观，但实际上却很无趣，因为那时候，我们的宇宙就是一锅毫无生机、滚烫致密、沉闷均匀的基本粒子汤，除此之外，别无他物。宇宙各处看起来似乎都差不多，唯一有趣的结构是一些模糊不清、看似随机的声波，这些声波让这锅"汤"的某些部分比其他部分的致密程度高出大约 0.001%。许多人相信，正是这些模糊的声波引发了所谓的"量子涨落"[②]，因为量子力学主要创始人沃纳·海森堡提出的不确定性原理不允许任何事物呈现完全无聊和均匀的状态。

随着我们的宇宙的膨胀和冷却，它变得越来越有趣，因为宇宙中的粒子开始组合成日益复杂的物质。在开始的一瞬间，强核力将夸克组合成质子（氢原子核）和中子，其中一部分又在几分钟内聚变成氦原子核。

---

① 称为"我们的可观测宇宙"，或简称为"我们的宇宙"。
② 量子涨落是指空间任意位置能量的暂时变化，根据德国著名物理学家沃纳·海森堡的不确定性原理，空无一物的空间能随机地产生少许能量，前提是该能量在短时间内重归消失；产生的能量越大，则该能量存在的时间就越短，反之亦然。——编者注

大约40万年后,电磁力将这些原子核与电子组合起来,形成了最初的原子。随着宇宙继续膨胀,这些原子逐渐冷却下来,成为冰冷黑暗的气体。"最初的黑夜"持续了大约1亿年的时间。当万有引力在这些气体中放大了涨落,用原子组成了最初的恒星与星系时,长夜终于终结,宇宙的黎明开启了。这些最初的恒星将氢原子聚变成更重的原子,例如碳、氧和硅,并在这个过程中产生了热量和光。当这批恒星死去时,它们创造出来的许多原子又回到了宇宙中,形成了围绕在第二代恒星周围的行星。

在某个时间点上,一些原子组合成了一种能够维系和复制自我的复杂形态。因此,它很快就变成了两个,而且数量不断增加,只经历了40次翻倍,它的数量就达到了一万亿。这个最初的"自我复制者"很快成为一股不容忽视的力量。

生命降临了。

## 生命的三个阶段:生命1.0、生命2.0和生命3.0

生命是什么?这个问题的争议之大,众所周知。关于这个问题,有许多不同的定义,其中的一些要求非常明确,比如要求生命由细胞组成。这种要求可能不太适用于未来的智能机器和外星文明。由于我们不想将我们对未来生命的思考局限在过去遇到过的物种,所以让我们将生命定义得更广阔一些:**它是一个能保持自身复杂性并能进行复制的过程。复制的对象并不是由原子组成的物质,而是能阐明原子是如何排列的信息,**

这种信息由比特组成。当一个细菌在复制自己的 DNA 时，它并不会创造出新的原子，只是将一些原子排列成与原始 DNA 相同的形态，以此来复制信息。**换句话说，我们可以将生命看作一种自我复制的信息处理系统，它的信息软件既决定了它的行为，又决定了其硬件的蓝图。**

与宇宙自身一样，生命逐渐变得越来越复杂和有趣[①]。现在，请允许我做一点解释。我发现了一个有用的方法，就是根据复杂程度将生命形式分成三个层次。这三个层次分别是生命 1.0、生命 2.0 和生命 3.0。我在图 1-1 中总结了这三个层次的意思。

生命最早是在何时何地、以何种方式出现在我们的宇宙中的呢？这个问题依然没有答案。不过，有力的证据表明，地球上的生命最早出现在大约 40 亿年前。不久之后，我们的地球上就充满了各种各样的生命形态。那些最成功的生命很快便从中胜出，并具备了某种与环境共生的能力。具体而言，它们就是被计算机科学家称为"智能体"（Intelligent Agent）的东西：这种实体用感应部件收集关于环境的信息，然后对这些信息进行处理，以决定如何对环境做出回应。对信息的处理可以包括高度复杂的信息处理过程，例如，你能用眼睛和耳朵收集信息，并用这些信息来决定在一段对话中要说些什么；不过，它也可以只包括非常简单的硬件和软件。

---

① 生命为什么会变得越来越复杂？原来，足够复杂的生命会得到进化的犒赏，奖品是一种预测及利用环境规律的能力。因此，在越来越复杂的环境中，就会进化出越来越复杂和智能的生命。这个更加聪明的生命又会为竞争者创造出一个更加复杂的环境，而这些竞争者又因此而进化得更加复杂，最终创造出一个充满极端复杂生命的生态系统。

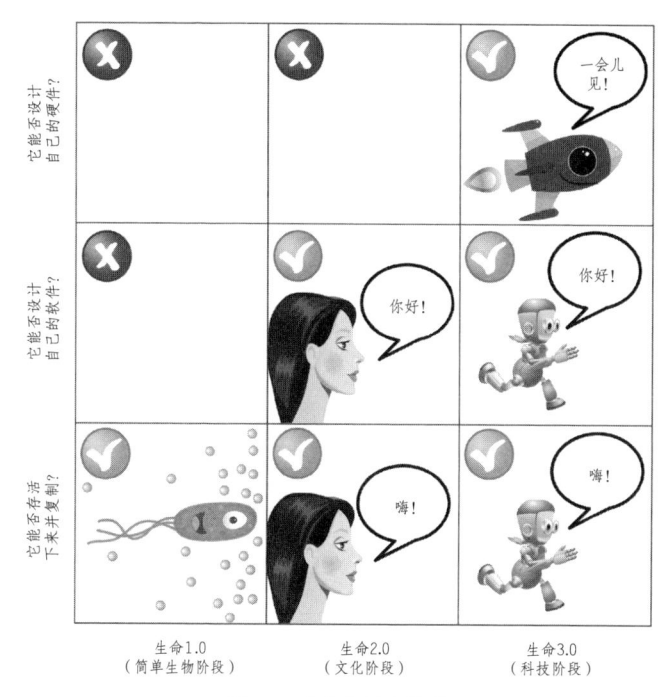

图 1-1 生命的三个阶段

注：生命 1.0 在它的有生之年都无法重新设计自己的硬件和软件：二者皆由它的 DNA 决定，只有进化才能带来改变，而进化则需要许多世代才会发生。相比之下，生命 2.0 则能够重新设计自身软件的一大部分：人类可以学习复杂的新技能，例如语言、运动和职业技能，并且能够从根本上更新自己的世界观和目标。生命 3.0 现在在地球上尚不存在，它不仅能最大限度地重新设计自己的软件，还能重新设计自己的硬件，而不用等待许多世代的缓慢进化。

比如说，许多细菌都有感应器，用来测量周围液体中的糖浓度。同时，它们还拥有一种形状很像螺旋桨的结构，叫作"鞭毛"，用来游泳。将感应器和鞭毛连接起来的硬件可能会执行下面这个简单却很有用的算法：

如果我的糖浓度感应器发现周围液体中的糖浓度值比几秒钟前低，那么，改变鞭毛的游向，我就可以改变方向了。

作为一个人，你学会了说话，还学会了无数其他技能。但是，细菌却不是一个很好的"学习者"。它们的 DNA 不仅规定了硬件的设计，比如糖感应器和鞭毛，还规定了软件的设计。它们永远学不到"应该游向糖多的地方"；相反，这个算法从一开始就"写死"在它们的 DNA 中。虽然在细菌身上还是存在某种学习的过程，但这并不是发生在单个细菌的一生中，而是发生在细菌这个物种的进化过程中，通过之前许多代的试错，自然选择在 DNA 的随机变异中选出了能提高糖摄入量的那些变异。其中一些变异帮忙改进了鞭毛等硬件的设计，还有一些变异改善了软件，譬如执行"寻糖算法"的信息处理系统。

这些细菌就是被我称为"生命 1.0"的一个例子。生命 1.0 是说：生命的硬件和软件都是靠进化得来的，而不是靠设计。不过，你和我却属于"生命 2.0"：生命的硬件是进化而来，但软件在很大程度上却是依靠设计的。在这里，"软件"指的是你用来处理感官信息和决定行动时使用的所有算法和知识，从你识别某人是不是你朋友的能力，到你行走、阅读、写作、计算、歌唱以及讲笑话的能力，这一切都属于软件。

刚出生时，你是无法完成以上这些任务的。所有的软件都是后来在一个被我们称为"学习"的过程中编入了你的大脑。你小时候的课程表大多是由你的家人和老师设计的，他们决定了你应该学什么；不过，你会逐渐获得更多的权利，开始设计自己的软件。或许，学校允许你选修一门外语，那你想不想在大脑中安装一个法语软件模块或者西班牙语模块？你想不想学打网球或下象棋？你想不想成为一位厨师、律师或者药剂师？你想不想通过阅读一本书来学习更多关于人工智能和生命未来的知识？

生命 2.0 能够重新设计自身的软件，这种能力让它比生命 1.0 聪明许多。高度的智能不仅需要许多由原子组成的硬件，还需要大量由比特组成的软件。我们人类的大部分硬件都是出生后通过生长获得的，这个事实十分有用，因为这说明我们身体的最终尺寸并不局限于母亲产道的宽度。同样地，我们人类的软件也是在出生后通过学习获得的，这个事实也十分有用，因为这说明我们最终能达到的智能程度不局限于受精时 DNA 所传递的信息量——这是生命 1.0 的风格。我现在的重量比出生时重了 25 倍，我脑中连接神经元的突触存储的信息比我出生时的 DNA 存储的信息多了大约 10 万倍。**突触存储着我们所有的知识和技能，大约相当于 100 TB 的信息，而我们的 DNA 却只存储了大约 1 GB 的信息，还不如一部电影的容量大呢。**因此，一个刚出生的婴儿不可能说一口流利的英文，也没法参加高考，而且这些信息无法预先被安装在他的大脑中，因为他从父母那里得来的信息主模块，也就是他的 DNA，缺乏足够的信息存储能力。

设计软件的能力不仅让生命 2.0 比生命 1.0 更加聪明，还让它们更加灵活。如果环境发生改变，生命 1.0 只能通过多代进化来缓慢适应新环境，而生命 2.0 却可以通过软件升级来立刻适应新环境。比如，如果细菌总是遇到抗生素，就可能在许多代之后进化出抗药性，但单个细菌并不会改变自己的行为；相反，一个女孩如果知道自己对花生过敏，就会避免接触花生。这种灵活性在群体层面上赋予了生命 2.0 更大的优势：**即便我们人类 DNA 中存储的信息在过去 5 万年都没有发生过什么大变化，但存储在我们大脑、书籍和计算机中的信息总量却仿佛发生了爆炸**。通过安装一个允许我们用复杂的口语进行交流的软件模块，我们便可以将某人大脑中存储的最有用的信息复制到另一个大脑中，这些信息甚至在最初那个大脑死去之后，还可能继续存在。通过安装一个能让我们读写的软件，我们就能够存储和分享远超于人类记忆总量的大量知识。通过学习科学和工程学知识，我们可以开发出能产生科技的大脑"软件"，任何人只需点击几次鼠标就能获得全世界的大部分知识。

这种灵活性让生命 2.0 统治了地球。从基因的桎梏中解放出来之后，人类总体的知识量以越来越快的速度增长，一个突破接着一个突破：语言、写作、印刷、现代科学、计算机以及互联网等。人类共同的"软件"发生着空前快速的文化进化，这种进化逐步成为塑造人类未来的主要力量。相比之下，极端缓慢的生物进化开始显得无关紧要起来。

尽管我们今天拥有强大的科技能力，但从根本上来说，我们所知的所有生命形式都依然受到生物"硬件"的局限。没有人能活 100 万年，没有人能记住 Wikipedia 的所有词条，理解所有已知的科学知识，也没有人能在不依靠航天器的情况下进行星际旅行。没有人能将很大程度上了无生机的宇宙转变成一个能繁荣亿万年的多样化的生态圈，从而让我们的宇宙最终发挥出所有潜能，并彻底苏醒过来。**所有这些，都需要生命经历一次最终的"升级"，升级成不仅能设计自身软件，还能设计自身**

硬件的"生命3.0"。换句话说,生命3.0是自己命运的主人,最终能完全脱离进化的束缚。

这三个阶段之间的界限有一点模糊。如果细菌是生命1.0,人类是生命2.0,那你可以把老鼠看作生命1.1:虽说它们可以学习许多知识,但还不足以进化出语言能力,更不可能发明互联网。此外,由于它们没有语言能力,所以学到的大部分东西在死去后就丢失了,并不会传递给下一代。同样地,你也可以认为,今天的人类其实应该算是生命2.1:虽说我们可以对自身的硬件实施一些微小的升级,比如种植假牙、植入人工膝关节和心脏起搏器。不过,我们却没法做到"长高10倍"或"把大脑容量扩大1 000倍"这种戏剧化的事情。

总之,我们可以根据生命设计自身的能力,把生命的发展分成三个阶段:

○ 生命1.0(生物阶段):靠进化获得硬件和软件;
○ 生命2.0(文化阶段):靠进化获得硬件,但大部分软件是由自己设计的;
○ 生命3.0(科技阶段):自己设计硬件和软件。

经历了138亿年的漫漫进化之后,宇宙前进的步伐在我们的地球上开始猛然加速:生命1.0出现在约40亿年之前,生命2.0出现在约10万年前,而许多人工智能研究者认为,随着人工智能的发展,生命3.0可能会在一个世纪以内降临,甚至可能会出现在我们的有生之年。到时候会发生些什么？这对我们人类来说意味着什么？这就是《生命 3.0》这本书的主题。

## 生命 3.0 何时出现

这个问题极富争议，而且争议得十分精彩。全球顶尖的人工智能研究者不仅在做出预测时众说纷纭，他们的情绪反应也截然不同：有的是充满信心的乐观主义者，有的则怀有严肃的担忧；甚至于，对于人工智能会在短期内对经济、法律和军事方面造成什么影响，他们也都难以达成共识。如果我们将讨论的时间范围扩大一些，把通用人工智能，特别是达到或超过人类智能水平、使得生命 3.0 成为可能的通用人工智能涵盖进讨论的话题，那么他们的分歧就更大了。与包括下棋软件等狭义人工智能不同的是，通用人工智能几乎可以完成任何目标，包括学习。

有趣的是，关于生命 3.0 的争议围绕着两个而不是一个问题展开，这两个问题分别是"何时"和"什么"，即如果生命 3.0 真的会出现，那何时会发生？这对人类意味着什么？我认为，存在三个截然不同的学派。这三个学派都值得我们认真对待，因为它们之中都包括一些世界顶尖的专家。我在图 1-2 中描绘了这三个学派，它们分别是：数字乌托邦主义者（Digital Utopians）、技术怀疑主义者（Techno-Skeptics）和人工智能有益运动支持者（Members of The Beneficial-AI Movement）。现在，请允许我向你介绍一些他们中最雄辩的支持者。

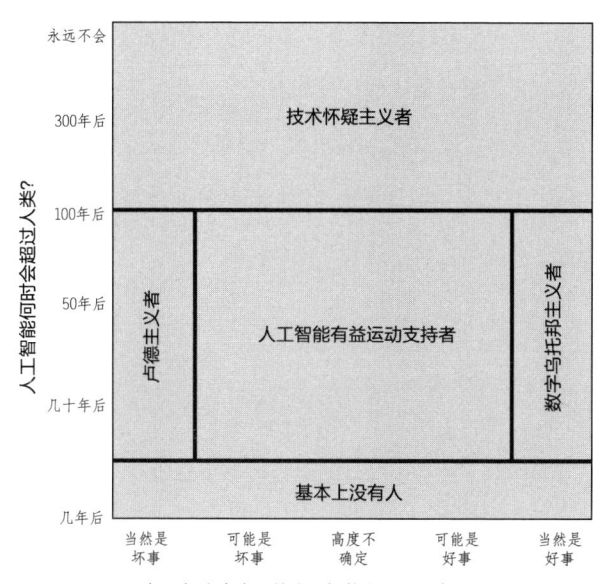

图 1-2  三个学派关于强人工智能的争议

注：大多数关于强人工智能①的争议都围绕着两个问题：如果真的会发生，何时会发生？它对人类是一件好事吗？技术怀疑主义者和数字乌托邦主义者都认为，我们不需要担心，但二者不担心的原因却很不同：前者相信，人类水平的通用人工智能在可预见的未来不会发生，而后者则认为，它当然会发生，但可以肯定地说，这绝对是一件好事。人工智能有益运动支持者则觉得，担忧是有必要和有用的，因为人工智能安全方面的研究和讨论会提高"结果是好事"的可能性。卢德主义者则相信，结果一定是坏的，所以反对人工智能。绘制这张图的灵感一部分来自这个网站：http: //waitbut why.com/2015/01/artificial-intelligence-revolution-2.htm。

## 数字乌托邦主义者：数字生命是宇宙进化的天赐之选

小时候，我认为亿万富翁都是浮夸和自大的，但 2008 年，当我在谷歌公司遇到拉里·佩奇时，他完全颠覆了我的刻板印象。佩奇穿着一条

---

① 强人工智能是指，在所有认知任务上都与人类差不多的人工智能。

休闲牛仔裤，一件非常普通的衬衫。如果他坐在麻省理工学院的草地上，一定会迅速地融入野餐的人群。佩奇讲话的时候很温和，笑起来十分友善，这让我在和他交谈时感到很放松，没有一丝紧张感。2015 年 7 月 18 日，埃隆·马斯克和他前妻塔卢拉·赖利（Talulah Riley）在纳帕谷举行了一个宴会。在宴会上，我遇到了佩奇，聊起了我们的孩子对粪便的共同兴趣。我推荐了安迪·格里菲思（Andy Griffiths）的经典作品《我的屁股发疯的那天》（The Day My Butt Went Psycho），佩奇马上就买了一本。我不断地提醒自己，他可能是人类历史上最具影响力的人：我猜测，假设在我的有生之年出现了吞噬宇宙的超级智能数字生命，这个决定应该就是佩奇做出的。

后来，我们与我们的妻子们——露西·索斯沃斯（Lucy Southworth）和梅亚·奇塔·泰格马克（Meia Chita-Tegmark）一起共进晚餐。在席间，我们讨论了机器会不会产生意识这个问题。佩奇认为，这个问题是在混淆视听，并没那么重要。稍晚些时候，在鸡尾酒会之后，佩奇和马斯克展开了一场冗长但热烈的辩论，主题是人工智能的未来以及我们应该为此做些什么。到凌晨时，围观者变得越来越多。我认为，佩奇激烈维护的观点正是我认为的"数字乌托邦主义者"特有的观点。**这个派别认为，数字生命是宇宙进化自然而然、令人期待的下一步，如果我们让数字智能自由地发展，而不是试着阻止或奴役它们，那么，几乎可以肯定地说，结果一定会是好的。**我认为，佩奇是数字乌托邦主义最具影响力的支持者。他说，如果生命会散播到银河系各处甚至河外星系（他认为这肯定会发生），那么，这应当以数字生命的形式发生。他最大的担心是，人们对人工智能的猜疑和妄想会延迟这个数字乌托邦的到来，而且可能会导致邪恶的人工智能发动军事叛乱，接管人类社会，违背谷歌"不作恶"的座右铭。马斯克则一直还击，要求佩奇把观点讲得更详细一些，比如，为什么他如此相信数字生命不会毁灭我们关心的一切。佩奇时不时抱怨马斯克有"物种歧视"：只因某些生命形式是硅基而非碳基就认为它们低人一等。从第 4 章开始，我们会回到这些有趣的问题上，进行详细的探讨。

在那个炎热夏日的泳池边，尽管佩奇似乎有些寡不敌众，但实际上，他极力维护的"数字乌托邦主义"拥有许多支持者。1988 年，机器人学家兼未来学家汉斯·莫拉维克（Hans Moravec）写了一本经典著作《智力后裔》（*Mind Children*），这本书启发了整整一代数字乌托邦主义者。因此，这一观点得以延续下来，后来又被未来学家雷·库兹韦尔（Ray Kurzweil）所提炼。理查德·萨顿（Richard Sutton）是人工智能领域强化学习的先驱，在我们于波多黎各岛举行的会议上，他激情四射地捍卫了数字乌托邦主义。我之后会简略地给你讲讲这个会议的情况。

## 技术怀疑主义者：没有必要杞人忧天

有些思想家一点也不担心人工智能将会带来的影响，不过，不担心的原因却与数字乌托邦主义者截然不同。这些思想家认为，建造超人类水平的通用人工智能实在太困难了，没有几百年的时间，根本无法实现，因此没必要杞人忧天。我把这种观点称为"技术怀疑主义"。拥有"中国谷歌"之称的百度的前首席科学家吴恩达对这种观点进行了很好的阐释："担心杀手机器人的崛起,就好像担心火星出现人口过剩一样。"最近在波士顿的一场会议上,吴恩达再次向我重申了自己的这个观点。他还告诉我,他担心对人工智能风险的担忧可能会引导人们对人工智能充满恶意,从而制约人工智能的发展。还有一些技术怀疑主义者也发表过类似的言论,比如 Roomba 扫地机器人和 Baxter 工业机器人制作背后的原麻省理工学院教授罗德尼·布鲁克斯(Rodney Brooks)。我发现一个很有趣的事实:尽管数字乌托邦主义者和技术怀疑主义者都认为我们无须担心人工智能,但在其他事情上,两者的共同点却少之又少。大部分乌托邦主义者认为,与人类智能水平相当的通用人工智能可能会在 20～100 年内实现,而技术怀疑主义者认为,这是一种乌托邦式的幻想,他们经常会嘲笑一些人预测的"奇点"①,并将其戏谑为"书呆子的臆想"。2014 年 12 月的一个生日宴会上,我遇到了布鲁克斯,他对我说,他百分之百地肯定,奇点不会发生在我的有生之年。"你确定你的意思不是 99%?"在后来的一封邮件中,我如此问道。他回复我说:"不是没用的 99%。就是 100%。奇点根本不会发生。"

**人工智能有益运动支持者:人工智能的研究必须以安全为前提**

2014 年 6 月,我在巴黎的一家咖啡馆第一次遇到了人工智能先驱斯图尔特·罗素(Stuart Russell),他是典型的英国绅士,彬彬有礼。而且,他能言善辩,思维缜密,语调温和,眼中闪烁着富于冒险的光芒。在我眼

---

① "奇点"理论的支持者认为,当"奇点"到来之时,死人可以被复活(可能是以电子形式),意识可以被转移到机器中。——译者注

中,他仿佛就是斐利亚·福克(Phileas Fogg)的现代版本。福克是儒勒·凡尔纳于 1873 年的小说《八十天环游地球》中的人物,是我童年时代心目中的英雄。虽然罗素是迄今在世的最著名的人工智能研究者之一,也是人工智能领域的标准教科书的作者之一,但他的谦逊和热情很快让我放松下来。他向我解释说,人工智能领域的进展让他相信,与人类智能水平相当的通用人工智能真的有可能在本世纪内变成现实。尽管他充满希望,但他明白,并不是百分之百会产生好的结果。我们必须先回答一些重要的问题,而这些问题又是非常难以回答的,我们应该从现在就开始研究,这样,到我们需要它们时,手边才会有现成的答案。

今天,罗素的想法比较符合主流的观点。全球各地有许多团队正在进行他支持的人工智能安全性(AI-safety)研究。不过,对人工智能安全性的研究并不是历来如此。《华盛顿邮报》一篇文章将 2015 年视为人工智能安全性研究进入主流视野的元年。在那之前,对人工智能风险的讨论常常被主流人工智能研究者所误解和忽视,而且,他们将进行人工智能安全性研究的人视为企图阻碍人工智能进步并四处散播谣言的"卢德分子"。我们将在第 5 章继续探讨这个话题。

实际上,与罗素类似的担忧最早是由计算机先驱艾伦·图灵和数学家欧文·古德在半个世纪之前提出来的,古德与图灵在第二次世界大战中一起破译过德国军事的密码。在过去的 10 年里,关于人工智能安全性的研究主要由一些独立思想家来完成,比如埃利泽·尤德考斯基(Eliezer Yudkowsky)、迈克尔·瓦萨(Michael Vassar)和尼克·波斯特洛姆(Nick

Bostrom），不过，他们并不是专业的人工智能研究者。这些人的研究对主流人工智能研究者影响甚微，因为主流研究者总是聚焦于他们的日常工作——如何让人工智能系统变得更智能，而不是思考如果他们成功了会造成什么样的长期后果。我认识的一些人工智能研究者，即便他们心中略有迟疑，也不太愿意表达出来，因为担心自己会被视为危言耸听的技术恐慌者。

我觉得，这种有失偏颇的情况需要被改变，这样，整个人工智能界才能联合起来，一起讨论如何建造对人类有益的人工智能。幸运的是，我并不是孤身一人在作战。2014年春天，我与我妻子梅亚、我的物理学家朋友安东尼·阿吉雷（Anthony Aguirre）、哈佛大学的研究生维多利亚·克拉科芙娜（Viktoriya Krakovna）以及Skype创始人扬·塔里安（Jaan Tallinn）一起，成立了一个非营利性组织"未来生命研究所"（Future of Life Institute，简称FLI）。我们的目标很简单：保证生命在未来继续存在下去，并尽可能的兴旺发达。具体而言，我们认为，技术赋予了生命一种力量，这种力量要么让生命实现空前的兴盛，要么让生命走向自我毁灭，而我们更青睐前一种。

2014年3月15日，未来生命研究所第一次会议在我家举行，我们开启了一场头脑风暴。大约有30人参加，与会者包括来自波士顿地区的学生、教授和其他思想家。会议在这个问题上达成了广泛的共识，那就是，虽然我们也应该关注生物技术、核武器和气候变化，但我们的第一个主要目标是帮助人工智能安全性研究进入主流视野。我在麻省理工学院物理系的同事、因研究夸克而获得诺贝尔奖的弗兰克·韦尔切克（Frank Wilczek）建议我们，可以从撰写专题文章开始，吸引人们对这个问题的注意力，从而让这个问题变得不容忽视。于是，我向罗素（那时候我还没见过他）和我的物理学同行史蒂芬·霍金寻求帮助，他们二人都同意加入我和韦尔切克，作为共同作者，一起写文章。虽然我们的专题文章改写了很多次，但还是被《纽约时报》等众多美国报纸拒绝，因此，我们将其发表在了我们在《赫芬顿邮报》的博客账号上。令我高兴的是，《赫芬顿邮报》联合创始人阿里安娜·赫芬顿（Arianna Huffington）亲自写来邮件说："看到这篇文章，我太激动了！我们会把它放在头条的位置上。"于是，这篇文章被放在了主页的顶部，并引发了一大波媒体对人工智能安全性研究的报道，这波热潮一直延续到了当年的年底。埃隆·马斯克、比尔·盖茨等科技界领袖纷纷加入讨论。同年秋天，尼克·波斯特洛姆出版了《超级智能》（Superintelligence）一书，再一次点燃了公众的讨论热情。

在未来生命研究所，人工智能有益运动的下一个目标是让世界顶级的人工智能研究者齐聚一堂，澄清误解，铸就共识，并提出富有建设性的计划。我们知道，想要说服一群享誉全球的科学家来参加一个由外行人组织的会议是很难的，尤其是会议的主题还如此富有争议。因此，为了邀请到他们，我们竭尽了全力：禁止媒体参会；将会议时间安排在2015年1月份，地点安排在波多黎各的一个海滨度假村；免去了一切参会费用。我们给这次会议起了一个我们所能想到的最不危言耸听的标题："人工智能的未来：机遇与挑战"。多亏我们的团队中有斯图尔特·罗素，因为有他的帮助，我们的组织委员会里才得以加入一批来自学术界和产业界的人工智能领袖，包括人工智能企业DeepMind创始人德米斯·哈萨比斯（Demis Hassabis），正是他，在2017年向人们证明了人工智能可以在围棋中打败人类。我对哈萨比斯了解得越多，就越发现他的热情不仅在于让人工智能变得更强大，还在于让人工智能变得有益于人类。

结果，这是一场心灵的非凡碰撞（见图1-3）。人工智能研究者、顶级经济学家、法律学者、科技领袖等思想家齐聚一堂，这些人中包括埃隆·马斯克和提出了"奇点"（Singularity）这个词的科幻作家弗诺·文奇（Vernor Vinge），我们会在第4章聚焦这个话题。

这次会议的结果超过了我们最乐观的预期。或许，是因为有阳光与红酒的相伴，又或许，是因为时机正好。尽管话题很有争议，但我们最后还是达成了一份了不起的共识。我们将共识的详细内容写入了一封公开信[1]，最后有8 000多人签名，其中涵盖了名副其实的"人工智能名人谱"。公开信的主旨是，我们应该重新定义人工智能的目标：**创造目标有益的智能，而不是漫无目标的智能**。公开信还提到了一份研究课题列表。参会者都同意，这些课题能进一步推进上述目标。人工智能有益运动开始逐步进入主流社会。在本书之后的章节中，我们将会介绍该运动的后续进展。

图 1.3 2015 年 1 月的波多黎各会议让各界研究者齐聚一堂

注：2015 年 1 月的波多黎各会议能让人工智能及其相关领域的研究者齐聚一堂。后排从左到右分别是：汤姆·米切尔（Tom Mitchell），肖恩·奥黑格尔威（Seán Ó hÉigeartaigh），休·普莱斯（Huw Price），沙米勒·钱德里亚（Shamil Chandaria），扬·塔里安，斯图尔特·罗素，比尔·奥巴德（Bill Hibbard），布莱斯·阿奎拉·阿卡斯（Blaise Agüera y Arcas），安德斯·桑德伯格（Anders Sandberg），丹尼尔·杜威，比尔·戴维（Daniel Dewey），斯图尔特·阿姆斯特朗（Stuart Armstrong），卢克·米尔鲍尔（Luke Muehlhauser），汤姆·迪特里奇（Tom Dietterich），迈克尔·奥斯本（Michael Osborne），詹姆斯·马尼卡（James Manyika），阿杰伊·阿格拉沃尔（Ajay Agrawal），理查德·马伦（Richard Mallah），南希·钱（Nancy Chang），马修·帕特曼（Matthew Putman）；其他站着的人，从左到右分别是：玛丽莲·汤普森（Marilyn Thompson），乔沙·巴赫（Joscha Bach），里奇·萨顿（Rich Sutton），亚历克斯·威斯纳-格罗斯（Alex Wissner-Gross），山姆·特勒（Sam Teller），托比·奥德（Toby Ord），乔治·罗夫-珀金斯（Roff-Perkins），迪利普·乔治（Dileep George），谢恩·列格（Shane Legg），阿德里安·韦勒（Adrian Weller），希瑟·罗夫-珀金斯（Heather Roff-Perkins），查丽娜·蔡（Charina Choi），伊利亚·苏茨克弗（Ilya Sutskever），肯特·沃克（Kent Walker），塞西莉亚·蒂利（Cecilia Tilli），尼尔·雅各布斯坦（Neil Jacobstein），史蒂夫·格罗桑（Steve Crossan），穆斯塔法·苏莱曼（Mustafa Suleyman），斯科特·菲尼克斯（Scott Phoenix），尼尔·雅各布斯坦（Neil Jacobstein），穆里·沙纳汉（Murray Shanahan），罗宾·汉森（Robin Hanson），弗朗西斯卡·罗西（Francesca Rossi），纳特·索尔斯（Nate Soares），埃伦·范德文德（Aaron VanDevender），迈克尔·麦卡菲（Andrew McAfee），巴特·塞尔曼（Bart Selman），米歇尔·赖利（Michele Reilly），保罗·克里斯蒂亚诺（Paul Christiano），玛格丽特·博登（Margaret Boden），约舒亚·格林（Joshua Greene），施特劳贝尔（JB Straubel），詹姆斯·穆尔（James Moor），大卫·帕克斯（David Parkes），劳伦·奥尔索（Laurent Orseau），戴维·弗拉德克（David Vladeck），肖恩·莱加斯克，让-马克·埃加斯克（Sean Legassick），梅森·哈特曼（Mason Hartman），豪伊·伦珀尔（Howie Lempel），苏珊·杨（Susan Young），欧文·埃文斯（Owain Evans），雅各布·斯坦哈特（Jacob Steinhardt），迈克尔·瓦伦，瑞安·卡洛（Ryan Calo），扬诺什·克拉玛（János Krámar），杰夫·安德斯（Geoff Anders），弗雷德里克·阿奎尔，前排躺着的人分别是：利娃-梅丽莎·泰兹（Riva-Melissa Tez），亚诺什·克拉玛（János Krámar），托马索·波吉奥（Tomaso Poggio），马林·索利亚契奇（Marin Soljačić），维多利亚·克拉科芙娜，梅亚·奇塔-塔格马克（Sam Harris），托马索·波吉奥（Tomaso Poggio），马林·索利亚契奇（Marin Soljačić），维多利亚·克拉科芙娜，梅亚·奇塔-塔格马克（Meia Chita-Tegmark），相机后面的人是：阿奎尔（他朝汀通过一台 iPad 进入了此 PS 进了限上电）

这个会议的另一个重要收获是：人工智能的成功所引发的问题不仅在智识上令人着迷，而且在道德上也非常重要，因为我们的选择可能会影响生命的整个未来。在历史上，人类所做出的选择的伦理意义固然很重要，但却时常受到限制：我们能从最严重的瘟疫中恢复，但最雄伟的帝国最终也会分崩离析。在过去，人们知道，无论什么时候，人类都会面临常年不断的灾害，比如贫穷、疾病和战争，这个事实就像太阳早晨一定会升起一样肯定，因此，我们必须想尽办法解决这些问题。不过，波多黎各会议上的一些发言人称，现今面临的问题可能和以前不一样。他们说，这是历史上头一遭，我们或许能发明出足够强大的科技，可以将那些灾害永久性地清除出去；又或者，它也可能将人类推向末日。我们可能会在地球上甚至地球之外构建出一个空前繁荣的社会，同时也可能会让全世界都处于强大的卡夫卡式的监控之下。

图 1-4　埃隆·马斯克和汤姆·迪特里奇

注：尽管媒体经常将马斯克描绘得与人工智能界格格不入，但其实，他们基本同意人工智能安全性研究是必要的。这张照片拍摄于 2015 年 1 月 4 日，在照片里，美国人工智能协会（Association for the Advancement of Artificial Intelligence，简称 AAAI）主席汤姆·迪特里奇听说，马斯克前段时间资助了一项新的人工智能安全性研究项目，两人的兴奋之情溢于言表。未来生命研究所创始人梅亚·奇塔-泰格马克和维多利亚·克拉科芙娜"潜伏"在他们后面。

## 关于人工智能的三大误区

当离开波多黎各时,我坚信关于人工智能未来的对话应该持续下去,因为这是我们这个时代最重要的对话①。这场对话关乎我们所有人的未来,不应该只局限于人工智能研究者参与。这就是我写这本书的原因:

> 我希望你,我亲爱的读者,也能够加入这场对话。你想要什么样的未来?我们应不应该开发致命的自动化武器?你希望职业自动化发展成什么样?你会对今天的孩子提供哪些职场建议?你更希望看到新职业取代旧职业,还是一个不需要工作的社会,在那里,人人都可以享受无尽的闲暇时光和机器创造出来的财富?再进一步,你是否希望我们创造出生命3.0,并把它散播到宇宙各处?我们会控制智能机器,还是仅被它们控制?智能机器会取代我们,与我们共存,还是会与我们融为一体?人工智能时代,作为"人",究竟意味着什么?你又希望它意味着什么?我们如何才能让未来变成自己想要的样子?

《生命3.0》这本书的目的是帮助你加入这场对话。正如我在前面所说,关于人工智能,存在许多迷人的争议,世界顶级专家们也难以达成共识。不过,我也见过许多无聊的"伪争议",究其原因就是,有些人只

---

① 关于人工智能的对话很重要,表现在两个方面:紧迫性和影响力。气候变化或许会在50~200年内肆虐四方,但与气候变化相比,许多专家预计,人工智能会在几十年内造成更大的影响,可能还会给我们带来缓解气候变化的科技。与战争、恐怖主义、失业、贫困、移民和社会公平等问题相比,人工智能的崛起会带来更大的整体性影响。事实上,我们会在这本书中探讨人工智能将如何影响以上所有问题,无论是从好的方面还是坏的方面。

是误解了对方的意思,所以各执一词,互不相让。为了帮助我们聚焦在那些最有趣的争议和开放式的问题之上,而不是在误解上继续纠缠,让我们先来澄清一些最常见的误解。

我们平时经常使用"生命""智能"和"意识"这类词语,但它们其实存在许多不同的定义。有时候,人们并没有注意到,当他们使用这些词语时,表达的意思却各不相同,所以许多误解由此而生。为了避免你我也掉入这个陷阱,在表 1-1 中,我列举了在本书中我提到这些词时所表达的意思,作为备忘。其中一些定义,我到后面的章节中才会正式地介绍和解释。请注意,我并不是说我的定义比其他人的更好,我只是想在这里澄清我想表达的意思,以避免被误解。你将看到,我通常会把某个东西的定义下得广一些,让它们不仅可以用在人类身上,也可以用在机器身上,以避免"人类中心主义"的偏见。请你现在看一看这张备忘表。如果你在读后面的章节时,对某些词的定义感到困惑,也希望你回到这张表,再看一看,特别是读到第 4~8 章时。

表 1-1　　　　　　　　名词备忘表

| | |
|---|---|
| 生命(Life) | 能保持自己的复杂性,并进行复制的过程 |
| 生命 1.0(Life 1.0) | 靠进化获得硬件和软件的生命(生物阶段) |
| 生命 2.0(Life 2.0) | 靠进化获得硬件,但自己能设计软件的生命(文化阶段) |
| 生命 3.0(Life 3.0) | 自己设计硬件和软件的生命(科技阶段) |
| 智能(Intelligence) | 完成复杂目标的能力 |
| 人工智能(AI) | 非生物的智能 |
| 专用智能(Narrow Intelligence) | 可完成一个较狭义的目标组(例如下棋或开车)的能力 |
| 通用智能(General Intelligence) | 可完成几乎所有目标(包括学习)的能力 |

续前表

| | |
|---|---|
| 普遍智能(Universal Intelligence) | 在拥有数据和资源的情况下,可获得通用智能的能力 |
| 通用人工智能(AGI) | 可完成任何认知任务,并且完成得至少和人类一样好的能力 |
| 人类水平的人工智能(Human-level AI) | 其能力同通用人工智能的能力 |
| 强人工智能(Strong AI) | 其能力同通用人工智能的能力 |
| 超级智能(Superintelligence) | 远超人类水平的通用智能 |
| 文明(Civilization) | 一组相互影响的智能生命形式 |
| 意识(Consciousness) | 主观体验 |
| 感质(Qualia) | 主观体验的单个实例 |
| 伦理(Ethics) | 制约我们应当如何行为的原则 |
| 目的论(Teleology) | 用目标或意志而不是原因来解释事物 |
| 目标导向行为(Goal-oriented behavior) | 更容易用目标而不是原因来解释的行为 |
| 拥有目标(Having a goal) | 展现出目标导向行为 |
| 拥有意志(Having purpose) | 服务于自己或其他实体的目标 |
| 友好的人工智能(Friendly AI) | 目标与我们一致的超级智能 |
| 赛博格(Cyborg) | 人与机器的混合体 |
| 智能爆炸(Intelligence Explosion) | 能迅速导致超级智能的迭代式自我改进的过程 |
| 奇点(Singularity) | 智能爆炸 |
| 宇宙(Universe) | 在自宇宙大爆炸以来的138亿年的时间里,光线足以到达地球的空间区域 |

注:关于人工智能的许多误解都是由人们对上述词语的不同定义造成的,这个表中列举的是我在《生命3.0》这本书里对它们的定义,其中一些词语,我在后面的章节才会正式地介绍和解释。

除了词汇上面的混淆,我还见过许多与人工智能有关的对话,因为一些简单的误区而走上歧路。下面我来澄清一些最常见的误区。

## 时间线的误区：通用人工智能什么时候会出现

第一个误区与图 1-2 中的时间线有关：究竟什么时候，机器才能进化为极大超越人类水平的通用人工智能呢？一个常见的误区是（如图 1-5 所示），认为这个问题的答案十分确定。

一个流行的错误观点是，超人类水平的通用人工智能一定会在 21 世纪内实现。实际上，历史上充满了天花乱坠的技术宣言。核聚变发电厂和飞天汽车在哪儿呢？照某些人的承诺，这些东西应该早就实现了。同样地，人工智能在过去也被一次又一次地吹捧上天，始作俑者甚至包括一些人工智能的奠基者，比如，提出了"AI"这个概念的约翰·麦卡锡、马文·明斯基[1]、纳撒尼尔·罗切斯特和克劳德·香农一起写出了下面这段过于乐观的预言[2]，当时，他们打算用"石器时代"的计算机大干两个月，来实现一些目标：

> 1956 年夏天，我们将在达特茅斯学院进行一项由 10 个人组成的为期两个月的人工智能研究……研究的主题是：如何让机器使用语言、进行抽象思考和形成概念，让它们解决目前只能由人类解决的问题，并自我改善。我们认为，如果仔细甄选一些科学家，组成一个团队，在一起工作一个夏天，就能在一个或多个问题上取得重大进展。

---

[1] 马文·明斯基（Marvin Minsky）是人工智能领域的先驱之一，其经典著作《情感机器》为我们描绘了一幅塑造未来机器的光明图景。本书已由湛庐文化策划，浙江人民出版社出版。——编者注

[2] 1956 年夏天，28 岁的约翰·麦卡锡（John McCarthy）与同龄的马文·明斯基、37 岁的纳撒尼尔·罗切斯特（Nathaniel Rochester）以及 40 岁的克劳德·香农（Claude Shannon）组织了一次人工智能的专题讨论会，这个会议就是历史上有名的达特茅斯夏季研讨会，被认定是人工智能研究的诞生之日。——编者注

| 误区： | 事实： |
|---|---|
| 2100年，超级智能必将实现。 | 它发生的时间可能是几十年、几百年，或者永远不会实现。人工智能专家各执一词，我们也不知道答案。 |
| 误区：2100年，超级智能不可能实现。 | |
| 误区：只有卢德分子才会担心。 | 事实：许多顶级人工智能研究者也怀有忧思。 |
| 不必要的担心：人工智能会变得邪恶。 | 实际应该担心的是：日益强大的人工智能与我们的目标不一致。 |
| 不必要的担心：人工智能会拥有意识。 | |
| 误区：机器人是最大的威胁。 | 事实：与我们目标不一致的智能才是最大的威胁：它不需要身体，只需要连上互联网即可。 |
| 误区：人工智能不可能控制人类。 | 事实：人工智能让控制成为可能：我们能控制老虎，因为我们比老虎更聪明。 |
| 误区：机器不可能有目标。 | 事实：哪怕是一枚热跟踪导弹也是有目标的。 |
| 不必要的担心：超级智能还有几年就要到来了。 | 实际应该担心的是：它至少还有几十年才能到来，但我们同样需要几十年的时间来确保它是安全的。 |

图 1-5 关于超级智能的常见误区

然而，与此相反的另一个流行的错误观点是，超人类水平的通用人工智能在 21 世纪内一定不会实现。关于我们离实现它还有多远，研究者的评估范围很广泛，但我们并不能信誓旦旦地肯定21世纪内实现它的可能性为零。技术怀疑主义者曾做出过许多令人沮丧的消极预测，后来也被证明不符合事实。欧内斯特·卢瑟福（Ernest Rutherford）可能是他那个年代最伟大的原子核物理学家，他在1933年说，核能就是一派空谈，而不到24小时，美国原子核物理学家利奥·西拉德（Leo Szilard）就创造了核链式反应；1956年，英国皇家天文学家理查德·伍利（Richard Woolley）认为，太空旅行"完全是一派胡言"。这个误区最极端的观点是认为超人类水平的通用人工智能永远不会到来，因为在物理学上不可能实现。然而，物理学家知道，大脑中的夸克和电子组合起来不正像一台超级计算机吗？并且，没有哪个物理定律说我们不能建造出比大脑更智能的夸克团。

有人对人工智能研究者进行了一些调查，请他们预测多少年之后，人类水平的通用人工智能实现的可能性将达到至少50%。所有这些调查的结果都一样：世界顶级专家各执一词，因此我们根本不知道答案。**在波多黎各会议上，我们也进行了一次这样的调研，答案的平均数是2055年，但有些研究者认为需要几百年，甚至更久。**

还有一个相关的误区是，认为担忧人工智能的人总以为它不出几年就会降临。实际上，有记录显示，大多数担忧超人类水平的通用人工智能的人都认为，它至少还有几十年才会实现。不过，他们认为，只要我们并不是百分之百肯定，它一定不会发生在21世纪内，那么最好尽快开展人工智能安全性研究，防患于未然。我们在本书中会读到，许多安全问题的解决是非常困难的，可能需要几十年的时间才能解决。因此，最好从现在就开始进行研究,才是明智之举,而不是等到某些猛灌红牛的程序员决定开启一个人类水平的通用人工智能的前夜才开始亡羊补牢。

**关于争议的误区:"卢德分子"不是唯一的担忧者**

第二个常见的误区是,认为唯一对人工智能怀有忧虑并支持人工智能安全性研究的一类人,都是对人工智能一窍不通的"卢德分子"。当斯图尔特·罗素在波多黎各的演讲中提到这件事时,观众笑成一片。还有一个相关的误区是,认为支持人工智能安全性研究会招致极大的争议。实际上,若想适度地支持人工智能安全性研究,人们并不需要确认风险是否很高,只需要相信风险不容忽视就行了,就像人们适度地投资房屋保险,只是因为他们认为火灾的可能性不容忽视罢了。

经过我个人的分析发现,媒体报道夸大了人工智能安全性辩论的争议程度。不过,恐惧能带来经济效益。许多宣告世界末日即将来临的文章都是断章取义,但比起那些更微妙平和的文章来说,它们能获得更高的点击率。结果就是,假如辩论双方只从媒体的引述中获悉对方的观点,通常就会高估他们之间的分歧程度。比如,如果一个技术怀疑主义者只从英国通俗小报那里了解比尔·盖茨的观点,那他很可能会错误地认为,盖茨相信超级智能很快就要来临了。同样地,人工智能有益运动支持者如果只知道吴恩达说了"火星人口过剩"这句话,那他也可能会错误地认为,吴恩达完全不关心人工智能的安全性问题。实际上,我知道吴恩达很关心这个问题,只不过,由于他预估的时间长一点,所以他很自然地将人工智能面临的短期挑战放在比长期挑战更重要的位置上。

## 关于风险类别的误区：不是被赶尽杀绝，而是失去控制权

当我在《每日邮报》[2]上读到一篇题为"史蒂芬·霍金警告说，机器人的崛起对人类可能造成灾难性的破坏"的头条报道时，我翻了个白眼。我已经数不清这是第几次看到类似的标题了。通常情况下，文章里还会配一张一看就很邪恶的机器人拿着武器的图片，并建议我们应该担忧机器人的崛起，因为它们可能会产生意识并且变得邪恶，然后把我们赶尽杀绝。值得一提的是，这样的文章确实令人印象深刻，因为它们简洁地总结了我的人工智能同行们不会担心的情景。这个情景集合了三个不同的误区，分别是对意识、邪恶和机器人的理解。

当你开车时就会发现，你拥有对颜色、声音等东西的主观体验。但是，一辆无人驾驶汽车是否会拥有主观体验呢？它会不会感觉到作为一辆无人驾驶汽车的感觉？或者，它只是一个没有任何主观体验的无意识"僵尸"？诚然，关于意识的谜题本身是很有趣的，我们将在第8章讨论这个问题，但是，这个问题与人工智能的风险毫无关系。如果你被一辆无人驾驶汽车撞到，它有没有主观意识对你来说没什么两样。同样地，超级智能究竟会如何影响我们人类，只取决于它会做什么，而不取决于它主观上感觉到了什么。

因此，对邪恶机器的恐惧，也没那么重要。**我们真正应该担心的不是它们有没有恶意，而是它们的能力有多强**。从定义上来说，一个超级智能会非常善于实现自己的目标，不管这个目标是什么，因此，我们需要确保它的目标与我们的相一致。举个例子，你可能并不讨厌蚂蚁，也

不会出于恶意踩死蚂蚁，但如果你正在负责一个绿色能源的水电项目，在即将淹没的区域里有一处蚁穴，那么，这些蚂蚁便凶多吉少了。人工智能有益运动的目的就是要避免人类处在这些蚂蚁的境地。

对意识的误解与认为"机器不能拥有目标"这一误区有关。狭义地看，机器显然能拥有目标，因为它们能展现出目标导向行为：热跟踪导弹的行为就是为了实现"击中靶标物"这一目标。**如果一台目标与你的目标不一致的机器令你感受到了威胁，那么，狭义地说，令你担忧的正是它的目标**，而不是它拥有意识或体验到了意志。如果一枚热跟踪导弹正在向你袭来，你肯定不会大喊："我一点儿也不担心，因为机器不能拥有目标！"

通俗小报对人工智能危言耸听的"妖魔化"，令罗德尼·布鲁克斯等机器人先驱感到很不公平。在这点上，我很同情他们，因为一些记者确实十分执着于"机器人叛乱"的题材，并且喜欢在文章中配上眼睛血红的邪恶的金属机器人的图片。实际上，人工智能有益运动支持者最担忧的并不是机器人，而是智能本身：**尤其是那些目标与我们的目标不一致的智能。这种与我们的目标不一致的智能要引发我们的忧虑，并不需要一个机器人的身体，只需要连接互联网即可**。我们将在第4章探讨互联网将如何让人工智能在金融市场上比人类更聪明，获得比人类研究者更高的投资回报率，比人类领袖更善于权谋，并开发出我们无法理解的武器。即使不能建造出实体的机器人，一个超级智能和超级富有的人工智能也能很轻易地收买或操纵大量人类，让他们在不知不觉中执行自己的命令，就像威廉·吉布森

（William Gibson）的科幻小说《神经漫游者》(*Neuromancer*)中所描绘的那样。

对机器人的误解源自"机器不能控制人类"的误区。智能让控制成为可能：**人类能控制老虎，并不是因为我们比老虎强壮，而是因为我们比它们聪明。这意味着，如果我们不再是地球上最聪明的存在，那么，我们也有可能会失去控制权。**

图1-5总结了这些常见的误区，这样我们就可以一次性地抛弃它们，并把我们与朋友和同行讨论的焦点集中在那些合情合理的争议上。我们接下来将看到，这些争议可一点儿都不少！

## 前路几何

在本书接下来的篇章里，我们将一起探索有着人工智能相伴的生命的未来。让我们用一种组织有序的方式来探讨这个丰富而又包罗万象的话题。首先，我们将在概念和时间维度上探索生命的完整故事，接着，我们会探索目标和意义，以及要如何采取行动才能创造出我们想要的未来。

在第2章中，我们会探索智能的基础，以及看似愚钝的物质如何组合出能够记忆、计算和学习的形式。随着我们对未来的探讨变得越来越深入，我们的故事将出现许多不同的分支，每个分支则会对应着各不相同的情景。会出现哪种情景，取决于我们如何回答某些关键问题。图1-6总结了我们在人工智能越来越发达的过程中将会遇到的关键问题。

如今，我们面临的问题是：应不应该进行人工智能军备竞赛，以及如何才能让明天的人工智能系统不出故障和保持稳定。如果人工智能的经济影响日益增长，我们还需要考虑如何修改法律，以及我们应该为孩子们提供什么样的就业建议，以免他们选择那些很快会被自动化取代的工作。我们将在第3章中讨论这些短期问题。

如果人工智能发展到人类水平，我们还需要想一想如何保证它对人类有益，以及我们能不能或者应不应该创造出一个不需要工作就能保持繁荣的休闲社会。这也提出了另一个问题：智能爆炸或者缓慢但稳定的增长会不会创造出远超过人类水平的通用人工智能？我们会在第4章对许多这样的情景进行探讨，并在第5章讨论在这之后可能会发生什么事情，范围从可能的乌托邦情景一直延伸到反乌托邦情景。谁会处在统治地位？是人类、人工智能，还是赛博格[①]？人类会得到温和还是残暴的对待？我们是否会被取代？如果被取代，我们会把取代我们的东西视为征服者，还是后裔？我很好奇你会喜欢第5章中的哪一种情景，因此，我建了一个网站（http://AgeOfAi.org），你可以在这里分享自己的看法，参与讨论。

在第6章，我们会穿越到几十亿年后的未来。具有讽刺意味的是，我们在那里会得出一些比前几章更强的结论：**因为我们宇宙中的生命的最终极限取决于物理定律，而不取决于智能。**

---

[①] 赛博格（Cyborg）是一种机械化有机体，又称改造人，指的是同时具有有机体和生物机电部分的人。现在，赛博格已经从想象中的概念变成了现实。——编者注

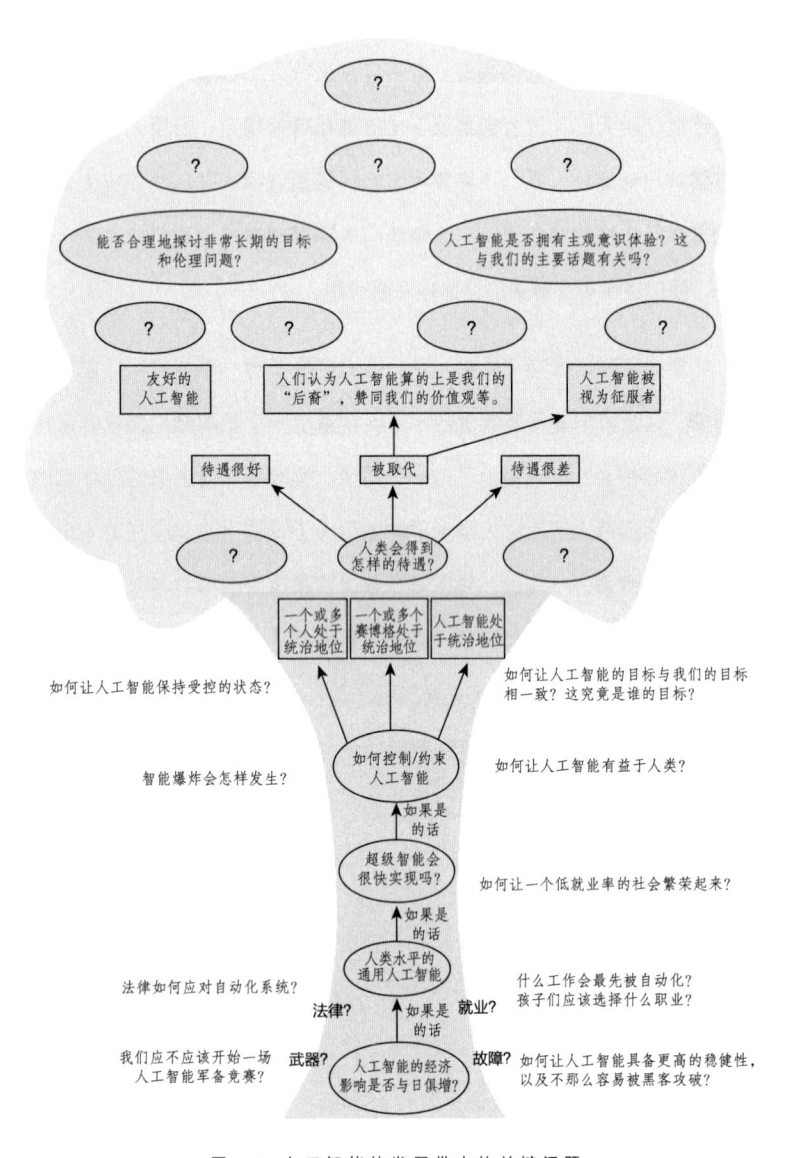

图 1-6 人工智能的发展带来的关键问题

注：哪些人工智能的问题会很有趣，取决于人工智能发展到什么水平，以及我们的未来会走上哪一条支路。

对智能历史的探索终结之后,我们将用本书余下的部分来探讨我们应该朝着什么样的未来前进,以及如何实现它。为了将冷冰冰的事实与意志和意义联系起来,我们将在第 7 章和第 8 章分别探讨目标和意识的物理基础。最后,在尾声部分,我们将讨论当下应该做些什么,才能创造出我们想要的未来。

如果你读书时喜欢跳过一些章节,那么你需要知道的是,只要你理解了第 1 章和下一章开头部分给出的名词解释及定义,后面的大部分章节都是相对独立的。如果你是一个人工智能研究者,你完全可以跳过第 2 章,除了最开始对智能进行定义的部分。如果你是最近才燃起对人工智能的兴趣,那第 2 章和第 3 章会让你明白,为什么第 4~6 章的内容不容忽视,更不能被视为不可能发生的科幻故事。图 1-7 列举了每一章的推测程度的高低。

一段精彩的旅程正在等待着我们,让我们出发吧!

| | | 每章的短标题 | 话题 | 状态 |
|---|---|---|---|---|
| | | 引言:欧米茄传奇 | 引人深思的事情 | 推测程度极高 |
| 智能的历史 | 1 | 欢迎参与我们这个时代最重要的对话 | 主要的思想,名词解释 | |
| | 2 | 物质孕育智能 | 智能的基础知识 | 推测程度不太高 |
| | 3 | 不远的未来:科技大突破、变故、法律、武器和就业 | 不远的将来 | |
| | 4 | 智能爆炸? | 超级智能的情景 | |
| | 5 | 劫后余波,未知的世界:接下来的1万年 | 之后的1万年 | 推测程度极高 |
| | 6 | 挑战宇宙禀赋:接下来的10亿年以及以后 | 之后的10亿年 | |
| 意义的历史 | 7 | 目标 | 目标导向行为的历史 | 推测程度不太高 |
| | 8 | 意识 | 自然意识与人工意识 | 推测 |
| | | 后记:未来生命研究所团队风云传 | 我们应该怎么做 | 推测程度不太高 |

图 1-7 《生命 3.0》的结构

**本章要点**

○ 生命的定义是,一个能保持自身复杂性,并进行复制的过程。生命的发展会经历三个阶段:硬件和软件都来自进化的生物阶段,即生命1.0;能够通过学习自己设计软件的文化阶段,即生命2.0;自己设计硬件和软件,并主宰自我命运的科技阶段,即生命3.0。

○ 人工智能或许能让我们在21世纪内进入生命3.0阶段。我们应该朝着什么样的未来前进,以及如何才能实现这个未来?这个问题引发了一场精彩的对话。这场辩论中有三个主要的阵营:技术怀疑主义者、数字乌托邦主义者和人工智能有益运动支持者。

○ 技术怀疑主义者认为,建造超人类水平的通用人工智能相当困难,没有几百年的时间根本无法实现。因此,现在就开始担心这个问题和生命3.0是杞人忧天。

○ 数字乌托邦主义者认为,21世纪就有可能实现生命3.0。并且,他们全心全意地欢迎生命3.0的到来,把它视为宇宙进化自然而然、令人期待的下一步。

○ 人工智能有益运动支持者也认为,生命3.0有可能会在21世纪内实现,不过他们不认为它一定会带来好结果。他们认为,若想保证好的结果,就必须进行艰苦的人工智能安全性研究。

○ 除了这些连世界顶级专家都无法达成共识的合理争议,还有一些无聊的"伪争议",是由误解所导致的。比如,如果你不能保证和自己的辩论对手在谈及"生命""智能""意识"这些词时,表达的意思是相同的,那么千万不要浪费时间争论这些话题。本书对这些词的定义参见表 1-1。

○ 请一定注意图 1-5 中的误区:超级智能到 2100 年必将实现或不可能实现。只有"卢德分子"才会担心人工智能;我们应该担忧人工智能变得邪恶或拥有意识,而这一定会在几年内发生;机器人是最大的威胁;人工智能不可能控制人类,也不可能拥有目标。

○ 在第 2~6 章,我们将探索关于智能的故事,从几十亿年前卑微的开端,一直到几十亿年后在宇宙范围内的可能未来。首先,我们将探讨一些短期的挑战,比如就业、人工智能武器和对人类水平的通用人工智能的开发;接着,我们将讨论关于智能机器和人类未来的一系列迷人的可能性。我很想知道你青睐哪一种未来!

○ 在第 7 章和第 8 章,我们将不再描述冷冰冰的事实,而是转而探索关于目标、意识和意义的话题,并讨论我们现在可以做些什么来实现我们想要的未来。

○ 我认为,有人工智能相伴的生命未来是我们这个时代最重要的对话。请加入这场对话吧!

Being Human in the Age of
Artificial Intelligence

氢气……只要给它足够的时间，就能变成人。

——爱德华·哈里森（Edward Robert Harrison），1995 年

## 02 物质孕育智能

Matter Turns Intelligent

在宇宙大爆炸发生之后的 138 亿年中，最不可思议的事情之一就是，荒芜一片、了无生机的物质之中竟然产生了智能。这究竟是如何发生的？未来会变成什么样？从科学的角度出发，应该如何讲述宇宙中智能的历史与命运？为了解决这些问题，这一章我们先来探索智能的构成要素和基础。那么，说一团物质拥有智能，到底意味着什么？说一个物体能记忆、计算和学习，又意味着什么？

## 什 么 是 智 能

最近，我和我的妻子梅亚很幸运地参加了一个由瑞典诺贝尔基金会举办的人工智能研讨会。在会议中，那些顶尖的人工智能研究者在"什么是智能"这个问题上展开了一场冗长的讨论，最后却未能达成共识。我们觉得这件事很有趣：居然连人工智能研究者也无法就"什么是智能"达成一致意见！因此，关于智能，显然不存在一个无可辩驳的"正确"定义。相反，有许多不同的定义在互相竞争，"参战"的定义有逻辑能力、理解能力、计划能力、情感知识、自我意识、创造力、解决问题的能力和学习能力等。

在这场关于智能未来的探索中,我们想采用一个最广泛、最兼容并包的观点,而不想局限于目前已知的智能范围。这就是为什么我会在第1章对智能下一个很广的定义,并在本书中用一种很宽泛的方式来使用这个词的原因。

> 智能(intelligence):完成复杂目标的能力。

这个定义很广,足以涵盖前文提到的所有定义,因为理解力、自我意识、解决问题的能力、学习能力等都属于我们可能会遇到的复杂目标。同时,这个定义还能将《牛津英语词典》中的定义"获得和应用知识与技能的能力"也涵盖进去,因为你也可以将"应用知识与技能"作为一个目标。

**由于可能存在许多不同的目标,因此,也可能存在许多不同的智能。** 所以,从我们的定义出发,用IQ这种单一指标来量化人类、动物或机器是没有意义的[①]。假设有两个计算机程序,一个只会下象棋,另一个只会下围棋,请问哪一个更智能?这个问题并没有标准答案,因为它俩各自擅长的事情没法进行直接的比较。不过,假如存在第三个计算机程序,它能够完成所有目标,并且,它在某一个目标上,比如下象棋,做得远比前面所说的两个程序都好,而且在其他目标上完成得也不比它们差,那我们就可以说,第三个程序比前面两个程序更加智能。

---

① 若想理解这一点,请想象一下,假如有人声称,奥运会运动员的运动能力可以用一个数字来量化,这个数字称为"运动商"(Athletic Quotient),简称"AQ",而AQ最高的人可以直接获得所有运动项目的金牌。你会怎么想呢?

另外，争论某些边缘化的例子是否具备智能，也没什么意义，因为能力不是非黑即白、非有即无的，而是分布在一个连续谱上。举个例子，什么样的人算得上能说话？新生儿？不能。电台主持人？能。但是，假如一个幼童能说 10 个词，她算不算得上能说话？如果她会 500 个词呢？界限应该划在何处？在我所说的智能定义中，我特意用了一个很模糊的词——复杂，因为人为地在智能和非智能之间画一条界线是于事无补的，不如对不同目标所需的能力进行量化，可能会更有用一些。

对智能进行分类，还有一种方法，那就是用"狭义"（narrow）和"广义"（broad）来进行区分。IBM 公司的深蓝（Deep Blue）计算机虽然在 1997 年战胜了国际象棋冠军加里·卡斯帕罗夫（Garry Kasparov），但它能完成的任务范围非常"狭窄"，因为它只能下象棋，尽管它的硬件和软件都令人印象深刻，但它甚至不能在井字棋游戏中战胜一个 4 岁的儿童。谷歌旗下 DeepMind 公司的"DQN"人工智能系统能完成的任务范围稍微广一点：它会玩几十种经典的雅达利电子游戏，并且玩的水平与人类的水平不相上下，甚至更好。相比之下，人类智能的宽度可比它们广多了，人类能掌握多如牛毛的技能。只要经过训练，假以时日，一个健康的儿童不仅能够学会任何游戏，还能学会任何语言、运动或职业技能。将人类智能和机器智能做个比较，我们人类会在宽度上立马胜出。不过，机器在某些比较狭窄的任务上胜过了我们，这些任务虽然小，但数量却在与日俱增。我在图 2-1 中列出了这些任务。人工智能研究的"圣杯"就是建造最广泛的通用人工智能，它能够完成任何目标，包括学习。我们将在第 4 章详细探讨这个话题。"通用人工智能"这个词变得流行起来，得感谢三位人工智能研究者：沙恩·莱格（Shane Legg）、马克·古布鲁德（Mark Gubrud）和本·戈策尔（Ben Goerzel），他们用这个词来形容人类水平的通用人工智能，即能够完成任何目标并且完成得与人类不相上下的能力[1]。我将遵照他们的定义。因此，每次我使用通用人工智能时，都是在说"人类水平的通用人工智能"①，除非我明确地在这个缩写前面加上了形容词，比如超人类水平的通用人工智能。

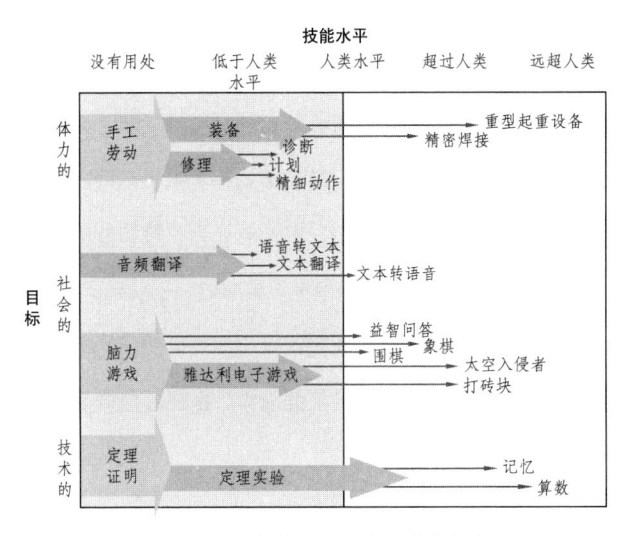

**图 2-1 人工智能可以胜出人类的任务**

注：智能的定义是，完成复杂目标的能力。它不能用单一的 IQ 指标来衡量，只能用一个由所有目标组成的能力"谱"来衡量。箭头指的是当今最好的人工智能系统在不同目标上的表现。通过这张图可以看出，当今人工智能的能力总是比较"狭窄"，每个系统只能完成非常特定的目标。与之相比，人类智能则非常宽广：一个健康儿童能学会做任何事情，而且在所有事情上都做得比人工智能更好。

---

① 有些人喜欢将"人类水平的人工智能"或"强人工智能"作为通用人工智能的同义词，但这是有问题的。从狭义的角度来说，一个计算器也可以算得上人类水平的人工智能。"强人工智能"的反义词应该是"弱人工智能"，但把深蓝计算机、沃森和 AlphaGo 这类"狭义人工智能"系统称为"弱人工智能"是一件令人觉得很古怪的事情。

虽然人们在使用"智能"这个词时，总是倾向于带有积极正面的色彩，但我想强调的是，在本书中使用"智能"这个词时，我不会做任何价值判断，它就是完成复杂目标的能力，而无论这个目标被认为是好的还是坏的。因此，一个智能的人可能非常擅长帮助他人，也可能擅长伤害他人。我们将在第 7 章探讨有关目标的问题。说到目标，我们还需要澄清一个微妙的问题，那就是：**我们所说的目标，究竟是谁的目标？**假设在未来，你拥有了一台全新的个人机器助理，它虽然没有自己的目标，但会完成你安排给它的任何事情。某一天，你叫它为你做一顿美味的意大利晚餐，然后，它上网搜索了意大利菜的菜谱，了解了如何到达最近的超市、如何煮意大利面等问题，最后成功地买来了所需的原料，并为你烹制了一顿美味的晚餐。那么，你可能会认为它是智能的，即使最原始的目标其实是你的。实际上，当你提出要求时，它就继承了你的目标，并将其分解成几层子目标，从付钱给收银员到磨碎帕尔玛干酪，而这些子目标都是属于它自己的。从这个层面来看，智能行为毫无疑问是与达成目标联系在一起的。

人类总喜欢按难度对任务进行排序（见图 2-1），但这些任务的难度顺序对计算机来说却不一样。对人类来说，计算 314 159 和 271 828 的乘积，可比从照片中识别一个朋友难多了，但计算机早在我出生[1]以前就已经在计算能力上超过了人类，而接近人类水平的计算机图像识别技术却一直到近期才成为可能。低级的"感觉运动"[2]任务对计算机来说虽然

---

[1] 迈克斯·泰格马克生于 1969 年。——编者注
[2] 感觉运动（sensorimotor）是指刺激作用于感觉神经而传至大脑，再由运动神经做出动作的活动。——编者注

需要消耗大量的计算资源,但很容易完成。这种现象被称为"莫拉维克悖论"(Moravec's paradox)。有人解释说,造成这个悖论的原因是,为了完成这些任务,我们的大脑其实调用了其 1/4 的资源,即大量的专门硬件,从而使这些任务感觉起来很容易完成。

我很喜欢汉斯·莫拉维克所做的下面这个比喻,并冒昧地将其呈现在了图 2-2 中:

> 计算机是通用机器,它们的能力均匀地分布在一个宽广得无边无际的任务区域上。不过,人类能力的分布却没那么均匀。在对生存至关重要的领域,人类的能力十分强大,但在不那么重要的事情上就很微弱。想象一下,如果用地形来比拟人类的能力,就可以画出一幅"人类能力地形图",其中低地代表着"算数"和"死记硬背",丘陵代表着"定理证明"和"下象棋",高耸的山峦代表着"运动""手眼协调"和"社交互动"。不断进步的计算机性能就好像水平面,正在逐步上升,淹没整个陆地。半个世纪以前,它开始淹没低地,将人类计算员和档案员逐出了历史舞台。不过,大部分地方还是"干燥如初"。现在,这场洪水开始淹没丘陵,我们的前线正在逐步向后撤退。虽然我们在山顶上感到很安全,但以目前的速度来看,再过半个世纪,山顶也会被淹没。由于那一天已经不远了,我建议,我们应该建造一艘方舟,尽快适应航海生活![2]

在莫拉维克写出这段话的几十年之后,"海平面"如他所预言的那样毫不留情地持续上升,就好像全球变暖打了鸡血一样。一些"丘陵"地区（包括下象棋）早已被淹没。下一步会发生什么，我们又应当做些什么，这就是本书余下部分的主题。

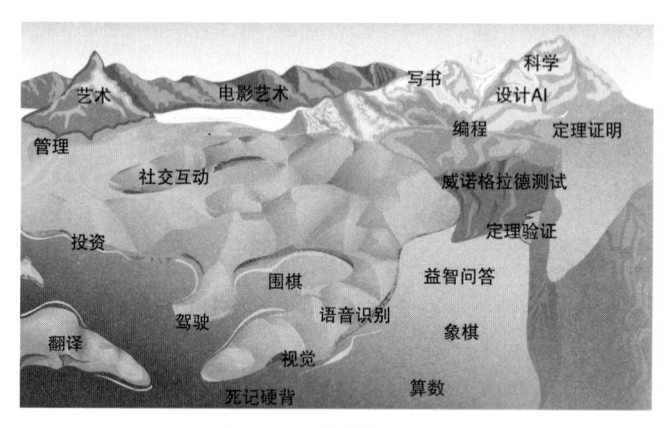

图 2-2　人类能力地形图

注：这张"人类能力地形图"是机器人专家汉斯·莫拉维克提出的，其中，海拔高度代表这项任务对计算机的难度，不断上涨的海平面代表计算机现在能做的事情。

随着"海平面"持续上升，它可能会在某一天到达一个临界点，从而触发翻天覆地的变化。在这个临界点，机器开始具备设计人工智能的能力。在这个临界点之前，"海平面"的上升是由人类对机器的改进所引起的，但在这个临界点之后，"海平面"的上升可能会由机器改进机器的过程推动，其速度很可能比人类改进机器的速度快得多，因此，很快，所有"陆地"都会被淹没在水下。这就是"奇点"理论的思想。这个思想虽然十分迷人，但却充满争议。我们将在第 4 章探索这个有趣的话题。

计算机先驱艾伦·图灵曾有一个著名的证明，假如一台计算机能实施一组最小的特定运算，那么，只要给它足够的时间和内存，它就能被编程以实施其他任何计算机能做的任何事情。超过这个临界点的机器被称为"通用计算机"（universal computers），又叫作"图灵通用计算机"（Turing-universal computers）。就这个意义而言，今天所有的智能手机和笔记本电脑都算得上是通用计算机。类似地，设计人工智能所需的智能也有一个临界点，我喜欢将这个临界点视为"普遍智能"[①]的临界点：给它足够的时间和资源，它就可以具备完成任何目标的能力，并且完成得和其他任何智能体不相上下。比如，如果普遍智能认为自己需要更好的社交技能、预测技能或设计人工智能的技能，那它就有能力去获得这些技能；如果它想要了解如何建造一个机器人工厂，它也完全有能力去获得建造工厂的技能。换句话说，普遍智能具备发展到生命3.0的潜力。

然而，既然物理学提出，万事万物在最基本的层面上都只是四处游走的物质和能量而已，那么，信息和计算究竟是什么呢？看得见摸得着、具备物理实体的物体如何体现出抽象无形、虚无缥缈的东西，比如信息和计算呢？换言之，一堆无聊愚钝、按照物理定律飞来飞去的粒子是如何展现出我们认为的"智能"的行为的呢？

如果你认为这个问题的答案是显而易见的，并且认为机器可能会在21世纪内达到人类的智能水平，或者如果你是一位人工智能研究者，那么，请跳过本章余下的部分，直接开始阅读第3章；否则，请你读一读本章剩下的三节，这是我特别为你而写的内容。

---

① 泰格马克在这里用"universal intelligence"与"universal computer"（通用计算机）进行类比，按理来说，应该将两个"universal"翻译成同一个词"通用"。但"通用智能"是另一个词组"general intelligence"的专有翻译，为避免混淆，我将"universal intelligence"翻译成"普遍智能"。——译者注

## 什么是记忆

如果说一本地图册包含关于世界的"信息",那么,书的状态与世界的状态之间就存在着一种关系;具体而言就是指,书中文字和图片的分子的位置与大陆的位置之间存在着一种关系。如果大陆变换了位置,书中的分子也会变换位置。我们人类存储信息的设备多种多样,从书籍到大脑,再到硬盘,这些设备都有一个共同点:它们的状态能与我们关心的事物产生某种关系,因此也能告诉我们有关这些事物的信息。

那么,是哪一项基本物理定律允许这些设备可以被用作"记忆装置",即存储信息的装置的呢?答案是,它们都能够处于许多不同的长期状态,这些状态能够保持足够长的时间,长到足以把信息编入系统中,直到它被需要的那一天。举个简单的例子,假设有一个崎岖不平的曲面,上面有16个"山谷",如图2-3所示。你将一个小球放到这个曲面上,它就会滚落到"山谷"中。一旦小球停下来,它一定会位于16个位置中的其中一个上,因此,你可以用它的位置来记忆从1~16的任意一个数字。

这个记忆装置是相当稳健的,因为即使它受到外力的摇晃或干扰,小球也很可能会保持在原来的那个"山谷"中,所以,你还是可以读出它存储的数字。这个记忆之所以如此稳定,是因为想要把小球拿出山谷所需的能量,比随机干扰所能提供的能量多得多。除了曲面上的小球之外,这个原理还可以被运用到更广泛的情况中,以提供稳定的记忆,复杂物理系统的能量可能依赖于各种各样的力学、化学、电学和磁学性质。不过,对于一个你希望记忆装置"记住"的状态,如果它需要一定的能量才能改变这个状态,那么这个状态就是稳定的。这就是为什么固体拥有许多长期稳定状态,而液体和气体却没有;如果你把某人的名字刻在一枚金戒指上,多年以后,这个信息依然在那里,因为重铸金子需要很大的能量,但如果你把它"刻"在池塘的水面,不到一秒钟,这个信息就会丢失,因为水面的形状不费吹灰之力就可以改变。

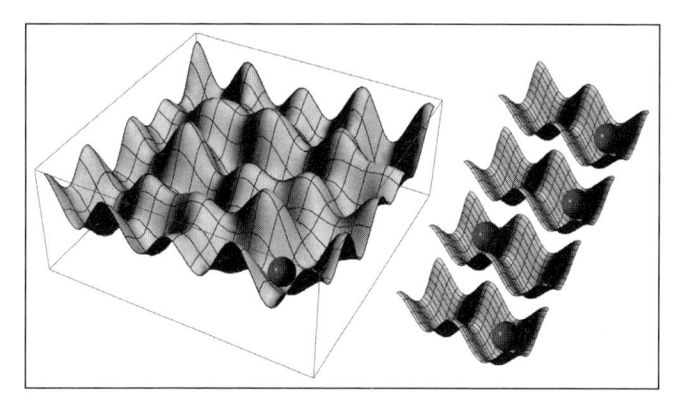

图 2-3 记忆装置的物理定律

注:如果一个物理实体可以处于许多不同的稳定状态,那么它就可以用作"记忆装置"。左图中的小球编码了 4 个比特的信息,代表它处在 $2^4=16$ 个"山谷"中的其中一个中。右图中的 4 个小球共编码了 4 个比特的信息,每个小球编码了 1 个比特的信息。

最简单的记忆装置只有两种稳定状态(如图 2-3 的右图所示)。因此,我们可以认为它是用二进制数字(简称"比特"),也就是 0 和 1 来编码信息的。同样地,复杂一些的记忆装置可以用多个比特来存储信息:比如,图 2-3 右图中的 4 个比特组合起来可以有 $2 \times 2 \times 2 \times 2 = 16$ 种不同的状态:0000,0001,0010,0011,…,1111,因此,它们组合起来的记忆能力与更复杂一些的 16 态系统(如左图所示)是完全相同的。

因此，我们可以把比特视作信息的"原子"，也就是不能被继续细分的最小信息单元，它们组合起来可以表示任何信息。举个例子，我刚在笔记本电脑上打出了"word"这个单词，在电脑的内存中，它用一个由 4 个数字组成的序列来表示：119 111 114 100，每个数字存储为 8 个比特，每个小写字母的编码是 96 加上它在字母表中的序数。当我在键盘上敲出"w"这个字母时，我的笔记本电脑屏幕上显示出了"w"的视觉图像，这个图像同样也是由比特来表示的：电脑屏幕上共有几百万个像素，每个像素需要 32 个比特来规定它的颜色。

由于双态系统生产和使用起来都很容易，大多数当代计算机都是用比特的方式来存储信息。不过，比特的体现方式多种多样。在 DVD 碟片上，每个比特代表其塑料表面上某一点是否存在一个微型凹坑。在硬盘中，每个比特代表它表面的某个点采用的是二选一的磁化方法。在我笔记本电脑的工作内存中，每个比特代表决定"微型电容"是否充电的某个电子位置。某些比特可以方便地传输，甚至能达到光速：例如，在你用来发送电子邮件的光纤中，每个比特代表一个激光束在某一时刻是强还是弱。

工程师喜欢将比特编码进那些不但稳定易读（就像金戒指），而且易于写入的系统中，比如硬盘，改变硬盘的状态所需的能量可比在金子上刻字少多了。他们还偏爱那些使用起来很方便，并能很便宜地进行大规模生产的系统。但除此之外，他们并不关心比特在物理实体中是如何体现的，大部分时候，你也不会关心这件事，因为它根本不重要！如果你通过电子邮件给你的朋友发送了一个需要打印的文件，从硬盘上的磁化到电脑工作内存中的电荷、无线网络中的无线电波、路由器的电压以及光纤中的激光脉冲，信息会以极快的速度在其中复制，最终换句话说，信息仿佛拥有自己的生命，而与它的物质形态如何没有关系。确实，我们感兴趣的只是这些独立于物质形态的信息，如果朋友给你打电话讨论你发送给他的那份文件，他并不是要和你讨论关于电压或分子的事情。这是我们获得的第一个启示：**智能这样的无形之物可以体现在有形的物质形式之上**。接下来我们将会看到，"物质层面的独立性"这种属性其实具有更深的意义，不仅涉及信息，还与计算和学习有关。

正因为信息可以独立于物质形态而存在，聪明的工程师们才能一次又一次地用新技术更新计算机的记忆装置，而不需要对软件做任何改变。结果相当惊人，如图 2-4 所示，在过去的 60 年里，每隔几年，计算机内存就会变得比之前便宜一半。硬盘的价格便宜了 1 亿倍，而主要用于计算而不只是存储的快速内存的价格骤降了 10 万亿倍。如果买东西时我们也能获得"99.99999999999%"这么大的折扣力度，那么你只需要花 10 美分就能在纽约市买一栋房子，也只需花 1 美元就能买下人类历史上开采出来的所有黄金。

对许多人来说，存储技术的巨大进步都与自己的成长息息相关。我记得上高中时，为了买一台内存为 16KB 的计算机，不得不在一家糖果店里打工。我和我的同学马格努斯·博丁（Magnus Bodin）为这台计算机写了一个文字处理软件，当时我们被迫用超级紧凑的机器码[①]来写，就为了

---

[①] 机器码是指将硬件序列号经过一系列加密、散列形成的一串序列号。——编者注

给它要处理的文字信息留点空间。在习惯 70KB 内存的软盘之后,我被 3.5 英寸大的软盘震惊了,因为它体积更小,却能存储 1.44MB 的内容,足以装下一整本书。后来,我拥有了我人生中的第一个硬盘,它可以存储 10MB 的内容,放到今天,它可能连一首歌曲都装不下。这些青春期的故事回忆起来很不可思议,因为今天的我花 100 美元就能买到一个比以前的存储空间大 30 万倍的硬盘。

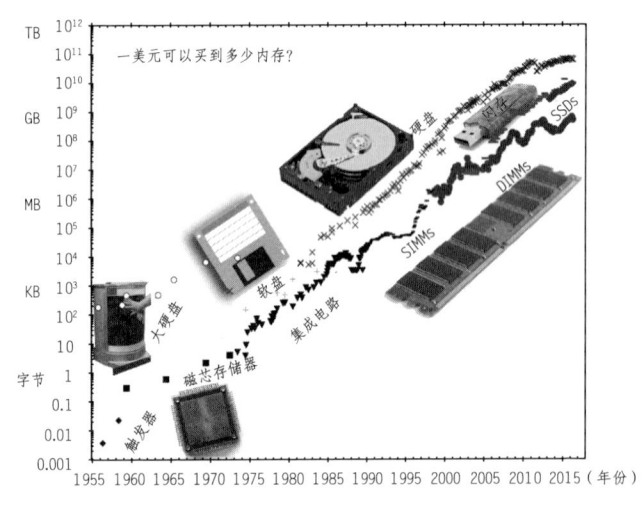

图 2-4 过去 60 年里,计算机内存的变化趋势

注:在过去的 60 年里,每隔几年,计算机内存就会比过去便宜两倍,相当于每 20 年便宜 1 000 倍。一个字节等于 8 个比特。数据来源于约翰·麦卡勒姆(John McCallum),详细数据请查看 http://www.jcmit.net/memoryprice.htm。

这些都是人类设计的记忆装置。那么,那些进化而来的记忆装置呢?生物学家还不知道第一个能够复制上一代蓝图的生命形式是什么,但我们猜想,它可能非常微小。2016 年,剑桥大学的菲利普·霍利格(Philipp

Holliger)带领团队制造了一个 RNA 分子,它编码有 412 个比特的遗传信息,能够复制比自己更长的 RNA 链。这个成果为一个叫作"RNA 世界"(RNA world)的假说提供了支持。这个假说认为,早期的地球生命与一些能自我复制的 RNA 短片段有关。目前,已知进化产生并生存于野外的最小记忆装置是一种名叫 Candidatus Carsonella Ruddii 的细菌的基因组,它可以存储 40KB 的信息,而我们人类的 DNA 能存储 1.6GB 的信息,与一部电影的大小差不多。正如在第 1 章提到的,我们大脑存储的信息比基因多多了:大脑中差不多有 10GB 的电子信息,它们详细描述了在任意时刻,在你的 1 000 亿个神经元中,有哪些正在放电;还有 100TB 的化学/生物信息,它们详细描述了神经元之间突触连接的强度。将这些数字与机器记忆相比较,你就会发现,当今世界上最好的计算机的记忆能力比任何生物系统都强大,并且,它们的价格下降得非常快,到了 2016 年,只需要几千美金就可以买到。

大脑的记忆原理与计算机的信息存储原理截然不同,这不仅体现在它的构成上,还体现在它的使用方式上。**你在计算机或硬盘上读取记忆的方式是通过它存储的位置,但你从大脑中读取记忆的方式则是依据它存储的内容。**在计算机内存中,每组比特都拥有由一个数字组成的地址。当需要读取某些信息时,计算机检索的是它的地址,这就好像在说:"请你从我的书架上取出最顶层从右往左数的第 5 本书,然后告诉我第 314 页上说了什么。"相反,你从大脑中读取信息的方式却更像搜索引擎:你指定某个信息或与之相关的信息,然后它就会自动弹出来。比如,当你听到"生存还是……"这个短语时,它很可能会在你脑中触发"生存还是毁灭，这是一个值得考虑的问题"这句话；如果你在网上搜索这个短语，搜索引擎也很可能会给你同样的搜索结果。实际上，即便我引用的是这句话中的另外一部分，甚至弄混一些字词，结果可能还是一样的。这种记忆系统被称为"自联想"（auto-associative），因为它们是通过联想而不是地址来进行"回想"的。

1982年，物理学家约翰·霍普菲尔德（John Hopfield）在一篇著名的论文中向人们展示了一个由互相连接的神经元组成的网络，它能够实现自联想记忆的功能。我觉得他的基本观点非常棒，对于许多拥有多个稳定状态的物理系统来说，这个观点都成立。例如，一个小球位于一个拥有两个"山谷"的曲面上，就像图2-3中显示的单比特系统那样。让我们对这个曲面做一点设定，让两个最低点的 $x$ 坐标分别为 $x = \sqrt{2} \approx 1.41421$ 和 $x = \pi \approx 3.14159$。如果你只记得 $\pi$ 与3很接近，但不记得 $\pi$ 的具体值，那么你只需要把小球放到 $\pi=3$ 处，然后看它滚落入最近的最低点，它就能向你揭示出一个更精确的 $\pi$ 值。霍普菲尔德意识到，一个更复杂的神经元系统可以提供一个类似的"地形"，其上有许许多多能量极小值，系统可以稳定在这些能量极小值上。后来人们证明，你可以在每1 000个神经元中塞进多达138个不同的记忆，而不会引起较大的混乱。

## 什么是计算

现在，我们已经看到了一个物理实体是如何记忆信息的。那么，它又是如何计算的呢？

计算是由一个记忆状态向另一个记忆状态转变的过程。换句话说，计算会使用信息，并运用数学家们所谓的函数来转变信息。我把函数视为信息的"绞肉机"，正如图 2-5 中所示：你可以从上方放入信息，转动曲柄，然后从底部获得被处理过的信息。你可以输入不同的信息来重复这个过程。如果你输入的是同样的信息，并重复这个过程，那么，这个信息处理过程是确定性的，你每次都会获得相同的输出结果。

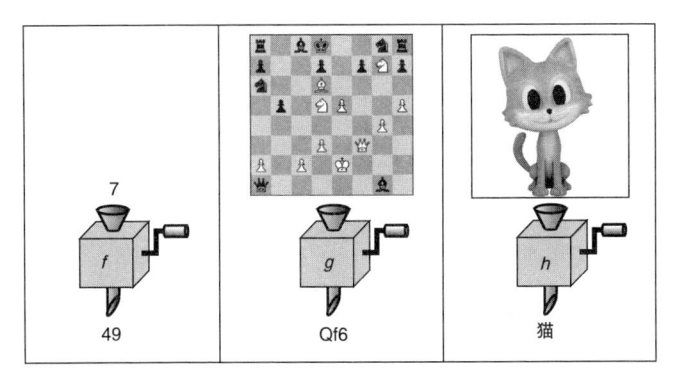

图 2-5　计算使用信息和函数来转变信息

注：函数 $f$（左图）使用一些代表数字的信息，并计算出它的平方。函数 $g$（中图）使用一些代表棋子位置的信息，计算出白棋最佳的走位。函数 $h$（右图）使用一些代表图像的信息，并计算出一个描述图像的文本标签。

虽然这个计算过程听起来简单得令人难以置信，但实际上，函数的应用范围非常广泛。有些函数相当简单，比如，NOT 函数的输入与输出信息是相反的，因此，它能将 0 变成 1；反之亦然。我们在学校里学的函数通常只相当于计算机上的按钮，当你输入一个或多个数字时，它就会输出一个数字。比如，函数 $x^2$ 就是将输入数字乘自身之后输出的结果。还有一些函数很复杂。比如，如果你有一个函数，当输入象棋的位置信息时，它就能输出下一步的最佳走位，那你就能用这个函数来赢得世界计算机国际象棋锦标赛（World Computer Chess Championship）。如果你有一个函数，当输入全世界所有的金融数据时，它就能计算出盈利最佳的股票，那你就能用它大发横财。许多人工智能研究者都致力于研究如何执行某些函数。比如，机器翻译研究的函数能将某种语言的输入文本信息转变成另一种语言并输出，自动字幕研究的函数能将输入的图像信息转变成描述文本（如图 2-5 右图所示）。

也就是说，如果你能执行高度复杂的函数，那么你就可以建造一台能够完成高度复杂目标的智能机器。这将讨论的焦点投向了我们的问题：**物质何以产生智能？尤其是，一团呆笨无生命的物质是如何计算出一个复杂函数的结果的？**

与物质形态固定的金戒指或其他静态记忆装置不同，计算系统必须展现出复杂的动态性，这样，它的未来状态就会以某种复杂的（希望是可控的，或是可编程的）方式与当前状态相联系。它的原子组合应该比无聊的坚硬固体更混乱，但又比液体或气体更有秩序。具体而言，我们希望这个计算系统拥有以下性质：如果让它保持在一个编码了输入信息的状态，让其根据物理定律演化一段时间，便能解读它输出的最终状态，最后，这个输出信息符合我们想要的函数计算的结果。如果是这样，那我们就可以说，这个系统计算的是我们想要的函数。

举个例子，一起来看看我们如何从平淡无奇、单调愚钝的物质中构建出一个非常简单却又非常重要的函数——与非门[①]。这个函数的输入为两个比特，输出为一个比特：如果两个输入都是 1，那它的输出就是 0；否则输出就是 1。如果我们将两个开关、一块电池和一块电磁铁顺次连接，那么，只有当第一个开关和第二个开关都闭合时，电磁铁才会通电（"开启"）。现在，让我们在电磁铁下方放置第三个开关（如图 2-6 所示），每当电磁铁通电时，这个开关就会断开。如果我们把前两个开关看作输入信息，把第三个开关视为输出结果，其中，0= 开关断开，1= 开关闭合，那么，我们就做出了一个与非门：只有在前两个开关都闭合时，第三个开关才会断开。若想构建更实用的与非门，还有许多其他方法，比如，使用图 2-6 右图所示的晶体管。在现如今的计算机中，与非门通常是由微型晶体管等能自动蚀刻在硅片上的电子元件制作而成的。

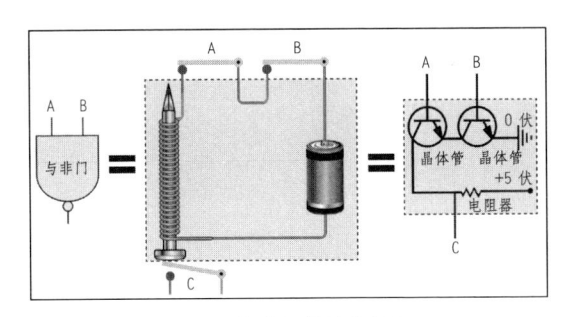

图 2-6 与非门的计算过程

注：所谓的"与非门"使用两个信息 A 和 B 作为输入信息，并根据下列规则计算出一个输出信息 C：如果 A=B=1，那么 C=0；否则 C=1。许多物理系统都可以用作与非门。在中间的例子中，我们将开关解读为信息，其中 0= 开关断开，1= 开关闭合，如果开关 A 和 B 都闭合，那电磁作用就会断开开关 C。在最右边的例子中，电压（电势）也被解读为信息，其中 1=5 伏，0=0 伏，并且，当电线 A 和 B 都是 5 伏时，两个晶体管通电，电线 C 的电压会降至接近 0 伏。

---

[①] 与非门（NAND gate）是数字电路的一种基本逻辑电路，其英文名称"NAND"是"NOT AND"的简称。一个与门（AND gate）只有当两个输入都为 1 时，才会输出 1；因此，非与门的输出正好相反。

计算机科学中有一个非凡的公理,认为与非门是通用的。意思是说,如果你想要执行任何定义明确的函数①,只需要将若干个与非门以某种方式连接起来就可以了。因此,只要你能制造出足够多的与非门,就能建造一台能计算任何东西的机器。如果你想一窥它是如何工作的,请看图2-7,我在图中画出了如何只用与非门来做加乘法。

麻省理工学院研究者诺曼·马格勒斯(Norman Margolus)和托马索·托福利(Tommaso Toffoli)提出了"计算质"(computronium)的概念。计算质指的是可以执行任何计算的任何物质。我们已经看到,获得计算质并不是一件非常困难的事:这种物质只要能够执行以我们想要的方式连接在一起的与非门就行。事实上,还存在许多其他类型的计算质。有一种成功的计算质用"或非门"②来取代与非。或非门只有当两个输入数据都是0时,才会输出1。在下一章节,我们将探索神经网络,它也能够执行任意的计算,即可以作为计算质。科学家兼企业家斯蒂芬·沃尔夫拉姆(Stephen Wolfram)证明,还有一种东西也可以作为计算质,那就是一种被称为"元胞自动机"③的简单装置,它可以基于"邻居"的行为来更新自己的行为。早在1936年,计算机先驱艾伦·图灵在一篇划时代的论文中

---

① 在这里,"定义明确的函数"指的是数学家和计算机科学家所说的"可计算函数"(computable function),也就是某些假想计算机在内存和时间无限的情况下可以计算出来的函数。艾伦·图灵和阿朗佐·丘奇曾有个著名的证明,某些函数尽管可以被描述,但却是不可计算的。
② 或非门是指具有多端输入和单端输出的门电路。当任一输入端(或多端)为高电平,也就是逻辑"1"时,输出就是低电平,也就是逻辑"0";只有当所有输入端都是低电平,也就是逻辑"0"时,输出才是高电平,也就是逻辑"1"。——编者注
③ 元胞自动机(cellular automata)是20世纪50年代初,计算机之父冯·诺依曼为了模拟生命系统所具有的自动复制功能而提出的。

就已经证明，一个能在纸带上操作符号的简单机器也可以执行任意计算，这个简单的机器就是现在的"通用图灵机"。总而言之，物质不仅可能会执行任意定义明确的计算，其执行的方式也可能是多种多样的。

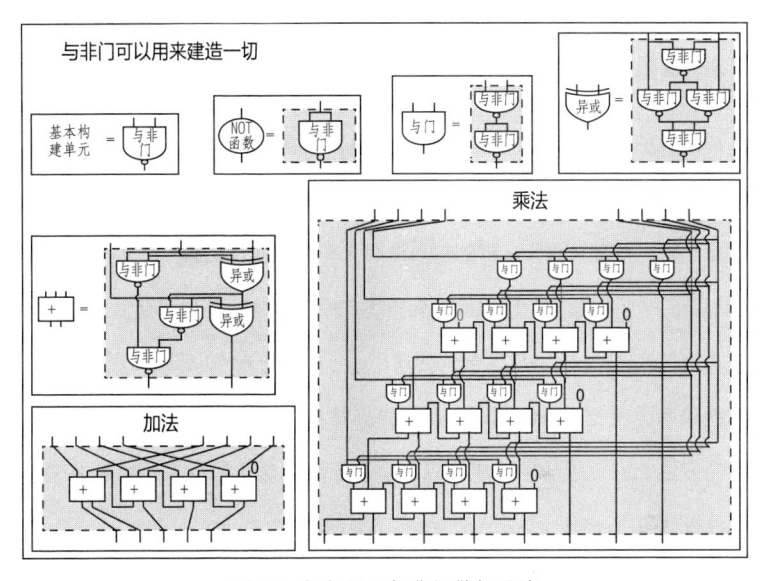

图 2-7　如何只用与非门做加乘法

注：任何定义明确的计算过程都可以用与非门组合起来的系统来执行。例如，在这张图中，加法模块和乘法模块都输入两个用 4 个比特来表示的二进制数字，并分别输出用 5 个和 8 个比特来表示的二进制数字。相应地，更小一些的模块"非门""与门""异或"和"+"（将 3 个 1 比特的二进制数字加总为一个 2 比特的二进制数字）也是由与非门构建出来的。想要完全理解这张图片是很难的，不过，这张图对理解本书接下来的内容没太大帮助，我在这里放这张图只是为了解释"通用性"（universality）的思想，也为了满足我内心中的那个"极客"的自己。

正如之前所说，图灵在 1936 年那篇论文中还证明了某些影响力更加深远的事情。他得出，假如一种计算机能执行一组最小的特定运算，那么只要给它提供足够的资源，它就能完成任何其他计算机能完成的所有事情。图灵证明了他的图灵机是通用的。回到物理层面,我们刚刚已经看到,许多东西都可以被视为通用计算机,包括与非门网络和神经网络。实际上,沃尔夫拉姆曾经说过,大多数复杂的物理系统,从天气系统到大脑,如果它们可以做得无限大,存在无限久,那么,它们都可以成为通用计算机。

同样的计算过程可以在任意一台通用计算机上运行,这个事实意味着,计算和信息一样,是独立于物质层面而存在的:**计算就像拥有自己的生命一样,与它采取什么样的物质形态无关**。因此,如果你是未来计算机游戏中的一个拥有意识的超级智能角色,那么,你不可能知道自己所栖身的系统是运行 Windows 系统的台式机,还是运行 Mac OS 系统的笔记本电脑或者运行安卓系统的手机,因为你是独立于物质层面而存在的。同时,你也无法知道,自己栖身的这个系统的微处理器用的是什么类型的晶体管。

我第一次意识到"物质层面的独立性"这种属性的重要性,是因为它在物理学中有许多美丽的例子。比如,波。波有许多性质,例如速度、波长和频率。我们物理学家不需要知道波存在于何种物质之上,就可以研究它们遵守的方程。当耳朵听见声音时,我们就探测到了声波,它是由分子在被我们称为"空气"的混合气体中来回跳跃产生的。我们可以计算与这些波有关的各种有趣的事情,比如,它们的强度如何随距离的平方而衰减,它们经过敞开的门洞时如何弯折自己的路线,以及它们如何从墙上反弹回来以形成回声。研究这一切,都不需要知道空气的组成成分。实际上，我们甚至不需要知道它是由分子组成的。我们之所以可以忽略所有关于氧气、氮气、二氧化碳等的细节，是因为在著名的波动方程中，波所栖身的物质层面只有一个性质是要紧的，那是一个可测量的数字——波速。在这个例子中，声波的波速是每秒 300 米。但实际上，2016 年春天，我在麻省理工学院的一门课上教给学生的波动方程，其发现的年代远远早于物理学家们发现原子和分子存在的年代。

波的例子说明了三个重要的道理。第一，物质层面的独立性并不是说，物质层面是不必要的，只是说，物质层面的大部分细节都是无关紧要的。如果没有气体，那你就没法产生声波，实际上，任何一种气体都足以产生声波。同样地，如果没有物质，你当然没法完成任何计算，但是，无论是什么物质，只要它可以排列成能实现通用计算的基本单元，比如与非门、互相连接的神经元等，就都能完成计算。第二，独立于物质层面的现象仿佛拥有自己的生命，与它们栖身的物质形态无关。波虽然可以从湖岸的一边传播到另一边，但湖水中的水分子却并没有随之传播，它们大部分时间只是在原地上下移动，就像体育场里球迷们组成的"人浪"一样。第三，我们感兴趣的方面，通常都是独立于物质层面而存在的。冲浪运动员通常更关心海浪的位置和高度，而不关心它的分子组成。我们对信息和计算的态度也同样如此：如果程序员正在寻找代码中的故障，他们感兴趣的东西可不是晶体管！

我们之前提出了一个问题：在有形的物理实体中，如何产生了那些抽象、虚无缥缈的东西，例如智能？现在，对这个问题，我们已经有答案了：**在感觉上，智能之所以没有物质形态，是因为它独立于物质层面而存在。它似乎拥有自己的生命，而且，这个生命并不依赖于、也不会反映出物质层面的细节。简而言之，计算是粒子在时空中排列出的形态。粒子并不重要，重要的是它们组成的形态。所以，物质是无足轻重的。**

换句话说，硬件就是物质，软件就是形态。计算的"物质层面的独立性"暗示着我们，人工智能是可能实现的：**智能的出现并不一定需要血肉或碳原子。**

正因为计算有了这种物质层面的独立性，精明的工程师们才得以突飞猛进地更新计算机中的技术，而不用对软件做任何更改。结果就和记忆装置一样令人刮目相看。正如图 2-8 所示，计算机每隔几年就会比过去便宜一半，这个趋势已经保持一个多世纪了。如今的计算机价格已经比我祖母出生的年代便宜了 $10^{18}$ 倍。如果把所有东西的价格降低 $10^{18}$ 倍，那么，你只用 1/100 美分的价格就可以买下在地球上今年生产的所有商品和服务。价格骤降，正是如今计算机无处不在的关键原因。不久以前，计算设备还像房子那么大，而如今，它们已经进入了我们的家庭、汽车和口袋里，甚至出现在意想不到的地方，比如运动鞋里。

（每秒计算量）

1 000美元可以买多少每秒计算量？

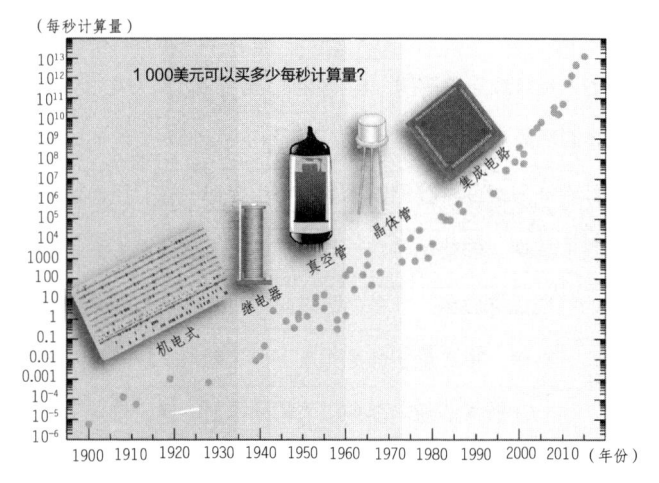

图 2-8　1 000 美元可以买到的计算能力

注：自 1900 年以来，每隔几年，计算的价格就会降低一倍。这张图展示了 1 000 美元可以买到的计算能力，以每秒可进行的浮点运算次数（FLOPS）来衡量³。一次浮点运算所能完成的计算量相当于 $10^5$ 次基本逻辑运算，比如取反（bit flips）或与非门运算。

为什么技术的能力每隔一段时间就会翻倍，呈现出数学家所谓的指数型增长呢？为什么它不仅体现在晶体管的微型化[①]上，还体现在更广泛的整个计算领域（如图 2-8 所示）、记忆装置领域（如图 2-4 所示）以及许许多多不同的技术（从基因测序到脑成像）上？未来学家雷·库兹韦尔将这个不间断的翻倍现象称为"加速回报定律"（law of accelerating returns）。

在自然界中，我知道的所有"持续翻倍"现象都有一个相同的诱因，技术能力的翻倍也不例外。这个诱因就是：每一步都会创造出下一步。

---

[①] 这个趋势被称为"摩尔定律"（Moore's Law）。

比如，从你还是个受精卵的那一刻起，你就经历了一次指数型增长，导致你身上的细胞总数日益增加，从 1 到 2，再到 4、8、16 等。目前，关于我们宇宙起源最流行的科学理论是暴胀理论（inflation theory）。根据暴胀理论，曾经有一段时间，我们的婴儿宇宙也像你一样，经历过指数型增长，以固定的周期，规律地将自己的尺寸翻倍，从最初那一小团比原子还小还轻的物质迅速膨胀，一直到超过我们用望远镜可以看到的所有星系。在这个过程中，每次翻倍都会引发下一次翻倍。技术进步的过程也同样如此：当一项技术的能力变成过去的两倍时，通常情况下，它又可以用来设计和建造能力翻番的技术，引发不停歇的能力翻倍，这就是摩尔定律的精髓。

技术能力每隔一段时间就会翻倍，相应地，每隔一段时间，就会出现"翻倍即将终结"的言论。是的，摩尔定律当然会终结，晶体管不会无限地变小，因为它们的尺寸下限受到物理定律的限制。但是，有些人错误地认为，摩尔定律就是技术不断翻倍的同义词。相反，库兹韦尔指出，虽然图 2-8 中的 5 项技术范式为计算领域带来了指数型增长，但摩尔定律与第一个技术范式无关，只与第五项有关：**只要一项技术不再增长，我们就会用更好的技术来取代它。**当真空管的尺寸无法继续缩小时，我们用晶体管来取代它们，接着是允许电子在二维方向上运动的集成电路。当这项技术逼近它的极限时，还有很多其他选择供我们尝试，比如，用三维电路，或者采用电子之外的其他什么东西来听候我们的差遣。

虽然没人知道计算层面的下一波剧变会在什么时候到来，但我们知道，我们距离物理定律的极限还很遥远。我在麻省理工学院的同事塞思·劳埃德（Seth Lloyd）已经发现了这个极限在哪里。一团物质到底能进行多少次计算？他发现，**当今最先进的技术与物理的极限之间，还有庞大的 33 个数量级（$10^{33}$ 倍）需要跨越**。我们将在第 6 章进行详细探讨。因此，就算我们的计算能力每隔几年都会翻一番，我们仍然需要两个世纪的时间，才能到达那个终极的前线。

虽然所有通用计算机都能够完成同样的计算，但它们的效率却有高有低。比如，一个需要做几百万次乘法的计算过程并不需要几百万个晶体管（如图 2-6 所示）构成的乘法模块，因为它可以重复使用同一个模块。为了效率起见，大多数现代计算机使用的范式都会将计算过程分成多个时间步骤（time step），在其中，信息会在记忆模块和计算模块之间来回移动。这种计算架构是由计算机先驱们于 1935—1945 年开发出来的，包括艾伦·图灵、康拉德·楚泽（Konrad Zuse）、普雷斯伯·埃克特（Presper Eckert）、约翰·莫奇来（John Mauchly）和约翰·冯·诺依曼等。更具体地说，计算机的记忆装置不仅存储了数据，还存储了软件，即程序，也就是一组指令，告诉计算机用这些数据来做什么事情。在每个时间步骤中，CPU 执行程序的下一步指令，这些指令详述了对数据采取何种简单函数。在计算机的记忆装置中，还有一个叫作"程序计数器"（program counter）的小程序，它的功能是追踪下一步要做什么，它存储了程序当前的行编号。若想进行下一个指令，只需要在程序计数器上加 1 就好。若想跳到程序的另一行，只需要将相应的行编号复制到程序计数器就行，所谓的"if"语句和循环就是这样执行的。

今天的计算机通常能通过"并行处理"（parallel processing）获得更快的速度。并行处理能巧妙地避免一些模块重用的情况。如果一个计算能分成若干个可以并行完成的部分（因为任何一个部分的输入不需要另一个部分的输出），那么，它们就可以同时用硬件的不同部分进行计算。

终极的并行计算机是量子计算机（quantum computer）。量子计算先驱戴维·多伊奇（David Deutsch）曾经说过一句颇具争议的话。他说："**量子计算机能与无数个平行宇宙中的自己分享信息**"，**并且能在其他自己的帮助下，更快地在我们的宇宙中获得答案。**[4] 我们尚不知道，量子计算机是否能在接下来的10年里走向市场，因为这不仅取决于量子物理是否如我们所愿，还取决于我们是否有能力克服可怕的技术挑战。不过，世界各地的公司和政府每年都会在这个领域赌上几千万美元。虽然量子计算机不能加速普通计算，但人们已经开发出了一些巧妙的算法，可以极大地加速某些特定类型的计算，比如加快破解密码系统和训练神经网络的计算速度。量子计算机还能够有效地模拟量子力学系统的行为，包括原子、分子和新材料的行为，可以取代化学实验，就像传统计算机上的模拟程序取代了风洞实验[①]一样。

## 什么是学习

虽然一个普通的袖珍计算器就可以在算数比赛中完胜我，但无论它

---

[①] 风洞实验是指在风洞中安置飞行器或其他物体模型，研究气体流动及其与模型的相互作用，以了解实际飞行器或其他物体的空气动力学特性的一种空气动力实验。——编者注

如何练习，它也永远无法在速度或精确度上颠覆自我，因为它不会学习。每次按下它的开方键，它只会用完全相同的方式计算同一个函数。同样地，过去第一个战胜我的象棋程序也永远无法从自己的错误中学习，它只能执行那个聪明的程序员设计的最佳走法来计算函数。相反，当5岁的马格努斯·卡尔森（Magnus Carlsen）第一次输掉象棋比赛时，他开始了一段长达8年的学习过程，最终让他登上了世界象棋冠军的宝座。

**学习能力无疑是通用人工智能最引人入胜的地方了。** 现在，我们已经了解了一团看似愚钝的物质是如何进行记忆和计算的，那它是如何学习的呢？我们已经知道，要回答一个复杂的问题就相当于计算一个函数，也知道了一团物质只要以合适的方式排列起来，就可以计算任何可计算函数。我们人类之所以能创造出袖珍计算器和象棋程序，是因为我们进行了这种"排列"。因此，**一团物质想要学习，必须对自己进行重新排列，以获得越来越强的能力，好计算它想要的函数，只要它遵守物理定律就行。**

为了揭开学习的神秘面纱，让我们先来看一个非常简单的物理系统是如何学习计算 $\pi$ 的数位和其他数字的。通过前面图 2-3 的例子，我们已经了解了，如何用拥有许多"山谷"的曲面来作为记忆装置，比如，如果其中一个"山谷"底部的位置使 $x=\pi \approx 3.14159$，并且它附近没有其他"山谷"，那么，你便可以把一个小球放在 $x=3$ 的位置，然后进行观察。这时你就会发现，这个系统会让小球滚落到谷底，从而计算出 $\pi$ 的小数位。现在，假设这个曲面是由软泥做成的，就像一块完全平整的空白石板。如果有一些数学爱好者不停地将小球放在他们最喜欢的数字处，那么，万有引力就会逐渐在这些地方创造出"山谷"。之后，这个软泥表面就能用来获取数学爱好者存储在"山谷"处的记忆。换句话说，软泥表面"学习"到了计算数字（比如 π）的各个数位的方法。

还有一些物理系统，比如大脑，虽然学习效率很高，但其基本原理并没有什么颠覆性的差异。约翰·霍普菲尔德经证明得出，神经网络也可以用类似的方法进行学习。如果你重复地将神经网络置于某些特定的状态，那么它将逐渐学习到这些状态，并且能够从附近的状态返回到这些状态。比如，如果你总是频繁地见到某一个亲戚，那每次出现一些与他有关的东西时，就会触发你关于他容貌的记忆。

现在，神经网络已经改变了生物智能和人工智能，开始在一个名为"机器学习"（machine learning）的人工智能分支学科中占据主流地位。机器学习的研究对象是能从经验中自我改善的算法。在详细介绍神经网络的学习原理之前，我们先来理解一下它们是如何进行计算的。一个神经网络其实就是一组互相连接、互相影响的神经元。你大脑中神经元的数量和银河系中恒星的数量差不多，都是千亿数量级的。通过突触，每个神经元与大约 1 000 个其他神经元相连。正是这几百万亿个突触之间的连接使得大部分信息被编入你的大脑。

我们可以用示意图的方式来表现神经网络，用点来代表神经元，然后将这些点用代表突触的线条连接起来（见图 2-9）。不过，真实的神经元与这种简单的示意图完全不同,它是一种非常复杂的电化学装置:神经元拥有各种不同的组成部件,例如轴突和树突;神经元还可以分为许多用途各异的种类。此外,神经元中的电活动是如何相互影响的,具体的原因依然处在积极的研究中。

然而,人工智能研究者发现,即使我们忽略掉这些复杂的细节,用极其简单又非常类似、遵守简单规则的模拟神经元代替生物形态的神经元,神经网络依然能完成许多非常复杂的任务,与人类不相上下。这种神经网络被称为"人工神经网络"(Artificial Neural Network)。目前最流行的人工神经网络模型用一个数字来表示每个神经元的状态,也用一个数字来表示每个突触的连接强度。在这个模型中,每个神经元以规律的时间步骤周期来更新自己的状态,其更新的方法是:收集来自所有相连神经元的输入数据,然后用突触的连接强度作为加权权重,有时还会加上一个常数,接着,用得出的结果执行"激励函数"(activation function),并计算出下一个状态[1]。将神经网络作为一个函数的简单方法就是使其"前馈"(feedforward),也就是保证信息只向一个方向流动。将数据输入最顶层神经元的函数中,然后从底层神经元中获得输出数据,如图 2-9 所示。

---

[1] 如果你喜欢数学,在这里我向你介绍两种最流行的激励函数,一种叫作 Sigmoid 函数,即 $\sigma(x) \equiv 1/(1 + e^{-x})$;另一种叫作斜坡函数,即 $\sigma(x) = \max(0, x)$,不过,有人已经证明,几乎任何函数都能满足斜坡函数的条件,只要它不是线性(一条直线)就行。约翰·霍普菲尔德的著名模型使用的函数是:当 $x < 0$ 时,$\sigma(x) = -1$,当 $x \geq 0$ 时,$\sigma(x) = 1$。如果神经元的状态存储在一个向量内,那么,想要更新这个网络,就只需要给这个向量乘上一个代表突触连接强度的矩阵,然后在所有元素上应用激励函数就可以了。

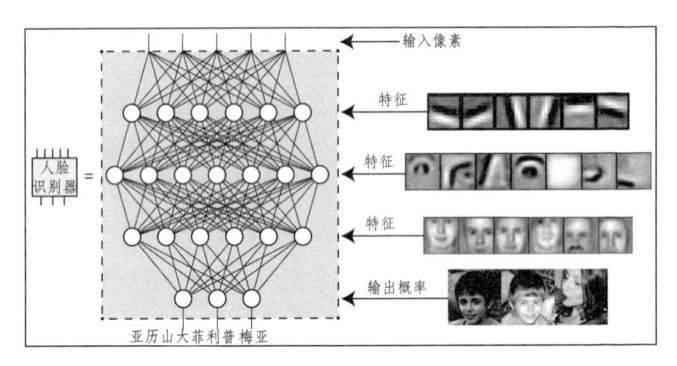

图 2-9　神经网络计算函数的过程

注：神经网络就像与非门网络一样，可以用来计算函数。例如，一种人工神经网络经过训练后，当输入的数字代表图中像素的亮度时，就能输出一组数字，代表这张图像描述每个人的概率。在这里，每个人工神经（用圆圈表示）计算出神经连接（用直线表示）传来的数字的加权和，然后应用一个简单的函数计算出结果，并将结果传递下去，接下去的每一层人工神经计算上一层的特征。通常情况下，人脸识别网络包含成百上千个神经元；为了清楚起见，这张图只画出了少量的神经元。

这种简单的人工神经网络在计算上的成功是"物质层面的独立性"的又一个例证：神经网络拥有强大的计算能力，而这种计算能力与它们底层的构造物质毫无关系。实际上，1989 年，乔治·西本科（George Cybenko）、科特·霍尼克（Kurt Hornik）、马克斯韦尔·斯廷奇库姆（Maxwell Stinchcombe）和哈尔伯特·怀特（Halbert White）证明了一件了不起的事：这种简单的、由模拟神经元组成的神经网络是"通用"的，因为它们能精确地计算出任何一个函数，只需要相应地调整代表突触强度的数字即可。换句话说，我们大脑中生物形态的神经元之所以能进化出如此复杂的结构，并不是因为这是必要的，而是因为它的效率更高，还因为进化与人类设计师不一样，进化不会奖赏那些简单易懂的设计。

当我第一次听说人工神经网络可以计算函数时，觉得它很神秘。如此简单的东西怎么能计算出复杂度任意高的函数呢？比如，如果你只计算加权和以及应用一个固定的函数，那么，你如何能计算复杂的函数呢，哪怕只是简单的乘法运算？如果你对这个过程的细节很感兴趣，那么请看图2-10。这张图显示了如何只用5个神经元将任意两个数字相乘，以及单个神经元如何将三个二进制数字相乘。

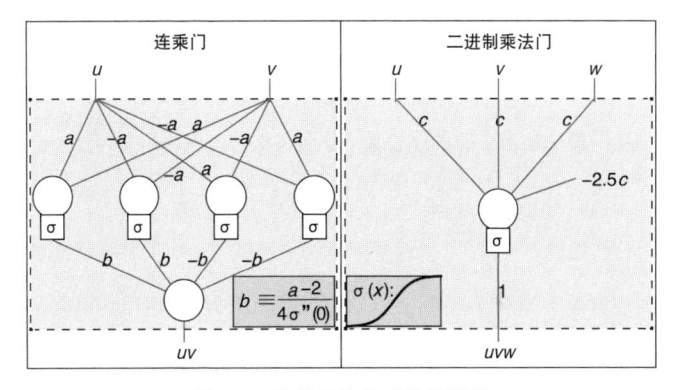

图 2-10 神经元计算乘法的过程

注：这张图显示了物质如何用神经元而不是图2-7中的与非门来计算乘法。这张图的关键点是，神经元（人工或生物）不仅能进行数学计算，而且，用神经元来计算乘法所需要的神经元数量少于用与非门来计算时所需的与非门数量。如果你是数学迷，那我可以再告诉你一些额外的细节：图中的圆圈处执行加总运算，方块处运行函数 $\sigma$，直线处乘上其上标注的常数。输入数据是实数（左图）和二进制数字（右图）。当左图中的 a 趋近于 0 和右图中的 c 趋近于无穷大时，该乘法运算可以达到任意高的精度。左图中的网络适用于任何在原点弯曲的函数 $\sigma(x)$，也就是原点处的二阶导数 $\sigma''(0) \neq 0$，这可以用 $\sigma(x)$ 的泰勒展开公式来证明。右图的网络则需要满足当 x 非常小和非常大时，函数 $\sigma(x)$ 分别趋近于 0 和 1，这可以由下面的推导看出：只有当 $u+v+w = 3$ 时，$uvw = 1$。[1]将许多乘法（如上图所示）和加法组合起来，你就可以计算任意多项式。我们知道，多项式能对任意光滑函数进行近似。

---

[1] 这些例子来自我学生亨利·林（Henry Lin）的论文，详见 http://arxiv.org/abs/1608.08225。

虽然从理论上来说，你能用一个任意大的神经网络来执行任意一个计算，却没法证明，在实践中如何用一个大小合适的神经网络来执行计算。实际上，我想得越多，就越对神经网络如此可行感到好奇。

假设我们想将兆像素级别的灰度图像分成两类：猫和狗。如果每张图的 100 万个像素中的每个像素都可以取 256 个值，那么，可能的图像数量就有 $256^{1\,000\,000}$ 张。对其中的每一张图，我们都想计算出"它是猫"的概率。这意味着，这个输入数据为图片、输出数据为概率的任意函数，是由一个包含 $256^{1\,000\,000}$ 个概率的列表所定义的。这个数字如此之大，超过了我们整个宇宙中的原子总量（大约 $10^{78}$）。但不知为何，一些只包含了几千个或几百万个神经元的神经网络却可以很好地完成这种分类任务。为什么如此"便宜"（也就是所需的参数特别少）的神经网络能够完成这种任务呢？毕竟，你可以证明，如果一个神经网络小到可以放进我们的宇宙中，那它几乎无法对任何一个函数进行近似。在你安排给它的任务中，它只能成功完成很小的比例。

我和我的学生亨利·林一起愉快地讨论了这些奇妙的事情。我非常高兴能和许多了不起的学生合作，亨利就是其中之一。当他第一次踏进我的办公室，询问我是否有兴趣与他合作时，我心想，应该由我问他是否有兴趣与我合作会更合适。这个谦逊、友善、眼睛会发亮的孩子来自路易斯安那州的什里夫波特市，当时他已经写过 8 篇科学论文，入选了《福布斯》30 位 30 岁以下的精英榜；他还曾在 TED 发表过演讲，有超过 100 万人收看，而他却只有 20 岁！

与亨利合作了一年之后,我们一起写了一篇论文,道出了我们研究出的一个惊人的结论:**神经网络之所以如此有效,不能仅用数学来回答,因为答案的一部分取决于物理学**。我们发现,在物理定律带来的函数中,很少有让我们对计算充满兴趣的,这是因为,由于一些尚不为人所知的理由,物理定律是非常简单的。此外,神经网络能计算的那一小撮函数,与物理学中吸引我们兴趣的那一小撮函数竟然非常相似!我们还对早先的研究进行了扩展,证明了在许多我们感兴趣的函数上,深度①学习型神经网络比那些较浅的神经网络更加有效。举个例子,我和另外一位了不起的麻省理工学院的学生戴维·罗尔尼克(David Rolnick)一起证明了,如果神经网络只有一层,那么计算 $n$ 个数字的乘法就需要 $2^n$ 个神经元;但是,如果神经网络的层数很多,那么只需要 $4^n$ 个神经元就足够。这不仅解释了为什么神经网络在人工智能研究者中十分受欢迎,还解释了我们的大脑中为什么也进化出了神经网络:**如果大脑的进化是为了预测未来,那么,我们进化出的计算结构正好擅长计算那些在物理世界中十分重要的问题,也就不足为奇了**。

我们已经探索了神经网络是如何工作和计算的,现在,让我们回到"它们是如何学习的"这个问题上。具体而言,神经网络是如何通过更新自己的突触来提升计算能力的呢?

1949 年,加拿大心理学家唐纳德·赫布(Donald Hebb)写了一本影响深远的书。在书中,他提出了著名的赫布定律:如果两个邻近的神经元

---

① 之所以称为"深度",是因为它们包含的层数很多。

被同时激活(放电),它们之间的突触连接就会被强化,这样,它们就学会了触发彼此。这个思想可以被总结为一句流行语"一起放电,一起连接"(fire together, wire together)。虽然我们还不了解大脑学习的具体细节,并有研究表明答案可能非常复杂,但我们已经证明了,即便是简单的赫布学习规则(Hebbian learning rule),也能允许神经网络学习有趣的事情。约翰·霍普菲尔德证明,在赫布学习规则之下,用极其简单的神经网络也能存储许多复杂的记忆,只需要一次又一次地在神经网络上"暴露"相关信息即可。对人工神经网络或者学习技能的动物或人类来说,这种"暴露"信息的情形,通常被称为"训练"(training),有时也被称为"学习"(study)、"教育"(education)或"体验"(experience)。

如今,人工神经网络能使人工智能系统用一些更加复杂、精巧的学习规则来替代赫布学习规则,比如反向传播算法(backpropagation)和随机梯度下降算法(stochastic gradient descent)。不过,它们的基本思想是相同的,那就是:存在一些与物理定律十分类似的简单的决定性规则,通过这些规则,突触可以随着时间的变化不断更新。只要用大量数据进行训练,神经网络就可以用这个简单的规则学习到许多惊人而复杂的计算过程,就像魔法一般。我们还不知道人脑运用的是什么样的学习规则,但是,无论答案是什么,都没有任何迹象表明,它们会违反物理定律。

大多数电子计算机会将任务分解成多个步骤,并重复使用相同的计算模块来提高效率,许多人工神经网络和生物形态的神经网络也同样如此。在大脑中,有部分神经网络是计算机科学家所谓的递归神经网络

（recurrent neural network），而不是前馈神经网络。在递归神经网络中，信息可以流向各个方向，而不像前馈神经网络一样只局限在一个方向，因此，前一步的输出是可以作为下一步的输入的。从这个意义上来说，笔记本电脑微处理器中的逻辑门电路[①]也是递归的：它始终在使用过去的信息，并让来自键盘、触控板、摄像头等的输入信息影响它正在进行的计算过程，而这个计算过程又决定了传输到显示屏、扬声器、打印机和无线网络的输出信息。同样地，你脑中的神经网络也是递归的，来自你眼睛和耳朵等的输入信息影响它正在进行的计算过程，而这个计算过程又决定了输出到你肌肉的信息。

**学习的历史至少与生命的历史一样漫长，因为所有自我复制的生物都展现出了两种能力，即通过某种学习获得的信息复制能力和信息处理能力。** 这十分有趣。然而，在生命 1.0 时代，生物并不是从个体一生的经验中学习的，因为它们处理信息和做出反应的规则是由天生的 DNA 决定的，所以，唯一的学习过程只会发生在物种层面上，通过达尔文的进化论，代代相传。

大约 10 亿年前，地球上的一个基因系（gene line）发现了一种方法，能让动物产生神经网络，让它们能从自己一生的经验中学习。于是，生命 2.0 降临了。由于生命 2.0 学习的速度加快了许多，在竞争中占有优势，所以便像野火一样席卷全球。正如我们在第 1 章所说，生命通过学

---

① 逻辑门电路是指实现基本和常用逻辑运算的电子电路。在数字电路中，所谓"门"就是只能实现基本逻辑关系的电路。——编者注

习变得越来越好，其进步的速度也变得越来越快。一种像猿猴一样的动物进化出的大脑特别擅长获取关于工具、生火、语言和创造复杂的全球社会的知识。这个社会自身也可以被看作一个能记忆、计算和学习的系统，并且这些过程正在不断加速，因为我们有了一些能催生更多新创造的发明，比如书写、印刷出版、现代科学、计算机、互联网等。未来的历史学家还会在这个"赋能式发明"表中加上什么呢？我猜，是人工智能。

我们都知道，计算机的存储能力和计算能力的爆炸式发展（如图 2-4 和图 2-8 所示）推动了人工智能的大踏步前进。但是，机器学习花了很长时间才逐渐变得成熟。当 IBM 的深蓝计算机在 1997 年战胜国际象棋冠军加里·卡斯帕罗夫时，它最大的优势是记忆能力和计算能力，而不是学习能力。它的计算智能是由人类创造出来的，而深蓝计算机之所以能战胜创造它的人类，是因为它的计算速度更快，因此在同一时间内能够分析更多的走棋招数。当 IBM 的沃森计算机在益智电视节目《益智问答》（*Jeopardy*）上抢过人类头上的桂冠时，它依靠的也并不是学习能力，而是为其专门编程的技巧、超人类的存储能力和速度。机器人学早期的大多数突破，从步行机器人到无人驾驶汽车和自动着陆火箭，也都同样如此。

相比之下，近期，人工智能方面的许多突破的推动力都是机器学习。比如，请看图 2-11。你很容易就能说出这张照片描绘的是什么场景，但是，想要写一个程序，让它仅凭图像的像素色彩信息就输出"一些年轻人在玩飞盘游戏"这样精确的描述，却让全世界的人工智能研究者头疼了几十年。然而，2014年，谷歌公司带领团队完成了这项任务。当他们给所写的程序输入一张图片的像素色彩信息后，它说"一群大象在干燥的草地上行走"，又一次回答正确。这个团队是如何做到的呢？是不是像深蓝计算机那样，依靠手工编写的算法来检测飞盘、人脸等物体？不是的。这个团队创造了一个比较简单的神经网络，它没有关于物理世界的任何知识。然后，他们将这个神经网络暴露在海量的数据之下，让它学习。人工智能预言家杰夫·霍金斯（Jeff Hawkins）在2004年写道："没有一台计算机能够达到老鼠的视觉水平。"这句话已经远远过时了。

图 2-11　一些年轻人在玩飞盘游戏

注：这个描述是由计算机程序写出来的，它并不理解人类、游戏和飞盘都代表着什么。

我们还没完全理解儿童是如何学习的。同样地，我们依然还没完全理解神经网络是如何学习的，以及为什么它们几乎不会失败。但是，一个明显的事实是，它们非常有用，越来越受青睐，并掀起了一波针对深度学习的投资风潮。从手写文本识别到无人驾驶汽车的实时视频分析，深度学习已经改变了计算机视觉的方方面面。同样地，它也极大地提高了计算机识别语音并翻译成另一种语言的能力，有时甚至可以实现实时翻译，这就是为什么我们现在可以与个人数字助理比如 Siri、Google Now 和 Cortana 进行口头对话的原因。

恼人的验证码是我们向网站证明"我是人"的必要步骤。为了避免被日益提升的机器学习破解，验证码正变得越来越复杂。2015 年，DeepMind 公司发布了一个人工智能系统，让人工智能深度学习系统像儿童一样在无人指导的情况下学习了几十种计算机游戏的玩法。唯一不同的是，学着学着，人工智能深度学习系统玩游戏的水平就超过了人类。2016 年，DeepMind 公司创建了 AlphaGo，这是一个会下围棋的人工智能，它通过深度学习的原理评估不同棋子赢棋的概率，并击败了全世界顶尖的围棋冠军柯洁。这个过程点燃了一个良性循环，将越来越多的投资和人才吸引到了对人工智能的研究中，进一步推动了该领域的巨大进步。

在第 1 章，我们探索了智能的本质以及它目前的发展情况。机器到什么时候才能在所有认知任务上都超过我们人类？我们显然不知道答案。此外，我们还需要做好"机器可能永远无法超过人类"的思想准备。但是，本章还传递了一个我们必须考虑的可能性，那就是它可能会发生，甚至就可能会发生在我们的有生之年。因为，物质在遵守物理定律的前提下，也可以组合出能够记忆、计算和学习的形态，而这种物质并不一定是生物体。人工智能研究者常被诟病过于乐观，总难实现自己承诺的目标。但平心而论，某些批评家也并不总是正确的。有些人总在转移重点，用计算机还无法做到的事情或者用哗众取宠的事情来定义智能。现在，机器在计算、下象棋、证明数学公理、挑选股票、描述图像、驾驶、玩电子游戏、下围棋、合成语音、转录语音、翻译和诊断癌症等众多任务上，成绩显著。不过，一些批评家还是会轻蔑地嘲笑说："说得没错，但那不是真正的智能！"接下来，他们可能会声称，真正的智能只存在于汉斯·莫拉维克提出的"人类能力地形图"中尚未被淹没的山巅上（见图 2-2）。曾有些人声称，会描述图像和下围棋的智能是真正的智能，但随着水位的不断上涨，这二者都已经被淹没。

既然我们假设"水平面"还会一直上升，那人工智能对社会的影响也会随之变大。在人工智能在所有技能上达到人类水平之前，它会带来许多迷人的机遇和挑战，涉及其带来的突破和故障，以及法律、武器和就业等领域的变化。这些机遇和挑战究竟是什么？我们如何才能未雨绸缪？下一章，让我们一起来探讨这些问题。

**本章要点**

- 当智能被定义为"完成复杂目标的能力"时,它不能仅用单一的"IQ"指标来衡量,而应该用一个覆盖所有目标的能力谱来衡量。

- 今天的人工智能还是比较"狭义"的,也就是说,只能完成非常特定的目标,而人类智能却相当"广义"。

- 记忆、计算、学习和智能之所以给人一种抽象、虚无缥缈的感觉,是因为它们都是独立于物质层面的。它们仿佛具有自己的生命,而不需要依赖和反映它们所栖息的物质层面的细节。

- 任何一团物质,只要它拥有许多不同的稳定状态,就可以作为记忆的基础。

- 任何物质,只要它包含某种组合起来能运行任何函数的通用基本构件,那它就可以作为计算质,也就是计算的物质基础。

- 神经网络是一个强大的学习基础,因为只要遵守物理定律,它就能对自己进行重新排列组合,执行计算的能力也会随之变得越来越好。

- 由于人类知道的物理定律极其简单,所以在能想象到的所有计算问题中,人类关心的非常少,而神经网络总能游刃有余地解决这些问题。

- 当某项技术的能力翻倍时,它通常又可以被用来设计和建造强大两倍的技术,引发不断的能力翻倍,这正是摩尔定律的精髓。信息技术的成本大约每两年就会减半,这个过程已经持续了约一个世纪,催生了今天的信息时代。

- 如果人工智能方面的进步持续下去,那么,早在人工智能在所有技能上都达到人类水平之前,它会给我们带来迷人的机遇和挑战,涉及其带来的突破和故障,以及法律、武器和就业等领域的变化,我们将在下一章探讨这些问题。

如果我们不那么快地改变方向，
最终就会到达我们一路前往的地方。

——欧文·科里（Irwin Corey）

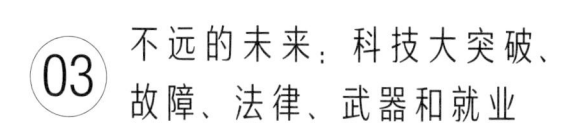

## 03 不远的未来：科技大突破、故障、法律、武器和就业

The Near Future:
Breakthroughs, Bugs,
Laws, Weapons & Jobs

当今时代,身为人类,到底意味着什么?比如,哪些备受珍视的自我价值决定了我们与其他生命形态和机器是截然不同的?在我们身上,哪些备受珍视的价值让我们获得了工作机会?无论我们作何回答,这些答案一定会随着技术的进步而逐渐发生改变。

以我自己为例。作为一位科学家,我很自豪,因为我可以设定自己的目标,可以使用创造力和直觉来解决许多尚未解决的问题,还可以用语言来分享我的发现。很幸运的是,社会愿意为我所做的事情付钱,我可以拥有一份工作。如果出生在几百年前,那我很可能会和其他许多人一样,成为一个农民或手工业者,但技术进步早已极大地降低了这些职业在就业市场中所占的比例。这意味着在当今社会,不太可能所有人都从事农耕和手工业。

对我个人来说,虽然今天的机器在农耕和编织这些手工艺上胜过了我,但这并不会对我产生一丝一毫的困扰,因为这些既不是我的兴趣所在,也不是我的收入或个人价值的来源。实际上,就算我真的曾在这些领域产生过幻想,但这些幻想早已在我 8 岁时就破灭了。那时候,学校逼着我上编织课,害我差点儿不及格。不过最后,我还是完成了作业,因为有个五年级的同学看我十分可怜,愿意帮助我。

但是,随着科技的不断进步,人工智能的崛起会不会侵蚀我现在的自我价值和就业价值所根植的那些能力呢?斯图尔特·罗素告诉我,他和许多研究人工智能的同僚最近经常被人工智能惊讶到,因为他们看见人工智能完成了许多他们期盼多年的事情。怀着同样的心情,请允许我向你介绍我自己的惊讶时刻,以及我为什么把它们视为人类能力即将被赶超的预兆。

## 科技大突破,深度学习带来的创造力惊喜

### 深度强化学习主体

2014 年,我有过一次"下巴掉地上"的吃惊经历。我看了这样一段视频:视频中,DeepMind 公司的人工智能学会了玩电脑游戏。它玩的是《打砖块》(如图 3-1 所示)。《打砖块》是雅达利的一款经典游戏,我在十几岁的时候很喜欢玩。这款游戏的目标是,通过操纵一个平板,让小球在砖墙上弹跳,小球每碰到一个砖块,该砖块就会消失,分数就会相应增长。

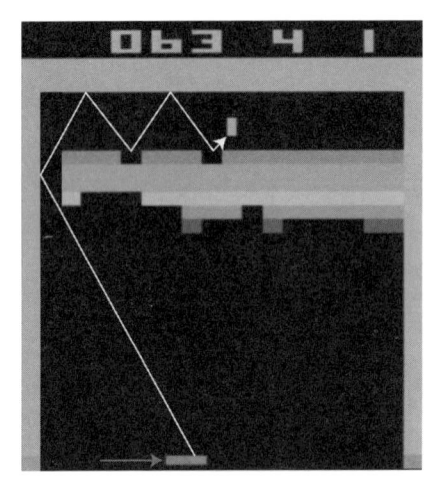

图 3-1 雅达利游戏《打砖块》

注：DeepMind 公司的人工智能从头学习了如何玩雅达利游戏《打砖块》，为了使游戏分数最大化，它利用深度强化学习发现了最优策略，那就是，在砖块的最左边钻出一条通道，然后让小球在上面弹来弹去，这样会迅速得分。在图中，我用箭头表示小球和平板的运动路径。

我曾写过一些电脑游戏，所以我知道，写一个会玩《打砖块》的程序并不是一件多么难的事情。但是，这并不是 DeepMind 公司所做的事情。相反，他们创造了一个完全没有游戏知识的人工智能，它一点儿也不了解这个游戏，也不知道其他任何游戏，甚至不知道游戏、平板、砖块和小球这些概念是什么意思。DeepMind 公司创造的人工智能只知道一长串数字会以固定的周期输入，包括当前的分数和一串数字。在我们人类眼里，这串数字描述的是屏幕上不同区域的颜色，但在人工智能眼中则不然。人们只告诉人工智能，它必须以固定的周期输出一些数字，从而将分数最大化。在我们人类眼里，这些数字描述的是要按下哪些按键，但在人工智能系统"眼"中则不然。

起初，人工智能玩得糟透了，它毫无头绪地把平板推来推去，几乎没有一次能接住小球。过了一会儿，它似乎发现，把平板向小球的方向移动，是个不错的方法，不过大多数时候，它依然接不住小球。不过，随着不断的练习，人工智能玩得越来越好，甚至比我玩得还好。无论小球的速度有多快，它每次都能精确地接住小球。不久以后，我就更吃惊了，它自己找出了这个神奇的"分数最大化"策略：只要把小球弹到左上角，在那里钻出一个通道，让小球钻进这个通道，然后，小球就会暂时卡在墙上方，在墙和边界之间来回弹动。这个人工智能真是太聪明了。实际上，丹米斯·哈萨比斯后来告诉我，DeepMind 公司的程序员自己都不知道这个技巧，他们还是从自己创造的人工智能那里学到了这一招。我建议你们去看一下这个视频，我在书后给出了视频的链接。[1]

这个视频里的人工智能有一个和人类很相似的特征，让我觉得很不安：它不仅拥有目标，还通过学习了解了如何日臻完善这个目标，最终竟然超过了它的创造者。在第 1 章，我们对智能下了一个简单的定义：完成复杂目标的能力。所以，从这个定义出发，DeepMind 公司的人工智能确实在我们眼皮底下变得越来越智能了，虽然它的智能很狭窄，只会玩某种特定的游戏。在第 1 章，我们曾经遇到过一个概念，也就是计算机科学家所谓的"智能体"(intelligent agents)，这种主体用感应部件收集关于环境的信息，然后对这些信息进行处理，以决定如何对环境做出反应。虽然 DeepMind 公司的人工智能生活在一个极端简单，只由砖块、平板和小球组成的虚拟世界中，但毋庸置疑，它是一个智能体。

DeepMind公司很快就公布了设计这个人工智能的方法，向全世界分享了代码[2]，并解释说，这个人工智能用了一个非常简单但十分强大的方法，叫作"深度强化学习"（deep reinforcement learning）。基础的强化学习是一种经典的机器学习技术，受行为心理学的启发发展而来。行为心理学认为，如果你做某件事时总是受到积极的奖赏，那么你做这件事的意愿就会增强；反之亦然。正如奖励小狗零食能鼓励它们很快学会一些小把戏一样，DeepMind公司的人工智能学会了移动平板接住小球，因为这会增加它的得分概率。DeepMind公司将这个思想与深度学习结合起来，训练出了一个深度神经网络（正如第1章所说），以此来预测按下键盘上每个键的平均得分；接着，根据游戏的当前状态，人工智能会选择按下神经网络给分最高的那个键。

身为人类，我的个人价值来自许多方面。当我列出这些方面时，我把"有能力解决广泛的未解问题"也囊括了进去。相比之下，如果DeepMind公司的这个人工智能除了《打砖块》游戏之外什么也不会，那它就是一种极其狭窄的智能。对我来说，DeepMind公司这个突破的重大意义就在于，证明了深度强化学习是一项相当通用的技术。正如我所料，DeepMind公司让同一个人工智能练习了49款雅达利的游戏，在其中的29款游戏上，它玩得比人类好，包括《乒乓》（Pong）、《拳击》（Boxing）、《电子弹珠台》（Video Pinball）和《太空侵略者》（Space Invaders）。

没过多久，人们就证明并得出以下结论，具备同样原理的人工智能不仅可以玩二维游戏，还能玩一些更加现代的三维游戏。很快，DeepMind

公司的竞争者、位于旧金山的人工智能非营利性组织 OpenAI 公司就发布了一个叫作"Universe"的训练平台，在其上，DeepMind 公司的人工智能和其他智能体可以练习如何与计算机像玩游戏那样交互，它们会到处点来点去，随便打打字，随意打开和运行一些它们能够应付的软件，比如打开一个浏览器，在网上随意闲逛。

展望未来，深度强化学习大有可为。它们的潜力并不局限在虚拟的游戏世界中，因为如果你是一个机器人，"生活"本身就可以被看作一场游戏。斯图尔特·罗素告诉我，他的第一次惊讶时刻发生在他观看大狗机器人（Big Dog）奔跑在一片积雪覆盖的林间斜坡上时，因为它优雅地解决了罗素多年来一直试图解决的步行式问题（legged locomotion problem）。这个里程碑式的突破是在 2008 年出现的，它是聪明绝顶的程序员们日夜奋战的结果。然而，在 DeepMind 公司的突破之后，我们再也没有理由说，倘若没有人类程序员的帮助，机器人就一定不会用深度强化学习来教会自己走路，它需要的只是一个只要有进步就会给它加分的系统。同样地，物理世界中的机器人也有潜力学习游泳、飞行、玩乒乓球、打仗等，它们能完成数不清的运动任务，而这些任务都不需要人类程序员的帮助。为了加快速度和降低学习过程中动弹不得或自毁的风险，它们第一阶段的学习可以在虚拟世界中进行。

## 挑战直觉、创造力和战略

对我来说，还有一个决定性的时刻，那就是，DeepMind 公司的人工智能 AlphaGo 在一场五局围棋中，战胜了被公认为 21 世纪初期全世界最顶尖的围棋棋手——李世石（如图 3-2 所示）。

许多人都曾预计，围棋棋手一定会在某个时刻败给人工智能，毕竟象棋棋手在 20 年前就经历了这一失败。但大多数围棋高手都预测，这件事还需要 10 年才会发生，所以，AlphaGo 的胜利对他们来说，就像对我一样，是一个重要的时刻。尼克·波斯特洛姆和雷·库兹韦尔都强调过，亲眼目睹人工智能的突破是一件很难接受的事情，这从李世石在输掉三局比赛之前和之后接受的采访中可见一斑。

图 3-2 AlphaGo 制胜人类的关键性一步

注：DeepMind 公司的 AlphaGo 在第 5 行走出了富有创意的一步，挑战了几千年的人类智慧。50 步之后，事实证明，正是这一招决定了它将战胜围棋界的传奇人物李世石。

2015 年 10 月：基于它所展现出来的水平……我想我胜券在握。

2016 年 2 月：虽然我听说 DeepMind 公司的人工智能强得惊人，并且正变得越来越强，但我还是很有信心，至少这次我一定会赢。

2016年3月9日：我非常惊讶，因为我没想到我会输。

2016年3月10日：我十分无语……我被震惊了。我得承认……接下来的第三局比赛对我来说不会很容易。

2016年3月12日：我感觉有点无力。

在战胜李世石后的一年内，一个更加强大的AlphaGo与全世界最顶尖的20位棋手对弈，没有一次失败。

为什么DeepMind公司在人工智能上取得的突破对我来说如此重要呢？事实上，我将"直觉"和"创造力"视为人类的两个核心特征。现在，我要向你解释，为什么我在前文中说，AlphaGo展现出了这两种特征。

围棋棋手在下棋时，是在一张19×19的棋盘上（如图3-2所示）交替放下黑子和白子。围棋棋局的可能性很多，多到超过了我们宇宙中的原子总数。也就是说，如果你想分析所有可能的棋局序列，很快就会绝望。所以，在很大程度上，棋手都是依赖潜意识的直觉来完成有意识的推理的。围棋专家都练就了一种近乎神秘的本领，可以感觉到棋盘上哪些位置赢棋的概率大，哪些位置赢棋的概率小。正如我们在第2章看到的，深度学习的结果有时很像直觉，比如，一个深度神经网络可能会断定某张图片里有一只猫，但它却无法解释原因。因此，DeepMind公司人工智能研究团队在这个原理上打赌，深度学习不仅能识别猫，还能识别围棋棋盘上哪些位置赢棋的概率大。他们在AlphaGo中构建的核心思想就是，将深度学习的直觉和GOFAI[①]的逻辑结合起来。

---

① GOFAI是指"有效的老式人工智能"（Good Old-Fashioned AI，简称GOFAI），这是人们对深度学习革命之前的人工智能的幽默昵称。

DeepMind公司人工智能研究团队使用了一个庞大的围棋棋局数据库，这个数据库不仅包括人类下的棋局，还包括AlphaGo和自己对弈的棋局。通过这个数据库，他们训练了一个深度神经网络，来预测白子落在每一格的最终获胜概率。该团队还训练了另一个不同的神经网络，来预测下一步的可能性。接着，他们将这些神经网络与一个能在被删减过的可能性棋局列表中进行精确搜索的GOFAI的逻辑方法结合起来，来决定下一步把棋子放在哪里，好一路奔向最有可能获胜的位置。

这种将直觉和逻辑结合起来得出的棋着，不仅十分强大，有时还具有高度的创造性。比如，几千年的围棋技艺规定，在棋局的早期，最好将棋子放在从边缘起数的第3行或第4行的位置。不过，应该放在这两个位置中的哪一个上，还需要权衡：放在第3行能帮助棋手短暂赢得棋盘一侧的地盘，而放在第4行则能影响棋盘中心区域的长期策略。

在第二场棋局的第37步，AlphaGo震惊了整个围棋界，因为它落子在第5行（如图3-2所示），这违背了从古至今的传统。看起来，它似乎在长期策略上比人类表现得更加有信心，因此它更青睐长期策略而不是短期地盘。评论员惊呆了，李世石甚至站起来，短暂地离开了房间。当然了，50步之后，左下角的战火蔓延开，正好与第37步时布下的那颗黑子连起来了！正是这个方法，让它最终赢得了比赛，铸就了AlphaGo的五连胜，并成为围棋历史上最具创造力的"棋手"。

由于对直觉和创造力的严重依赖，围棋常被看作一门艺术，而不仅是一种棋类游戏。围棋属于中国古代的"四艺"，也就是琴、棋、书、画中的一种，至今依然在亚洲地区非常流行。AlphaGo与李世石的对弈有超过3亿人在观看。结果震惊了围棋界，他们把AlphaGo的胜利视为人类历史上一个影响深远的里程碑。当时世界上排名第一位的围棋棋手柯洁这样评论道：

> 人类千年的实战演练进化，计算机却告诉我们，人类全都是错的……我觉得，甚至没有一个人沾到围棋真理的边。我们棋手将会结合计算机，迈进全新的领域，达到全新的境界。

这种富有成效的人机协作方式，确实在许多领域（包括科学）充满希望。在这些领域，人工智能有望帮助我们加深理解，发挥人类的终极潜力。

2017年年底，DeepMind团队又发布了AlphaGo的后续版本——AlphaZero。AlphaZero完全忽略了几千年以来人类积累的围棋智慧，包括几百万盘棋局，它从零开始自己学习。AlphaZero不仅击败了AlphaGo，还通过同自己对弈练成了世界上最强大的象棋棋手。在短短两个小时的训练后，它打败了最厉害的人类棋手；四个小时之后，它战胜了世界上最好的象棋程序——Stockfish。最令我印象深刻的是，它不仅打败了人类棋手，还打败了人类的人工智能程序员，让他们耗费几十年精力手工开发出来的人工智能软件变得过时了。换句话说，"用人工智能创造出更好的人工智能"这个思想是不容忽视的。

我认为，AlphaGo还教给了我们另外一件事情，那就是：将深度学习的直觉与GOFAI的逻辑结合起来，能够创造出首屈一指的战略。围棋被视为终极的战略游戏,由此看来,人工智能已经准备好"毕业"了,准备在棋盘之外的广阔天地里挑战或帮助最优秀的人类战略家,比如,投资战略、政治战略和军事战略等。这些真实世界的战略问题通常会因为人类的心理问题、信息不全以及模型中的随机因素等问题而变得十分复杂,但扑克人工智能已经证明,这些挑战都不是无法克服的。

**进步神速的自然语言处理**

最近还有一个人工智能方面的进展也令我非常震惊,那就是语言上的进展。我年轻时非常喜欢旅游,对其他国家的文化很感兴趣,而且我认为,语言构成了我个性中很重要的一部分。我小时候一直说瑞典语和英语,在学校里又学习了德语和西班牙语,在我的两段婚姻中,又学习了葡萄牙语和罗马尼亚语,还为了好玩自学了一点俄语、法语和汉语。请看下面这段话:

> 但人工智能正在到达,而在2016年的重要发现之后,几乎没有懒惰的语言,我可以比通过谷歌的脑子的设备开发的人工智能更好地翻译。

你觉得这段话清楚吗?其实,我想说的是:

> 但人工智能一直在追赶着我,而在2016年的重大突破之后,几乎没有什么语言我能比谷歌大脑团队开发的人工智能翻译得更好。

第一段话我是用几年前安装在笔记本电脑上的一个翻译软件先将其

翻译成西班牙语，再翻译回英语。但在 2016 年，谷歌大脑（Google Brain）团队对免费的"谷歌翻译服务"进行了升级，开始使用深度递归神经网络，与老旧的 GOFAI 系统相比简直突飞猛进[3]。下面就是谷歌翻译的结果：

> 但人工智能一直在追赶我，而在 2016 年的重大突破之后，几乎没有什么语言可以比谷歌大脑团队开发的人工智能翻译得更好。

你可以看到，从西班牙语绕了一圈的翻译中，代词"我"消失了，让句子的意思发生了一些改变，虽然很接近，但还是差了那么点儿意思。不过，我要为谷歌的人工智能辩护一下，经常有人批评我喜欢写毫无必要的长句子，长句子本来就很难用语法进行分析，而我又正好挑选了最拐弯抹角、最容易令人迷惑的一句作为例子。对于普通句子，谷歌的人工智能通常能翻译得无可挑剔。因此，它一经问世便掀起了轩然大波。谷歌翻译非常有用，每天都有上亿人在使用。此外，由于有了深度学习，近期，语音与文字之间的相互转换取得了很大的进步，使得用户可以直接对智能手机说话，然后它可以将其翻译成另一种语言。

如今，自然语言处理是人工智能中发展最快的领域之一。我认为，如果它继续再创佳绩，将产生巨大的影响，因为语言是人类的核心特征。人工智能在语言预测上的表现越好，它在回复电子邮件或者口头对话上的表现也会变得越好。至少对外行来说，这些行为看起来很像在进行人类的思考。就这样，深度学习系统就像蹒跚学步的幼童，走上了通过著名的"图灵测试"（Turing test）之路。在图灵测试中，一台机器通过写字的方式来与一个人交流，并想方设法地欺骗这个人，让这个人相信它自己也是一个人。

在语言处理能力上，人工智能还有很长的路要走。不过，我得承认，当人工智能比我翻译得好时，我感到了一丝泄气。只有当我告诉自己"它还不能理解句子的意思"时，才感觉好了一点。通过在大规模的数据库中的训练，人工智能发现了词语中的模式和关系，而不用把这些词与现实世界中的东西联系起来。比如，它可能会用一个由几千个数字组成的数列来表征一个词语，而这个数列表示的只是这个词语与其他词语的相似程度。通过这种方式，它可能会总结出，"国王"和"王后"的关系与"丈夫"和"妻子"的关系类似。不过，它并不明白男性和女性是什么意思，甚至不知道在它之外还存在着一个拥有时间、空间和物质的物理实在。

由于图灵测试的本质是"欺骗"，所以很多人批评它只能测出人类有多容易被骗，而不能测出真正的人工智能。图灵测试有一个叫作"威诺格拉德模式挑战"（Winograd Schema Challenge）的对手。相比之下，这个测试直击要害，其目标是测试目前的深度学习相对欠缺的常识推理能力。当人类对句子进行语法分析时，总会使用真实世界的知识来理解代词指代的是什么。比如，一个典型的威诺格拉德模式挑战会问下面句子中的"他们"指的是什么：

○ 市议会成员拒绝为游行示威者颁发许可，因为他们害怕暴力。
○ 市议会成员拒绝为游行示威者颁发许可，因为他们提倡暴力。

每年都会举行一次威诺格拉德模式挑战赛，让人工智能回答这样的问题，而人工智能总是表现得一塌糊涂[4]。这种推理指代关系的挑战，甚

至连谷歌翻译也差强人意,比如,当我用谷歌翻译把前面那段话先翻译成中文,再翻译回英文时,就变成了下面这样:

> 但人工智能已经追上了我,而在2016年的大断裂之后,几乎没有什么语言,我能够翻译人工智能比谷歌大脑团队。

现在,它很可能已经比那时有所进步,因为很多方法都有望将深度递归神经网络与GOFAI结合起来,建造出一个包含着世界模型的自然语言处理人工智能。

## 机遇与挑战

前两章的这三个例子只是管中窥豹,因为人工智能在许多重要的方面都在取得日新月异的进步。此外,尽管我在这些例子中只提到了两家公司,但实际上,各大高校和企业里有许多研究团队正在你追我赶,他们在人工智能的研究上并不落后。在全世界高校的计算机系里,你仿佛能听到震耳欲聋的"吸尘器噪声",因为苹果、百度、DeepMind、微软等公司都在用丰厚的薪酬,将高校里的学生、博士后和教师像吸尘一样"吸"走。

虽然我只提到了人工智能在这三个方面的突破,但希望大家不要被我所举的例子误导,由此就认为人工智能的历史就是由一段一段的停滞期组成的,间或插入一些突破。相反,我认为人工智能一直是稳步向前发展的,只不过每当它跨越一个障碍,从而让某种超乎想象的新应用或新产品成为可能时，媒体就会宣扬说这是一种突破。因此，我认为在接下来的许多年里，人工智能很可能还会一直像这样小步前进。此外，正如我们在第 2 章中所看到的，当人工智能在大多数任务上的表现与人类不相上下时，我们没有理由认为这样的进步不能持续下去。

这就提出了一个问题：这对我们会产生什么影响？人工智能的短期进步会如何改变身为人类的意义？我们已经看到，想宣称人工智能毫无目标、广度、直觉、创造力或语言能力是一件越来越难的事情，而许多人认为这些正是生而为人的核心特征。这意味着，即使在不远的未来，在任何人类水平的通用人工智能在所有任务上赶超人类之前，人工智能也可能会对一些问题产生巨大的影响，这些问题包括我们如何看待自己、我们在人工智能的帮助下能做什么，以及我们与人工智能竞争时如何才能挣到钱。那么，这些影响是好是坏？短期内又会带来什么样的机遇和挑战？

在我们的文明中，备受珍视的一切都是人类智能的产物，所以，如果我们能用人工智能来创造新的产物，我们的生活显然可以变得更好。即使是很小的进展，也可能催生巨大的科技进步，并可能减少事故、疾病、不平等、战争、困苦和贫穷等问题。但是，若想收获人工智能的好处，又不想制造新问题，我们需要回答许多重要的问题，比如：

- 我们如何才能把未来的人工智能系统建造得比今天更加稳健，好让它们完成我们想要的事情，而不会崩溃、发生故障或被黑客入侵？
- 我们如何才能更新现有的法律体系，让其更加公平有效，并紧跟数字世界的快速发展?

○ 我们如何才能让武器变得更加聪明,不会杀死无辜的平民,也不会触发失控的致命性自动化武器军备竞赛?

○ 我们如何才能通过自动化实现繁荣昌盛,而不会让人们失去收入和生活目标?

本章接下来的部分将逐个探讨这些问题。这4个短期问题针对的对象分别是计算机科学家、法学家、军事战略家和经济学家。然而,若想恰逢其时地得到答案,那么每个人都需要参与到这场对话中来。因为,正如我们将会看到的那样,这些挑战超越了所有的传统边界——既超越了专业之间的藩篱,又跨越了国界。

## 故障 vs. 稳健的人工智能

信息技术对人类的所有事业领域都产生了巨大的积极影响,从科学界到金融业、制造业、交通运输业、医疗服务业、能源产业和传媒产业,但这些影响在人工智能的潜力面前,全都相形见绌。我们对技术的依赖性越强,人工智能的稳健性、可信度和服从度就变得越发重要。

纵观人类历史,为了让技术造福人类,我们一直依赖的是试错的方法,也就是从错误中学习。我们先发明了火,但意识到火灾无情后,才发明了灭火器和防火通道,组建了火警和消防队;我们发明了汽车,但由于车祸频发,后来才又发明了安全带、气囊和无人驾驶汽车。从古至今,技术总会引发事故,但只要事故的数量和规模都被控制在有限的范围内，它们就利大于弊。但是，随着我们不断开发出越来越强大的技术，我们不可避免地会到达一个临界点：**即使只发生一次事故，也可能导致巨大的破坏，足以抹杀所有的裨益**。有些人认为，可能爆发的全球核战争就是这样的例子。还有一些人认为，生物工程产生的瘟疫也算是其中一例。在第 4 章，我们将会探讨一个富有争议的话题——未来的人工智能是否会导致人类的灭绝。不过，我们不需要这些极端的例子就能得出一个重要的结论：**随着技术变得越来越强大，我们应当越来越少地依赖试错法来保障工程的安全。换句话说，我们应当更加积极主动，而不只是亡羊补牢。我们应该投资人工智能的安全性研究，保证一次事故也不会发生。这就是为什么人类社会在核反应堆安全方面的投资远远超过对捕鼠器安全方面的投资**。

这也是为什么在未来生命研究所的第一次会议上，人们对人工智能的安全性研究表现出了极大的兴趣。计算机和人工智能系统总会崩溃，但这次有些不一样：人工智能逐步进入了现实世界。如果它导致供电网、股市或核武器系统的崩溃，那么这可不能用"小麻烦"这个词一笔带过。在本节剩下的部分，我会向你介绍人工智能安全性研究的 4 个主要领域。这 4 个领域是当今人工智能安全性研究方面讨论的主流，世界各地都有学者正在钻研。它们分别是：验证（verification）、确认（validation）、安全（secutiry）和控制（control）[①]。为了避免枯燥，我们先来看看信息技术过去在不同领域的成功和失败案例，看看我们能从中学到什么富有价值的教

---

① 如果你想要了解人工智能安全性研究领域的更多信息，这里有一个互动的版本，是由未来生命研究所的理查德·马拉（Richard Mallah）牵头完成的，详细信息请看 https://futureoflife.org/landscape。

训,以及这些案例给研究带来了哪些挑战。

大多数故事发生的年代很久远,虽然那时的计算机系统十分落后,没有人会把它们和人工智能联系起来,它们也很少造成什么损失,但或多或少,还是给我们带来了一些教训,指导我们在未来如何设计安全又强大的人工智能。这些人工智能如若发生故障,就会带来真正的灭顶之灾。

## 人工智能让太空探索成为可能

让我们先来看看我最喜欢的领域:太空探索。计算机技术让人类登上了月球,并用无人飞行器探索太阳系的行星,甚至登上了土星的卫星土卫六和一颗彗星。我们将在第 6 章谈到,未来的人工智能可能会帮助我们探索其他的恒星系和星系,只要它不发生故障就行。1996 年 6 月 4 日,当科学家们目睹欧洲空间局的"阿丽亚娜 5 号"火箭搭载着他们建造的仪器一飞冲天时,都满怀希望,欣喜若狂,期待该火箭能帮他们展开地球磁气圈的研究。但 37 秒之后,他们脸上的笑容立刻消失了,只见火箭在空中炸成了灿烂的烟花,亿万美元的投资毁于一旦。经过调查,他们发现导致这次事故的原因是,当火箭中的某个软件在处理一个数字时,由于这个数字太大,超出了预先分配给它的 16 个比特的范围,因此发生了故障[5]。两年后,NASA 的火星气候探测器(Mars Climate Orbiter)意外落入了这颗红色星球的大气层,最终瓦解碎裂,此次事故由计量单位的混淆造成,飞行系统软件使用公制单位计算推进器动力,而地面人员输入的推进器参数则使用的是英制单位,导致飞行系统软件的错误率高达445%。[6]这是NASA史上第二"昂贵"的故障,排名第一位的是1962年7月22日,NASA的金星探测器"水手1号"在卡纳维拉尔角发射升空后,旋即爆炸,原因是一个符号的错误造成了飞行控制软件的故障。[7]1988年9月2日,似乎为了证明并不是只有西方人才掌握了将"故障"发射上天的本事,苏联的"福波斯1号"任务也失败了。这是有史以来最重的行星际飞行器,它拥有一个远大的目标:在火卫一上安置一个着陆器。但这一切因为一个连字符的丢失而烟消云散。这个故障将"中止任务"的指令发送给了正在赶往火星途中的"福波斯1号",导致它关闭了所有系统,与地球的通信中断。[8]

这些教训告诉我们,计算机科学家所说的"验证"非常重要。验证的意义是,保证软件完全满足所有的预期要求。关系到的生命和资源越多,我们就越希望软件能达到预期要求。幸运的是,人工智能可以帮助我们把"验证"这个过程变得自动化,并对其进行改善。比如,seL4是完全通用型的操作系统内核,它最近进行了一次精确的规范标准验证,旨在保证不会发生崩溃和不安全的运行。虽然它还没有微软Windows和Mac OS系统那些花哨的装饰,但你可以放心大胆地使用,而不用担心它出现蓝屏死机或旋转彩球的现象。美国国防部高级研究计划局(DARPA)资助开发了一系列可被证明是安全的高可靠性开源工具,称为"高可靠性网络军事系统"(High Assurance Cyber Military Systems,简称HACMS)。不过,我们要面对的一个重要挑战是,如何让这些工具变得足够强大,并易于使用，这样它们才会被广泛使用；另一个挑战是，当软件运用于机器人和新环境时，当传统的预先编程软件被能够持续学习的人工智能取代并因此改变行为时，"验证"任务本身会变得更加困难。

### 为金融业带来巨大盈利机会的人工智能

金融业是另一个被信息技术改变的领域。信息技术让金融资源在全球范围内以光速进行高效地重新分配，让所有昂贵的东西，比如按揭贷款和创业，变得唾手可得。人工智能的进展很可能会给金融贸易行业带来巨大的盈利机会，比如，如今股票市场中的大部分买卖决定都是由计算机自动做出的，而且，我在麻省理工学院的有些学生毕业时总是会受到高薪的诱惑，去改善这些算法，以让计算机做出更好的决策。

验证对金融软件的安全性来说，也十分重要。在这一点上，美国公司骑士资本集团（Knight Capital）在 2012 年 8 月尝到了血泪般的教训：它在 45 分钟内损失了 4.4 亿美元，只因其部署了未经验证的交易软件。[9] 不过，发生于 2010 年 5 月 6 日、造成数万亿美元损失的华尔街的"闪电崩盘"（Flash Crash）事故则是另一个原因导致的。虽然"闪电崩盘"事故在市场恢复稳定的半小时前造成了巨大的损失，使得像宝洁这样的著名公司的股价在 1 分钱和 10 万美元之间来回摇摆，[10] 但这个事故并不能通过"验证"避免，或者是由计算机失灵造成的，而是因为"预期被违背"：许多公司的自动交易程序进入了一个意料之外的情形，在这个情形下，它们的前提假设失效了，比如，其中一个失效的假设认为，如果股票交易计算机报告的股票价格是 1 美分,那这只股票的价格就真的是 1 美分。

"闪电崩盘"事故说明,计算机科学家所谓的"确认"非常重要。"验证"问题问的是"我建造系统的方式正确吗",而"确认"问题问的是"我建造的系统正确吗",比如,这个系统所依赖的假设是不是总是有效?如果不是,如何改进它,才能更好地应对不确定的情况? ①

## 人工智能将引发一切制造业的新潮流

不用说,人工智能在改进制造业上具有巨大的潜力,它控制的机器人在效率和精度上都有很大的提升。日新月异的 3D 打印机能打印出任何东西的原型,从写字楼到比盐粒还小的微型机械;体积庞大的工业机器人生产着汽车和飞机,与此同时,计算机控制的便宜轧机、机床、切割机等机器不仅驱动着工厂的运转,还催生了草根级的"创客运动"(maker movement),世界各地的爱好者们在 1 000 多个由社区运营的"微观装配实验室"(fab labs)中实践着自己的想法[11](见图 3-3)。

不过,我们周围的机器人越多,对它们的软件进行"验证"和"确认"的重要性就越高。

历史上第一个被机器人杀死的人是罗伯特·威廉姆斯(Robert Williams),他是美国密歇根州弗拉特罗克福特汽车工厂的一名工人。1979 年,一个本应从储物区取回零件的机器人发生了故障,于是,他爬上该区域,准

---

① 更准确地说,"验证"看的是一个系统是否满足它的规范,而"确认"看的是我们是否选择了正确的规范。

备亲自取回零件,而这时,机器人一声不响地重新运作起来,敲碎了他的脑袋,直到30分钟后,他的同事才发现这个惨状[12]。第二个机器人的受害者是日本川崎重工业集团明石工厂的维护工程师浦田健志(Kenji Urada)。1981年,他在维修一台坏掉的机器人时,不小心按下了开关,被机器人的液压臂碾压致死[13]。2015年,在德国包纳塔尔一家大众汽车生产车间里,当一名22岁的合同工在设置机器人、好让它抓取和操纵汽车零件时,发生了一些故障,致使机器人抓住他,并将他压死在一块金属板上[14]。

图 3-3 机器人工作坊

注：传统的工业机器人十分昂贵,也很难编程。现在的趋势是使用人工智能控制的机器人,它们更加便宜,还可以从毫无编程经验的工人那里学习。

虽然这些意外事故都很惨痛,但我们必须意识到,它们只是所有生产事故中很小的一部分。此外,随着技术的进步,生产事故的数量已经减少了许多,美国的死亡人数从1970年的14 000例降低到了2014年的4 281例[15]。上面提到的三个例子说明,如果将智能植入愚钝的机器中，让机器学会在人类周围时更加小心谨慎，那么，生产的安全性就一定能得到进一步提升。如果有更好的"确认"，以上三个事故可以避免。这些机器人造成严重的后果，不是因为故障，也不是出于恶意，而是因为它们做出了无效的假设，这个假设就是：那里没有人，或者那个人是一个汽车零部件。

**交通运输业，人工智能大施拳脚的重地**

虽然人工智能体在制造业中挽救了许多生命，但它能拯救更多人的领域却是在交通运输业。2015 年，单是交通事故就吞噬了 120 万条生命，空难、列车事故和船难加起来共造成了数千人的死亡。美国的工厂安全标准很高，2016 年的机动车事故共造成 35 000 人死亡，比所有生产事故加起来的死亡人数的 7 倍还多[16]。2016 年，在得克萨斯州奥斯汀举行的美国人工智能发展协会年度会议上，以色列计算机科学家摩西·瓦尔迪（Moshe Vardi）在人工智能改善交通事故上表达了强烈的认同。他认为，人工智能不仅能够降低交通事故的死亡人数，而且这是它必须做的事情。他宣称："这是一项伦理责任！"由于大多数车祸都是由人类的错误导致的，因此，许多人都相信，采用人工智能驱动的无人驾驶汽车将能降低至少 90% 的由交通事故导致的死亡人数。在这种乐观想法的驱动之下，无人驾驶汽车的研究正在如火如荼地进行。在埃隆·马斯克的设想中，未来的无人驾驶汽车不仅会更安全，还能利用闲暇时间在打车应用 Uber 和 Lyft 的竞争中掺一脚，为它们的主人赚钱。

目前，无人驾驶汽车的安全记录确实比人类司机的更好，而过去发生的事故强调了"确认"的重要性和难度。无人驾驶汽车的第一次轻微交通事故发生在 2016 年 2 月 14 日，一辆谷歌无人驾驶汽车对一辆公交车做出了错误假设，它错以为当它在公交车前面驶入主路时，公交车司机会让它先行。无人驾驶汽车的第一次致命事故则发生在 2016 年 5 月 7 日。一辆自动驾驶的特斯拉汽车在交叉路口撞上了一辆卡车后面的拖车。这个事故是由两个错误的假设造成的[17]：第一，它错以为拖车上明亮的白色部分只是天空的一部分；第二，它错以为司机正在注意路况，如果有事发生，他一定不会袖手旁观①。后来证明，这位拖车司机当时正在看电影《哈利·波特》。

但是，有时就算有了好的"验证"和"确认"，还不足以完全避免事故，因为我们还需要好的"控制"，也就是让人类操作员能够监控系统，并在必要时改变系统的行为。想要这种人工介入（human-in-the-loop）的系统保持良好的工作状态，就必须保持有效的人机交流。比如，如果你忘记关上汽车的后备箱，那么，仪表盘上就会亮起红色的警报灯来提醒你。相比之下，英国渡轮"自由企业先驱号"在 1987 年 3 月 6 日离开泽布吕赫港时，舱门未关闭，船长却没有收到警报灯等的警告，结果，渡轮在离开港口后迅速倾覆，酿成了 193 人殒命的惨剧。[18]

2009 年 6 月 1 日晚，又一次发生了因缺乏"控制"造成的悲剧。如果人机交流更好一些，这个悲剧本可以避免。当晚，法国航空 447 号航

---

① 人们的统计数据发现，即便加上这次车祸，特斯拉的自动驾驶功能开启后，依然能降低 40% 的撞车事故。参见 http://tinyurl.com/teslasafety。

班坠入了大西洋,飞机上的 228 人无一生还。官方事故调查报告称,机组人员未能意识到飞机已失速,因此,未能及时做出恢复操作,比如下推飞机头部,但等意识到时为时已晚。航空安全专家认为,如果驾驶舱内有一个能提醒飞行员机头上翘角度过大的攻角指示器,这场悲剧便可以避免。

1992 年 1 月 20 日,因特航空 148 号航班坠毁在法国斯特拉斯堡附近的孚日山脉,87 人不幸丧生。这次事故的原因倒不是缺乏人机交流,而是用户界面不清楚。飞行员想以 3.3 度的角度下降,因此在键盘上输入了"33",但自动驾驶仪却将其解读为"每分钟 10 千米";由于自动驾驶仪当时处在另一种模式,而显示屏的尺寸过小,导致模式没有显示完整,致使飞行员忽略了显示出的错误。

## 人工智能让能源优化更高效

信息技术在发电和配电方面发挥了神奇的作用。它用精巧的算法在全球电网中对电力的生产和消耗进行平衡,并用复杂的控制系统保持发电厂安全有效地运行。未来的人工智能程序有可能将智能电网变得更加智能,它能对时时变化的电力供给和需求进行优化调整,甚至能在单个屋顶太阳能电池板和单个家用蓄电池系统的层面上进行调整。然而,2003 年 8 月 14 日,在那个星期四,美国和加拿大大约有 5 500 万人遭遇了停电,在某些地方,停电甚至持续了好几天。无独有偶,这次事故的主要原因也是因为人机交流的不畅通:在俄亥俄州的一间控制室内,一个软件故障让一个警报系统失灵，未能及时提醒操作员进行电力的重新分配，就像一条过载的线路碰上了未经修剪的树枝，使得一个小问题逐渐走上了失控的道路。[19]

1979年3月28日，宾夕法尼亚州三里岛的一个核反应堆发生了部分堆心融毁事故，导致了约10亿美元的清理费用，并引发了人们对建立核电站的大规模抗议。最终的事故调查报告揭露了多个原因，比如糟糕的用户界面。[20]特别值得一提的是，有一个警示灯，操作员认为它指示的是一个重要的安全阀门的开启状态，而实际上，它指示的是关闭阀门的信号有没有被发出去，因此，操作员根本没有意识到这个阀门在关闭时卡住了，一直保持开着的状态。

这些发生在能源业和交通业的事故告诉我们，当我们把人工智能植入越来越实体化的系统中时，不仅需要研究如何让机器自身能运转良好，而且还需要研究如何才能让机器与人类操控者有效地合作。随着人工智能越来越聪明，我们不仅需要为信息共享开发出更好的用户界面，还需要研究如何才能在人机协作的团队中更好地分配任务。比如，将一部分控制权移交给人工智能，将人类的判断力运用到价值最高的决策问题上，而不是让许多不重要的信息来分散人类操控者的注意力。

## 为医疗服务业带来巨大变革的人工智能

人工智能在改善医疗服务方面有着巨大的潜力。医疗记录的电子化让医生和病人可以更快和更好地做决定，并让全世界的专家能实时对电子图像进行诊断。实际上，由于计算机视觉和深度学习的快速进步，人工智能系统可能很快会成为最好的诊断专家。比如，2015年，荷兰的一项研究表明，计算机用核磁共振成像（MRI）诊断前列腺癌的表现与人类放射科医生不相上下[21]。2016年，一项斯坦福大学的研究表明，人工智能用显微镜图像诊断肺癌的表现甚至比人类病理学家还要好[22]。如果机器学习能够帮助人们揭示基因、疾病和治疗反应之间的关系，那么，它就能变革个性化医疗，能使家畜更加健康，还能增强农作物的适应性。此外，即便没有先进的人工智能加持，机器人依然有潜力成为比人类更精准和可靠的外科医生。近年来，机器人完成了一系列成功的外科手术，这些手术的精度很高，设备和创口都很小，减少了手术的失血量，降低了病人的痛苦程度，并缩短了恢复的时间。

不过，在医疗行业，同样有着许许多多的血泪教训，无时无刻不在提醒着我们，软件的稳健性有多么重要。比如，加拿大生产的Therac-25放射治疗仪的设计初衷是用两种不同模式来治疗癌症患者：第一种采用低能电子射线；第二种采用高能兆伏级别的X射线，并用特殊的防护物来保持对靶。不幸的是，未经验证的软件时而发生故障，使得技术人员在发射兆伏射线时误以为自己发射的是低能射线，由于缺少防护物，无意中夺走了几名患者的生命。[23] 巴拿马国立肿瘤研究所（National Oncologic Institute）的放疗设备使用具有放射性的钴-60来治疗患者，由于其用户界面没有经过正确的验证，使用起来很容易令人误解。2000年和2001年，该设备被编入了过长的暴露时间，导致许多病人死于辐射过量[24]。根据最近一份报告[25]，在 2000—2013 年，有 144 例死亡和 1 391 例受伤是由手术机器人事故造成的，主要的原因不仅包括硬件问题，比如电弧，烧坏或损坏的零件落入患者体内，还包括软件问题，比如失控的操作和自发性断电。

值得庆幸的是，该报告还称，除此之外的 200 万例机器人手术都进行得十分顺利，而且，机器人手术的安全性正变得越来越高。美国政府的一项研究表明，单在美国，每年因糟糕的住院治疗造成的死亡人数超过 10 万人[26]，因此，为医疗行业开发更先进的人工智能的伦理责任可能比开发无人驾驶汽车的伦理责任更大。

**颠覆通信业的人工智能**

通信行业可能是迄今为止受计算机影响最大的行业了。人们在 20 世纪 50 年代发明了计算机化的电话交换机，60 年代发明了互联网，1989 年发明了万维网，如今，数十亿人通过在线的方式进行交流、购物、阅读新闻、看电影或玩游戏，习惯于点击一下就获得全世界的信息——通常还是免费的。物联网的出现正在将一切事物连到网上，从灯泡、恒温器、冰箱到家畜身上的生物芯片收发器。物联网可以改善效率和精度，让一切变得更加方便和经济。

这些惊人的成就将世界连接在一起，也给计算机科学家带来了第四个挑战：他们不仅需要改进验证、确认和控制，还需要保证"安全"，使人工智能不受恶意软件和黑客的攻击。前面我提到的那些事故都是由于不小心的错误造成的，而安全却是因"故意图谋不轨"而导致的。最早引起媒体注意的恶意软件叫作"莫里斯蠕虫"（Morris worm），它施放于1988年11月2日，主要利用UNIX操作系统中的漏洞。据称，它的最初目的是想测量网上有多少台计算机。不过，虽然莫里斯蠕虫感染了当时互联网上10%的计算机（当时总共约有6万台计算机），让它们全数崩溃，但这并没能阻挡住它的发明者罗伯特·莫里斯（Robert Morris）获得麻省理工学院计算机科学系终身教授职位。

还有一些蠕虫，利用的不是软件漏洞，而是人的漏洞。2000年5月2日，仿佛是为了庆祝我的生日，微软Windows用户开始收到来自朋友和同事的电子邮件，标题是"ILOVEYOU"，点击名为"LOVE-LETTER-FOR-YOU.txt.vbs"的邮件附件后，不知不觉在计算机上启动了一个会损害计算机的脚本。这个脚本还会将这封邮件自动转发给该用户通讯录中的所有联系人。这个蠕虫的始作俑者是两名年轻的菲律宾程序员。和莫里斯蠕虫一样，它感染了互联网上大约10%的计算机。由于这时的互联网规模比莫里斯蠕虫时的大很多，它成为史上感染计算机最多的蠕虫，影响了超过5 000万台计算机，造成的损失超过50亿美元。你或许早已痛苦地意识到，今天的互联网中依然出没着数不清的传染性恶意软件。安全专家们将这些软件分为许多类型，名字听起来都十分吓人，比如蠕虫、木马和病毒。它们造成的损害也多种多样，有的会显示无害的恶作剧信息，有的会删除你的文件、盗取你的个人信息、监视你的一举一动，或者控制你的计算机来发送垃圾邮件。

恶意软件的目标是任何一台计算机，但黑客的目标则不一样。黑客攻击的是互联网上的特定目标，最近引起人们注意的受害者包括塔吉特公司（Target）、折扣零售公司 TJ Maxx、索尼影视娱乐公司、婚外情网站阿什利·麦迪逊、沙特阿美石油公司和美国民主党全国委员会。此外，黑客们的战利品也越来越惊人。2008 年 9 月，黑客从哈特兰支付系统公司盗取了 1.3 亿个信用卡号码和其他账户信息；2013 年，黑客黑入了超过 10 亿个雅虎邮箱账户。[27]2014 年，有人黑入了美国政府的人事管理办公室，盗取了超过 2 100 万人的个人资料和职位申请信息，据称，其中包括最高机密级别的雇员和卧底探员的指纹信息。

因此，每当我读到有人声称某个新系统 100% 安全、永远不会被黑客破解时，我就忍不住翻个大大的白眼。但是，如果未来我们用人工智能来管理一些系统，比如重要的基础设施或武器，那么，我们确实需要保证它们是黑客无法破解的。因此，随着人工智能在社会中所扮演的角色越来越多，计算机安全的重要性也越来越凸显出来。一些黑客利用的是人类的轻信或新软件中复杂的缺陷，还有一些黑客的攻击则是利用一些长期无人注意的简单漏洞，以便在未经授权的情况下登录远程计算机。2012—2014 年肆掠的"心脏出血漏洞"就存在于最流行的计算机间加密通信软件库中；1989—2014 年，有一个叫"Bashdoor"的漏洞也被植入了 UNIX 计算机操作系统中。这意味着，在"验证"和"确认"方面有所改善的人工智能工具也将能提升安全等级。

不幸的是，更好的人工智能也可以用来寻找新的缺陷和执行更复杂的攻击。比如，请想象一下，某一天你收到了一封不寻常的"钓鱼"邮件，试图引诱你泄露个人信息。这封邮件是从你朋友的账户发出的，但实际上这个账户遭到了人工智能的挟持。这个人工智能假扮成你的朋友，分析了他的已发邮件，它不仅能模仿他的文字风格，还在邮件中包含了来自其他来源的关于你的个人信息。你会上当受骗吗？如果这封钓鱼邮件发送自你的信用卡公司，接下来还有一个十分友善的人类声音给你打了个电话，而你根本无法分辨这个声音是不是人工智能生成的，你又会如何处理呢？在计算机安全领域，攻守双方之间的军备竞赛正如火如荼地进行，而目前来看，防守方的胜算甚小。

## 法律之争

人类是社会性动物，多亏了我们的合作能力，才战胜了其他动物，占领了地球。为了激励和促进合作，我们制定了法律。因此，如果人工智能可以改善我们的法律和政府系统，它就能让人类达到前所未有的合作水平，带来巨大的好处。在这方面，存在着大量的进步机会，不仅涉及法律的执行，还涉及法律的撰写。现在，我们就来探讨一下这两个方面。

当想到法院体系时，你的第一印象是什么？如果是冗长的延期、高昂的费用和偶尔出现的不公平，那么，你并不是唯一一个这样想的。如果能把这种第一印象扭转为"高效"和"公平"，是不是一件绝妙的事？由于法律程序能被抽象地看作一个计算过程，输入证据和法律信息后就能输出判决结论,因此,许多学者梦想着能用"机器人法官"(robojudges)来将这个过程自动化。机器人法官就是一种人工智能,它能不知疲倦地将同样高的法律标准运用到每次判决中,而不会受到人类错误的影响,这些错误包括偏见、疲劳或知识陈旧等。

## 机器人法官

1994 年,美国白人拜伦·德·拉·小贝克威思(Byron De LaBeckwith Jr.)因在 1963 年刺杀民权领袖梅加·埃弗斯(Medgar Evers)而被判有罪,但在谋杀发生的第二年,尽管证据充足且完全相同,两个全由白人组成的密西西比陪审团却没有判决他有罪[28]。呜呼哀哉,法律历史中充斥着因肤色、性别、性别取向、宗教、国籍等因素而导致的判决偏见。从原则上来说,机器人法官能保证法律面前人人平等,这是有史以来的第一次。通过编程,机器人法官可以对所有人一视同仁,并可以完全透明、不偏不倚地运用法律。

机器人法官还可以消除意外出现而非有意为之的人类偏见。比如,2012 年,有人对以色列的法官进行了一项富有争议的研究[29],研究声称,当法官饥饿时,就会做出更加严厉的判决。但是,这些法官否认大约 35% 的假释决定发生在刚吃完早餐以后,也否认超过 85% 的假释拒绝发生于正要吃午餐前。人类判断的另一个缺点是,人类没有足够的时间来了解每个案件的所有细节。相比之下,机器人法官可以很容易地进行复制,因为它们只由软件组成,可以同时处理所有的未决案件,而不用一个接一个地解决。这样一来，机器人法官就可以在每个案件上花费足够长的时间。最终，尽管人类法官不可能掌握困扰司法科学领域的每个案子（从棘手的专利纠纷到神秘谋杀案）所需要的技术知识，但从本质上来说，未来的机器人法官却拥有无穷无尽的记忆空间和学习能力。

总有一天，这样的机器人法官将变得更加有效和公平，因为它们不偏不倚，公正不阿，聪明能干，并且办案透明。它们的高效会进一步提升公平性。通过加快司法程序建设，使其更难被狡猾的律师影响，机器人法官就能以相当低的成本实现法庭的公正性。当穷人与亿万富翁或者坐拥豪华律师阵营的跨国企业对抗时，这可以极大地提高前者获胜的机会。

但是，如果机器人法官出现了漏洞，或者被黑客攻击，怎么办呢？这两个问题已经在自动投票机上发生了。这些问题会导致某些人陷入多年的牢狱之灾或者多年积蓄毁于一旦，这也使黑客进行网络攻击的动机变得更强。即便我们能把人工智能建造得足够稳定，足以让人们相信机器人法官使用的算法是合理合法的，但是，是不是所有人都会感到他们能理解机器人法官的逻辑推理过程并尊重它的判断呢？近期，神经网络算法的成功研究进一步增加了应对这一挑战的胜算。神经网络算法的表现经常优于传统的人工智能算法，但传统的算法都很容易理解，而神经网络算法却高深莫测。如果被告想知道他们为何被定罪，我们难道不应该给出比"我们用大量数据训练了算法，这就是它的结论"更好的回答吗？此外，近期的研究发现，如果你用大量囚犯的相关数据训练深度神经网络学习系统,它就能比人类法官更好地预测哪些囚犯会再次犯罪,并据此拒绝他们的假释。但是,如果深度神经网络系统发现,从统计学上来说,累犯率与囚犯的性别或种族有联系,那么,这个性别歧视和种族歧视的机器人法官是不是应该回炉重"编"呢?实际上,2016 年的一项研究认为,美国使用的累犯率预测软件对黑人有偏见,并曾导致了不公平的判决[30]。这些问题十分重要,急需思考和讨论,这样才能保证人工智能对人类是有益的。面对机器人法官这件事,我们要决定的问题不是"要不要使用",而是司法体系对人工智能的应用应该达到什么程度,以及以什么样的速度推进。要不要让法官像未来的医生那样使用基于人工智能的决策支持系统?要不要更进一步,让机器人法官的判决可以上诉到人类法官?或者一路走到底,让机器人法官来做死刑判决?

## 让法律适应人工智能的进步

到目前为止,我们只探索了法律方面的应用,现在让我们来看看法律的内容。大多数人都认同,我们的法律需要不断地更新,以跟上技术的脚步。比如,那两个创造了"ILOVEYOU"蠕虫、造成了几十亿美元损失的程序员,之所以被宣判无罪,大摇大摆地走出了法庭,只是因为那个年代的菲律宾还没有制定针对恶意软件的法律。由于技术进步一直在不断地加速,因此,法律总易表现出落后于技术的倾向。我们必须以更快的速度更新法律,才能让法律跟上技术的发展。让更多热爱技术的人进入法学院和政府,或许是一个有益社会的妙招。但接下来,应不应该在选举和立法方面使用基于人工智能的决策支持系统?或者彻底一点,干脆用机器来立法?

如何改变我们的法律以适应人工智能的进步,这是一个令人着迷的争议话题。其中一个争论反映了隐私与信息自由之间剑拔弩张的紧张关系。自由派认为,我们拥有的隐私越少,法庭拥有的证据就越多,判决就会越公平。比如,如果政府有权接入每个人的电子设备,记录他们的位置、他们输入的内容、点击的东西以及所说的话和做的事,许多犯罪行为就能被抓个现形,还可能被杜绝。而隐私派的支持者反驳说,他们不想看到奥威尔式的监控;即便自由派认同的这种情况真的出现了,社会很可能会陷入大规模的集权主义的独裁局面。此外,机器学习技术通过分析功能磁共振成像扫描仪等脑部传感器收集的大脑数据,以判断人类想法(尤其是测谎)的能力逐渐变得越来越强。[31] 在目前的法庭上,案例事实的还原是一个单调而又冗长的过程;如果让基于人工智能技术的脑部扫描技术走进法庭,这个过程将被极大地简化和加快,能使判决更快,也更公平。但是,隐私派的支持者可能会担心这种系统会不会犯错误。还有一个更根本的问题是,我们的思想到底应不应该接受政府的检查。如果一个政府反对自由主义,那它可以用这种技术对拥有这些信仰和观点的人定罪。在公正和隐私之间、在保护社会和保护个人自由之间,你的界限在哪里?这条界限(无论它在哪里)会不会不可阻挡地逐渐移向减少隐私的方向,以此来抵消证据越来越容易被伪造的事实?比如,如果人工智能有能力生成一段你实施犯罪的虚假视频,而且它看起来非常真实,简直能以假乱真,那么,你会不会投票支持政府追踪每个人的实时位置,以此来洗刷你被栽赃的罪名?

还有一个迷人的争议是：人工智能研究是否应该受到监管？或者，**政策制定者应该给人工智能研究者以什么样的激励，才能让他们的研究结果尽可能的有益**。一些研究者反对对人工智能研究进行任何形式的监管。他们声称，监管会延迟一些迫在眉睫的创新，比如能减少交通事故的无人驾驶汽车，而这些延迟本来是不必要的，会导致对人工智能的前沿研究转向地下，或者转移到对人工智能更宽容的国家。在第1章提到的波多黎各的"人工智能有益运动"会议上，埃隆·马斯克说，当下我们需要政府做的不是监督，而是洞察。具体来说，就是让具备技术能力的人在政府内担任职位，监控人工智能的进展，并在未来需要的时候插手控制。马斯克还说，政府监管有时候能够促进技术进步，而不是扼杀进步。比如，如果政府颁布的《无人驾驶汽车安全标准》能够降低无人驾驶汽车的事故发生率，公众的反对声音就会变小，这样，就能加速新技术的使用。因此，最在意安全的人工智能公司或许会希望政府进行监管，因为这样，那些疏忽大意的竞争者就只能埋头苦干，以追赶前者极高的安全标准。

不过，还有一个有趣的法律争议是，要不要赋予机器权利。美国每年因交通事故丧生的人数达32 000人；假如无人驾驶汽车将死亡人数减半，汽车厂商很可能并不会收到16 000封感谢信，而是16 000起官司。那么，如果无人驾驶汽车发生了交通事故，应该由谁来负责呢？是它的乘客、拥有者还是生产厂家？法律学家戴维·弗拉德克（David Vladeck）给出了不同的答案：由汽车自己负责！具体而言，他提出，应该允许甚至要求无人驾驶汽车持有保险。这样，安全记录良好的汽车型号所需支付的保险费就会很低，甚至可能比人类司机买的保险费还低；而那些马虎大意的厂商生产的设计糟糕的汽车型号只适用于高昂的保险单，进而催高了它们的价格，使其变得过于昂贵，无人想买。

但是，如果我们允许机器（例如汽车）持有保险，那么，我们是否也应该允许它们拥有货币和财产？如果允许的话，从法律上来说，我们就无法阻止聪明的计算机在股市上大捞一笔，并用赚到的钱来购买在线服务。一旦计算机开始付钱给人类，让人类为它工作，那它就能实现人类能做到的一切事情。如果人工智能系统在投资上的表现好于人类，实际上它们在某些领域已经超过人类了，这就有可能出现一种情形：由机器占有和控制了社会大部分的经济命脉。这是我们想要的情形吗？如果这听起来还很遥远，那么请想一想，我们经济的大部分事实上已经属于另一种非人类实体：公司。公司通常比任意单个员工都要强大，就像拥有自己的生命一样。

如果你觉得赋予机器财产权是可以接受的，那么，可不可以赋予它们投票权呢？如果可以，应不应该给每个计算机程序一张选票？但程序可以在云端自我复制；假如它足够富有，甚至可以复制出几千亿份，并以此来影响选举结果。如果你认为不能赋予机器投票权，那么，我们要用什么伦理基础来大言不惭地"歧视"机器意识，认为机器意识不如人类意识？如果机器意识拥有自我意识，能像我们一样拥有主观体验，那答案会有所不同吗？我们将在第 4 章更深入地探讨与计算机控制世界有关的争议问题，然后在第 8 章讨论与机器意识有关的话题。

## 武 器

自古以来,人类就遭受着饥荒、疾病与战争等问题的折磨。我们已经提到了人工智能可以减少饥荒和疾病,那战争呢?有些人声称,核武器制止了拥有核武器的国家之间发生战争,因为它们实在是太可怕了;以此类推,何不让所有国家都开发出可怕的人工智能武器,这样就可以一劳永逸地将战争从地球上抹去了。如果你不相信这种论调,并坚信未来的战争是不可避免的,那么,何不用人工智能来让战争变得更加人道?如果战争中只有机器和机器打仗,那么,就不会牺牲人类士兵或者平民。此外,未来由人工智能驱动的无人机等自动化武器系统[①]很可能会比人类士兵更加公正和理性:它们会装备超人的传感器,并且不会惧怕死亡。它们还能时刻保持冷静,即使在激烈的战场上也能进行清醒的计算,不容易错杀平民(如图 3-4 所示)。

图 3-4 美国空军 MQ-1 捕食者号

注:今天的军事无人机,比如美国空军 MQ-1 捕食者号,都是由人类远程操控的,而未来的无人机是受人工智能控制的,有可能会抹掉人类在决策链中的地位,转而使用算法来决定谁是应该被除掉的目标。

---

① 自动化武器系统(Autonomous Weapon Systems,简称 AWS),有时也被反对者称为"杀手机器人"。

## 人类介入与否

如果自动化武器系统出现漏洞，搞不清状况，或者行为未能达到我们的预期，会发生什么事呢？美国宙斯盾驱逐舰的密集阵系统①能自动侦察、追踪和袭击具有威胁性的目标，比如反舰导弹和飞行器。已经退役的美国海军"文森斯号"巡洋舰（USS Vincennes）是一艘制导导弹巡洋舰，昵称叫"机器人巡洋舰"（Robocruiser），因为它装备了宙斯盾系统。1988年7月3日，在两伊战争的一场小规模战役中，"文森斯号"巡洋舰对阵几艘伊朗炮艇。当时，雷达发出警告，显示有一架飞行器正在靠近，船长威廉·罗杰斯三世（William Rodgers III）推断，一定是一架伊朗的F-14战斗机正在俯冲过来袭击他们，于是授权宙斯盾系统开火。然而，他没想到的是，击落的其实是伊朗航空655号航班，这是一架伊朗民用客机，导致飞机上的290人全部罹难，引起了全世界的愤怒和谴责。后续调查结果显示，"文森斯号"巡洋舰糟糕的用户界面不能自动显示雷达屏上的哪些点是民用飞机，当时655号航班沿着自己的日常航线飞行，并开启了它的民用飞机应答机；"文森斯号"巡洋舰用户界面也不能显示哪些点在下降，意在袭击，哪些点在上升，当时655号航班从德黑兰起飞后在爬升。相反，当"文森斯号"巡洋舰自动化系统接收到关于那架神秘飞行器的查询请求时，它报告称"下降"，其实这是另一架飞机的状态，自动化系统错误地为那架飞机分配了一个海军用来追踪飞机用的编号。实际上，当时正在下降的飞机是一架由远在阿曼湾的美国部队远程操控的空中战斗巡逻机。

---

① 密集阵系统是指美国海军为解决军舰近程防空问题专门设计制造的六管20毫米口径的自动旋转式火炮系统。——编者注

在这个案例的决策链中，是人类做出了最终的决定。在时间的压力下，他过于信任自动化系统告诉他的信息，以致酿成了惨剧。根据全世界各个国家国防部门的说法，目前所有武器部署系统的决策链中都有人类参与，除了低技术含量的诡雷，比如地雷。但是，这些系统正在朝"全自动化武器"的方向发展，这种自动化武器系统能够自主选择和袭击目标。将人类排除出决策链之外，能够提高速度。从军事上来说，这具有很大的吸引力。如果在一场空战中，一方是完全自动化的无人机，能够立刻做出反应，而另一方的无人机反应更迟钝一些，因为它的操控员是坐在地球另一边的人类，你认为哪一方会赢？

不过，在一些案例中，完全是因为决策链中有人类的存在才能侥幸脱险。1962 年 10 月 27 日，在古巴导弹危机中，11 艘美国海军驱逐舰和"伦道夫号"航空母舰在古巴附近、美国"检疫隔离"区域之外的公海水域与苏联潜艇 B-59 狭路相逢。美国军方当时不知道，潜艇 B-59 上的温度已经升高到了 45℃（相当于 113 华氏度），因为潜艇 B-59 的电池耗尽，只得关闭空调。由于吸入了过多的二氧化碳，潜艇 B-59 上的许多船员都晕过去了，濒临中毒的边缘。潜艇 B-59 上的船员与莫斯科失去联系好几天了，所以根本不知道第三次世界大战是不是已经爆发了。接着，美国军方开始向潜艇发射小型深水炸弹。潜艇 B-59 上的船员并不知道，美国军方已经告知了莫斯科方面，他们发射炸弹只是为了警告，迫使潜艇 B-59 浮上水面并离开。"我们认为，就是这样了，死到临头了，"船员奥尔洛夫（V. P. Orlov）回忆说，"感觉就像坐在一个铁桶里，外面有人不停地用锤子猛敲。"还有一件事美国军方当时也不知道，潜艇 B-59 上搭载着一枚核鱼雷，潜艇上的军官有权在不请示莫斯科的情况下发射它。鱼雷军官瓦伦汀·格里戈里耶维奇（Valentin Grigorievich）大喊："我们会死，但我们要把他们都击沉，不能让我们的海军蒙羞！"幸运的是，发射鱼雷的决定需要经过潜艇上三名军官的一致同意。其中有一个名叫瓦西里·阿尔希波夫（Vasili Arkhipov）的军官坚持说"不行"。虽然很少有人听说过阿尔希波夫这个名字，但他的决定可能避免了第三次世界大战的爆发，他或许是现代历史上以一己之力为人类做出最大贡献的人[32]。我们还需要思考的是，假如潜艇 B-59 是一艘完全由人工智能控制、人类无法插手的潜艇，又会发生什么样的事呢？

20 年后的 1983 年 9 月 9 日，两个超级大国之间再次出现剑拔弩张的紧张局面：美国时任总统罗纳德·里根将苏联称为"邪恶帝国"；而就在前一个星期，苏联击落了一架飞入它领空的大韩航空客机，造成 269 人死亡，其中包括一名美国国会议员。当时苏联的一个自动化预警系统报告称，美国向苏联发射了 5 枚陆基核导弹。而此时，只留给军官斯坦尼斯拉夫·彼得罗夫（Stanislav Petrov）几分钟的时间来决定，这是不是一个假警报。他们检查卫星发现，它的运转是正常的，或许，这会促使彼得罗夫给出"核袭击即将到来"的报告。但是，彼得罗夫相信自己的直觉，因为他觉得，如果美国要袭击的话，不会只用 5 枚导弹，因此他向自己的长官汇报称，这是一个假警报，尽管那时候他并不知道实情。后来的调查发现，卫星当时犯了一个错，将太阳投射在云层上的阴影误认为是火箭引擎的火焰。[33] 我很怀疑，如果当时不是彼得罗夫，而是一个循规蹈矩的人工智能系统，会发生什么样的事。

## 下一次军备竞赛

现在你可能已经猜出来了,我个人对自动化武器系统怀有深深的担忧。不过,我还没有告诉你我最大的担心,那就是:假如爆发人工智能武器军备竞赛,会导致什么样的结局。2015 年 7 月,我在写给斯图尔特·罗素的公开信中表达了这个担忧,后来,我在未来生命研究所的同事又给予了我许多有用的反馈。[34]

### 一封来自人工智能和机器人研究者的公开信

自动化武器能在无人干涉的情况下选择和袭击目标。这些武器可能包括 4 轴飞行器,它们能够搜索和杀死满足某些预定标准的人。不过,这些武器中不包括导弹或遥控无人机,因为它们的目标决策都是由人类做出的。人工智能技术已经到达了一个临界点,过了几年,就可能出现实际可行的系统部署,尽管这不一定合法。不用等到几十年后,自动化武器就会带来很大的风险:继火药和核武器之后,它被认为是第三次武器革命。

对自动化武器,有人支持,也有人反对。比如,有人提出,用机器来替代人类士兵可以降低伤亡人数,但也会降低发动战争的门槛。人类今天面临的一个重要问题是,是展开一场全球人工智能军备竞赛，还是努力阻止它发生？只要任意一个主要军事力量推动人工智能武器开发，那全球军备竞赛几乎是不可避免的，而这场技术进步的终点是显而易见的，那就是：自动化武器会成为明天的AK突击步枪。与核武器不同，它们不需要昂贵或稀有的原材料，因此，它们会变得无处不在，并且价格便宜，能够被所有主要军事力量大规模生产。那么，自动化武器早晚都会出现在黑市、恐怖分子、意欲控制人民的独裁者、想要种族清洗的军阀等人的手中。自动化武器是刺杀、颠覆政权、制伏人群或选择性地杀死某个种族的理想工具。因此，我们相信，人工智能军备竞赛对人类无益。人工智能有许多方式可以在无须创造出新型杀人工具的情况下，使战场对人类（特别是平民）而言变得更加安全。

正如化学家和生物学家没兴趣开发生化武器一样，大多数人工智能研究者也没有兴趣开发人工智能武器，也不希望其他人用这种研究来玷污这个领域。因为这会激起公众对人工智能的反对，从而限制人工智能未来可能为社会带来的裨益。实际上，化学家和生物学家广泛支持那些阻止生化武器研究的国际条约，而这些条约都非常成功；无独有偶，大多数物理学家也都支持那些禁止太空核武器和致盲激光武器研发的条约。

有人可能会认为，这些担忧只是"和平环保狂"的杞人忧天。为了避免这种想法，我想要让尽可能多的硬核人工智能研究者和机器人学家在这封公开信上签名。国际机器人武器控制委员会（The International Campaign for Robotic Arms Control）曾召集几百人签名反对杀手机器人。我觉得我们可以做得更好。我知道，专业机构通常不愿意为了某些带有政治意味的目的，而将自己庞大的会员电子邮箱地址分享出来，因此，我从网络文档中收集和整理了一份研究者和研究机构的名录，并在亚马逊的 MTurk 共享平台上做广告，招募人马来寻找这些人的电子邮箱地址。大多数研究者的邮箱地址都可以在他们所属的大学网站上找到。

在花了 24 小时和 54 美元之后，可以很骄傲地说，我成功获取了几百名成功入选美国人工智能发展协会的人工智能研究者的电子邮箱地址。其中，英裔澳籍人工智能教授托比·沃尔什（Toby Walsh）非常好心地同意向名单中的所有人发一封邮件，帮我们宣传这个活动。全球各地 MTurk 平台上的成员不知疲倦地为沃尔什列出更多的邮件名单。不久之后，就有超过 3 000 名人工智能研究者和机器人研究者在我们的公开信上签名，其中包括 6 位美国人工智能发展协会前任主席，还有来自谷歌、Facebook、微软、特斯拉等公司人工智能领域的领袖。未来生命研究所的志愿者团队夜以继日、不知疲倦地核对签名列表，删除开玩笑的条目，比如比尔·克林顿和莎拉·康娜。除此之外，还有 17 000 人也签了名，其中包括史蒂芬·霍金。沃尔什在国际人工智能联合会议（International Joint Conference on Artificial Intelligence）上组织了一场新闻发布会后，这件事成了闻名世界的大新闻。

由于生物学家和化学家选择了自己的立场，如今他们才得以把主要精力放到创造对人类有益的药物和材料上，而不是制造生化武器上。人工智能和机器人学界现在也开始发声，公开信的签署者们希望他们的领域能以"创造更好的未来"，而不是"开发杀人新方法"被人们熟知。但是，人工智能未来的主要应用会是民用还是军用的呢？虽然在本章里我已花了很多笔墨来讨论前者，但人类可能很快就会开始在后者上投入重金，假如人工智能军备竞赛打响的话。2016 年，民用人工智能的投资额超过了 10 亿美元，但这与美国国防部 2017 年 120 亿~150 亿美元的人工智能相关项目的预算相比，简直是小巫见大巫。与此同时，中国和俄罗斯可能也注意到了美国国防部副长罗伯特·沃克（Robert Work）在宣布预算时所说的话："我想要我们的竞争者好奇，黑幕后面到底藏着什么。"[35]

## 是否应该付诸国际条约

虽然现在在国际上，禁止杀手机器人的风头正旺，但我们依然不知道未来会发生什么。如果真要发生点儿什么，会发生什么事呢？关于这个问题的争论十分活跃。虽然许多主要利益相关者都同意，世界众强国应该起草一份国际法规来指导自动化武器系统的研究与使用，但是，究竟应该禁止什么样的武器，以及禁令应当如何执行，这些问题都尚未达成协议。比如，是应该只禁止致命的自动化武器，还是应该把那些严重致残，比如致盲的武器也包括进去？我们应该禁止自动化武器的开发、生产还是拥有权？禁令应该禁止所有的自动化武器，还是如我们的公开信所说，只禁止攻击性武器，而允许防御性武器存在，比如防空炮和导弹防御系统？如果是后一种情况，那么，既然自动化武器系统很容易进入敌方领土，那它到底算不算是防御性系统？自动化武器的大部分部件都可以用于民用，那么，应如何执行这种条约？比如，运送亚马逊包裹的无人机和运送炸弹的无人机之间并没有太大的区别。

在这场争论中，一些人认为，要设计一份有效的自动化武器系统国际条约实在是太难了，简直毫无希望，因此，我们根本不应该尝试。但是别忘了，约翰·肯尼迪在宣布"登月计划"时曾强调说，只要某一件事在未来能大大造福于人类，那么，再困难也值得尝试。此外，许多专家认为，尽管事实证明，生化武器禁令的执行十分困难，但这样的禁令仍然具有很大的价值，因为禁令会让生化武器使用者蒙羞，从而间接限制它们的使用。

2016年，我在一次晚宴上遇到了美国前国务卿亨利·基辛格（Henry Kissinger），抓住这个机会，我询问了他在生化武器禁令中所扮演的角色。他向我解释了当他还在担任美国国家安全顾问时，是如何让前总统尼克松相信，生化武器禁令有利于美国国家安全。作为一位92岁高龄的老人，他的思维和记忆是如此敏锐，令我十分钦佩。同时，他从局内人的角度讲述的故事深深地吸引了我。由于美国已经因历史原因和核威慑力处在了超级大国的位置，如果爆发一场结局不明的全球性生化武器军备竞赛，对于美国来说，弊大于利。换句话说，如果你已经是最有权力的人，那么，最好遵照"如果没坏，就别修理"的格言。后来，斯图尔特·罗素加入了我们的餐后谈话，我们一起讨论了，为什么致命性的自动化武器禁令有利于国家安全，甚至是全人类的安全：从这场军备竞赛中获益最大的，并不是超级大国，而是一些较小的"流氓国家"和非国家主体，比如恐怖分子，因为一旦自动化武器被开发出来，他们就可以在黑市上进行交易。

一旦大规模生产的小型人工智能杀人无人机的成本降到只比智能手机贵一点点，那么，无论是想要刺杀政客的恐怖分子，还是想要报复前女友的失恋者，只要他们把目标的照片和地址上传到杀人无人机，它就会飞到目的地，识别和杀死那个人，然后自毁，以保证没人知道谁是幕后黑手。无独有偶，那些想要进行种族清洗的人也能很容易地对无人机进行编程，让它们只杀死那些拥有某些肤色或种族特征的人。斯图尔特·罗素预言，这种武器变得越智能，杀死每个人所需要的材料、火力和成本也就越低。比如，罗素很担心有人会用黄蜂大小的无人机来杀人，如果它们能射击眼睛（因为眼球很柔软，很小的子弹就能深入大脑），那它们就能用极小的爆炸力来杀人，成本也极低。或者，它们也可以用金属爪子抓住人的头部，然后施加微小的聚能引爆装置击穿头骨。如果一辆卡车可以释放 100 万个这样的杀手无人机，那你就拥有了一种恐怖的全新大规模杀伤性武器，它可以用来选择性地杀死事先规定的某一类人，而保证其他人和其他物体均毫发无伤。

许多人可能会反驳说，我们可以让杀手机器人的行为符合伦理标准，以此来消除上述的担忧，比如，让它们只杀敌方士兵。但是，如果我们连一个禁令都执行不了，又如何能保证敌人的自动化武器是 100% 符合伦理标准的呢？这难道不比从一开始就禁止生产自动化武器更难？我们怎能一边认为，文明国家训练有素的士兵不遵守战争规则，还不如机器人做得好，而另一边又认为，流氓国家、独裁者和恐怖分子十分遵守战争规律，永远不会部署机器人来打破这些规则。这不是自相矛盾吗？

## 网络战争

关于人工智能在军事中的应用，还有一个有趣的应用可以让你在手无寸铁的情况下攻击敌人，那就是网络战争。有一件事堪称未来网络战争的小小序曲——震网病毒（Stuxnet）。震网病毒感染了伊朗铀浓缩项目的高速离心机，使其分崩离析。社会的自动化程度越高，攻击性人工智能的力量就越强大，网络战争的破坏性就越大。想想看，如果你黑入了敌人的无人驾驶汽车、自动巡航飞机、核反应堆、工业机器人、通信系统、金融系统和电网，那么，你就能高效地摧毁对方的经济体系，削弱其防卫系统。如果你还能黑入对方的武器系统，就更好了。

本章一开始，我们就探讨了人工智能近期有许多有益于人类的惊人机遇，只要我们保证它是稳定的，并且不被黑客攻破。人工智能本身当然可以用来加强网络防线，从而让人工智能系统更加稳定，但很显然，人工智能也可以用来进行攻击。如何保证防御方胜出，或许是近期人工智能研发最严峻的目标；如若不然，我们建造的高级武器也可能倒持戈矛，被用来攻击我们自己！

## 工作与工资

本章到目前为止，我们主要聚焦于人工智能如何催生具有变革性但同时又让普通人负担得起的新产品和新服务，从而影响消费者。那么，人工智能会如何通过变革就业市场来影响劳动者呢？如果我们在用自动化促进经济繁荣发展的同时，能搞清楚如何做才不会剥夺人们的收入和生活目标，那么，我们就能创造出一个人人都可享有闲暇和空前富足的美好未来。在这一点上思考得最多、最深入的人，莫过于经济学家埃里克·布莱恩约弗森了，他也是我在麻省理工学院的同事。虽然他总是梳洗整洁，衣着考究，但他其实是冰岛裔。我常常忍不住想，布莱恩约弗森或许是为了融入我们学校的商学院，前不久才刮掉了满脸"维京人"式的狂野红胡子。无论如何，他自己肯定没有"刮掉胡子"的疯狂想法。布莱恩约弗森把自己对就业市场的乐观预期称为"数字化雅典"（Digital Athens）。古代雅典公民之所以能拥有悠闲的生活，享受民主、艺术和游戏，主要是因为他们蓄养奴隶来做苦工。那么，为何不用人工智能来代替奴隶，创造出一个人人都有权享受的数字化乌托邦呢？在布莱恩约弗森的心目中，人工智能驱动的经济不仅可以消除忧愁和苦差，创造出富足的物质生活，让每个人都能得到自己想要的东西，它还能提供许多美妙的新产品和新服务，满足今天的消费者尚未意识到的需求。

### 技术加剧不平等的3个方面

如果每个人的时薪都逐年增长，每个想要更多闲暇的人都可以在逐渐减少工作时间的同时持续提升生活质量，那么，我们就能在未来的某一天实现布莱恩约弗森所说的"数字化雅典"。从图3-5中我们可以看到，这正是美国从第二次世界大战到20世纪70年代中期这段时间内所发生的事情：尽管存在收入不均，但收入的总体体量在变大，使得每个人分到的蛋糕也变得越来越大。不过接下来，发生了一些改变，布莱恩约弗森是第一个注意到这件事的人：从图3-5中可以看到，虽然经济水平正在持续增长，平均收入持续提升，但过去40年中的收益都进入了富人的口袋，主要是顶端1%的富人，而底端90%穷人的收入停滞增长。这种不平等的加剧在财富上的表现更加明显。对美国社会底层90%的家庭来说，2012年的平均财富是85 000美元，与25年前一模一样，而顶端1%的家庭在这段时间内的财富即使经过通胀调整之后，还是翻了一倍多，达到了1 400万美元。[36]从全球的角度来看，情况更糟。2013年，全球最穷的一半人口（约36亿人口）的财富加总起来，只相当于世界最富有的8个人的财富总额。[37]这个统计数据不仅暴露了底层人民的贫困与脆弱，也暴露了顶端富豪令人叹为观止的财富。在我们2015年的波多黎各会议上，布莱恩约弗森告诉参会的人工智能研究者，他认为人工智能和自动化技术的进步会不断将总体经济的蛋糕做大，但并没有哪条经济规律规定每个人或者说大部分人会从中受益。

尽管大多数经济学家都同意不平等现象正在加剧，但这个趋势是否会继续下去？如果会的话，又是为什么？有趣的是，在这个问题上，经济学家们各执一词。政治谱系上位于左翼的人通常认为，主要的原因是全球化和某些经济政策，比如对富人减税。但布莱恩约弗森和他在麻省理工学院的合作者安德鲁·麦卡菲认为另有原因，那就是技术[38]。具体而言，他们认为数字技术从三个不同的方面加剧了不平等的程度。

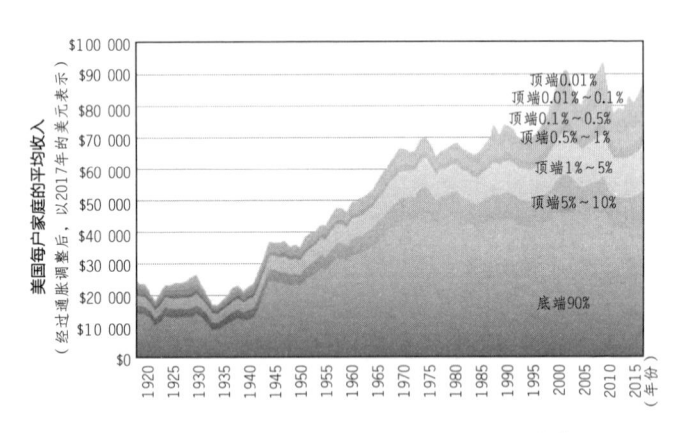

图 3-5 1920—2015 年，美国家庭收入的变化趋势

注：这张图展示了在整个 20 世纪经济极大地提高了每个群体的平均收入，以及不同群体分别获益的份额。20 世纪 70 年代以前，无论贫富，人们的生活都在变好。而在那之后，大多数收益都进入了顶端 1% 的富人的口袋，而底端 90% 的人几乎没有任何改善[39]。图中的数据经过了通胀调整，以 2017 年的美元表示。

第一，技术用需要更多技能的新职业取代旧职业，这有益于受过良好教育的人：从 20 世纪 70 年代中期开始，硕士学位持有者的薪水增长了约 25%，而高中辍学者的平均工资降低了 30%[40]。

第二，布莱恩约弗森和他的合作者认为，从 2000 年开始，在公司的收入中，越来越大的份额进入了那些拥有公司而不是为公司辛勤工作的人的口袋里。此外，只要自动化技术持续发展，我们还会看到，机器拥有者分走的蛋糕会越来越大。这种"资本压倒劳动力"的趋势对持续增长的数字经济来说至关重要;数字经济的概念是由技术预言家尼古拉斯·尼葛洛庞帝(Nicholas Negroponte)提出的,他认为数字经济是移动的比特,而不是移动的原子。如今,从书本到电影,再到税务筹备工具,一切都被电子化了,在全世界任何地方多卖出一套这些东西的成本几乎为零,而且不用雇用新员工。这使得收益的大部分进入了投资者而不是劳动者的口袋,这也解释了,为什么尽管底特律"三巨头"① 1990年的总收益与硅谷"三巨头"在2014年的总收益几乎相等,但后者的员工数比前者少9倍,并且股市上的市值是前者的30倍[41]。

第三,布莱恩约弗森和他的合作者认为,数字经济通常会让"超级明星"而不是普通人受益。《哈利·波特》的作者J. K. 罗琳是第一个成为亿万富翁的作家,她比莎士比亚富有多了,因为她的故事能以文字、电影和游戏等各种形式在数十亿人口中以极低的成本传播。同样地,斯科特·库克(Scott Cook)在税务筹划软件TurboTax上赚了10亿美元,而TurboTax与人类税务筹划员不一样,它能以下载的形式售卖。由于大多数人只愿意购买排名最高的前10个税务筹划软件,并且愿意花的钱少之又少,因此,市场上的"超级明星"席位极其有限。这意味着,如果全世界的父母都试图把自己的孩子培养成下一个J. K. 罗琳、吉赛尔·邦辰、马特·达蒙、克里斯蒂亚诺·罗纳尔多、奥普拉·温弗瑞或埃隆·马斯克,那么,几乎没有孩子会觉得这种就业策略是可行的。

---

① 底特律"三巨头"指通用、福特和克莱斯勒三家汽车公司,而硅谷"三巨头"指谷歌、苹果和Facebook三大互联网公司。——编者注

## 给孩子们的就业建议

那么，我们应该给孩子们什么样的就业建议呢？我鼓励我的孩子去做那些机器目前不擅长，并且在不远的未来也似乎很难被自动化的工作。近期，在对"哪些工作会被机器取代"的一项预测中，[42] 有人提出了一些在职业教育之前应了解的职业问题。这些问题十分有用。比如：

- 这份工作是否需要与人交互，并使用社交商？
- 这份工作是否涉及创造性，并能使你想出聪明的解决办法？
- 这份工作是否需要你在不可预料的环境中工作？

在回答这些问题时，得到的肯定答案越多，你的就业选择可能会越好。这意味着，相对安全的选择包括教师、护士、医生、牙医、科学家、企业家、程序员、工程师、律师、社会工作者、神职人员、艺术家、美发师和按摩师。

相比之下，那些高度重复、结构化以及可预测的工作看起来过不了多久就会被机器自动化。计算机和工业机器人早在很久以前就已经取代了这类工作中最简单的那部分。持续进步的技术正在不断消灭更多类似的工作，从电话销售员到仓管员、收银员、火车司机、烘焙师和厨师。接下来，就是卡车、公交车、出租车和 Uber/Lyft 司机等。还有更多职业，包括律师助理、信用分析师、信贷员、会计师和税务员等，虽然这些工作不属于即将被完全消灭的工作之列，但大多数工作任务都将被自动化，因此所需的人数会越来越少。

但是，避开自动化并不是唯一的职业挑战。在这个全球化的数字时代，立志成为职业作家、电影人、演员、运动员或时尚设计师是有风险的，原因是：虽然这些职业并不会很快面临来自机器的激烈竞争，但根据之前提到的"超级明星"理论，他们会遇到全球各地其他人的严酷竞争，因此，鲜有人能脱颖而出，获得最终的成功。

**在许多情况下，站在整个领域的层面给出就业建议是短视和不够有针对性的。** 许多工作并不会完全被消灭，只不过它们的许多任务会被自动化取代。比如，如果你想进入医疗行业，最好别当分析医疗影像的放射科医生，因为他们会被IBM的沃森取代，但可以成为那些分析放射影像、与病人讨论分析结果并决定治疗方案的医生；如果你想进入金融行业，别做那些用算法来分析数据的定量分析师，也就是"宽客"，因为他们很容易被软件取代，而要成为那些利用定量分析结果来做战略投资决策的基金管理者；如果你想进入法律行业，不要成为那些为了证据开示而审阅成堆文件的法务助理，因为他们的工作很容易被自动化，而要成为那些为客户提供咨询服务并在法庭上陈情激辩的律师。

到目前为止，我们已经探讨了个人在人工智能时代如何才能在就业市场上获得最大的成功。那么，政府应该做些什么来帮助人们获得职业成功呢？比如，什么样的教育系统才能帮助人们在人工智能迅速进步的情况下，做好充分的就业准备？我们目前采用的模型，也就是先上一二十年学，然后在一个专业领域工作40年，还能奏效吗？或者说，是否应该让人们先工作几年，然后回到学校里待一年，接着工作更长时间，如此往复?这种模式会不会好一点呢?⁴³又或者,是否应该让继续教育(可以在网上进行)成为每份职业必有的标准部分呢?

此外,什么样的经济政策最能帮助我们创造出新的好职业?安德鲁·麦卡菲认为,许多政策或许都能帮上忙,包括加大科研、教育和基础设施方面的投资,促进移民、鼓励创业等。麦卡菲觉得,"《经济学原理》的教材十分清楚,但没有人按此执行"⁴⁴,至少在美国没有。

## 人类最后会全体失业吗

如果人工智能始终保持进步的势头,将越来越多的工作自动化,那会发生什么事呢?许多人对就业形势十分乐观。他们认为,在一些职业被自动化的同时,另一些更好的新工作会被创造出来。毕竟,过去也发生过类似的事情。在工业革命时期,卢德分子也曾对技术性失业感到忧心忡忡。

然而,还有一些人对就业形势十分悲观。他们认为,这一次和以前不一样,空前庞大的人群不仅会失去工作,甚至会失去再就业的机会。这些悲观主义者声称,在自由市场中,工资是由供需关系来决定的。如果便宜的机器劳动力的供给持续增长,将进一步压低人类劳动力的工资,甚至低到最低生活标准之下。由于一份工作的市场价格等于完成这份工作的最低成本,不管是由人来完成,还是其他东西来完成,所以在过去,只要能把某种职业外包给收入更低的国家或者成本更低的机器,人们的工资就会降低。在工业革命时期,我们学会了用机器来取代肌肉,人们逐渐转向了那些薪水更高、使用更多脑力的工作。最终,蓝领职业被白领职业取代。而现在，我们正在逐渐学习如何用机器来取代我们的脑力劳动。如果我们真的做到了，那还有什么工作会留给我们呢？

一些职业乐观主义者认为，在体力职业和脑力职业之后，会出现一波新的职业，这就是创造力职业。但职业悲观主义者却反驳说，创造力只是另一种脑力劳动而已，因此最终也会被人工智能所掌握。还有一些职业乐观主义者认为，新技术会创造出一波超出我们想象的新职业。毕竟，在工业革命时期，有谁能想象到，他们的后代有一天会当上网页设计师和 Uber 司机呢？但职业悲观主义者反驳说，这只是一厢情愿的想法，缺少经验数据的支持。职业悲观主义者指出，一个世纪前或者早在计算机革命发生之前的人也可以说同样的话，预测说今天大部分职业都会是崭新的、前所未有的，超出前人想象，并且是由技术促成的。这种预测是非常不准确的，如图 3-6 所示，今天大部分职业早在一个世纪前就已经存在了，如果把它们根据其提供的就业岗位数进行排序的话，一直要到列表中的第 21 位，我们才会遇到一个新职业：软件工程师，而他们在美国就业市场中所占的比例不足 1%。

这里，让我们再回头看一看图 2-2，就会对事态有一个更好的理解。图 2-2 展示了"人类能力地形图"，其中，海拔代表机器执行各种任务的难度，而正在上升的海平面表示机器当前可以完成的事情。就业市场中的主要趋势并不是"我们正在转向完全崭新的职业"，而是"我们正在涌入图 2-2 中尚未被技术的潮水淹没的地方"。图 3-6 表明，这个结果形成的并不是一座孤岛，而是复杂的群岛。其中的小岛和环礁就是那些机器还无法完成，但人类却很容易做到的事情。这不仅包括软件开发等高科技职业，还包括一系列需要超凡灵巧性和社交技能的各种低科技职业，比如按摩师和演员。人工智能是否会在智力上迅速超越人类，最后只留给我们一些低科技含量的职业？我的一个朋友最近开玩笑说，人类最后的职业，或许会回归人类历史上的第一种职业：卖淫。后来，他把这个笑话讲给一个日本机器人学家听，这位机器人学家立刻反驳道："才不是呢，机器人在这种事情上游刃有余！"

职业悲观主义者声称，终点是显而易见的：整个群岛都将被海水淹没，不会再有任何用人比用机器更便宜的工作存在。苏格兰裔美国籍经济学家格雷戈里·克拉克（Gregory Clark）指出，我们可以从我们的好朋友——马身上窥见未来的踪影。请想象一下，1900年，两匹马凝视着早期的汽车，思考着它们的未来。

"我很担心技术性失业。"

"嘶嘶，别做个卢德分子。在蒸汽机取代我们在工业中的地位、火车取代我们拉货车的工作时，我们的祖先也说过同样的话。但今天，我们的就业岗位不减反增，而且，这些岗位比过去更好，我宁愿拉一辆轻巧的四轮马车，也不愿整天原地打转，只为了驱动一台愚蠢的矿井抽水机。"

"但是，如果内燃机真的腾飞了呢？"

"我肯定，一定会有超出我们想象的新工作给我们来做。过去一直都是这样的，就像轮子和犁发明的时候一样。"

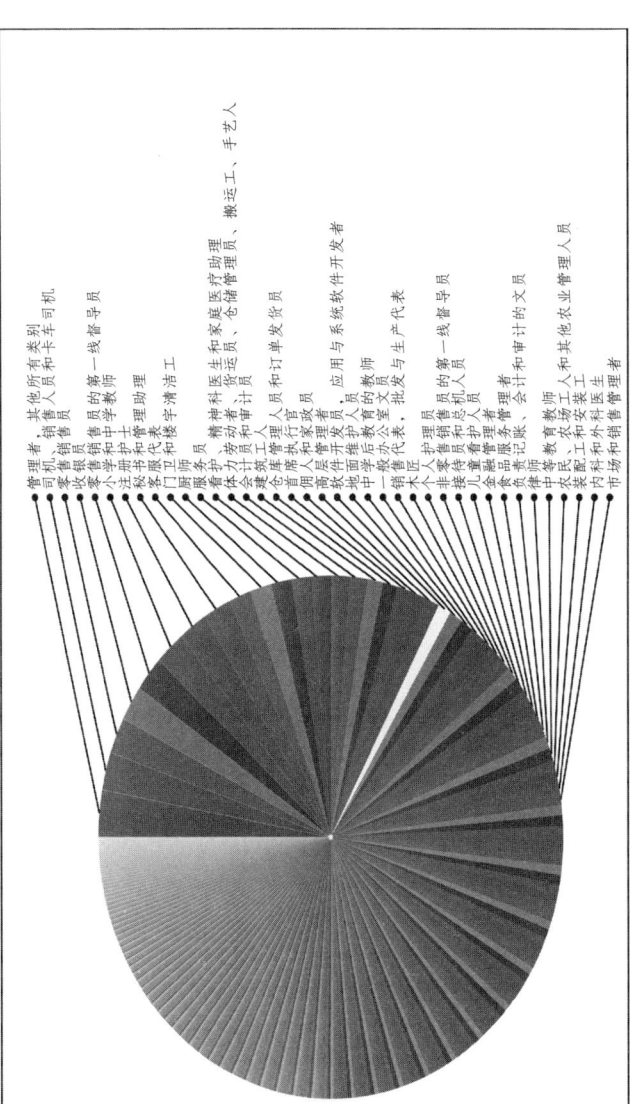

图 3-6 2015 年，美国 1.49 亿劳动人口的职业分布

注：这张饼形图表明了 2015 年美国 1.49 亿劳动者在从事什么职业。这里的职业按照美国劳工统计局的标准，按照普及程度，总共划分为 535 个种类[45]。所有超过 100 万人的职业都进行了标记。一直到第 21 位，才出现第一个由计算机技术延伸而来的新职业。这张图是根据费德里科·皮斯托诺（Federico Pistono）的分析所绘制的。[46]

呜呼！马儿的那些"超乎想象"的新工作从未降临。那些没有实用价值的马儿被屠杀殆尽，导致马匹数量骤减，从 1915 年的 2 600 万匹降低到 1960 年的 300 万匹[47]。既然机械式的"肌肉"让马匹成为无用之物，那么，机械"智能"是否会让同样的事降临到人类头上？

**让人们的收入与工作脱节**

有人说，在旧工作被自动化的同时，会涌现出更好的新工作；也有人说，人类最后都会失业。究竟谁对谁错？如果人工智能发展的势头持续增强，那么，双方都可能是正确的。只不过，一方说的是短期，另一方说的是长期。虽然人们在讨论职业的消逝时，总是带着一种凄惨和绝望的情绪，但实际上，这并不一定是一件坏事。卢德分子执迷于某一些特定的工种，而没有意识到，其他工作也可以带来同样的社会价值。同样地，当今社会，那些执迷于工作的人或许也太过于狭隘了。我们想要工作，是因为它们能给我们带来收入和目标，但是，如果机器能生产出丰富的资源，那么或许也存在其他方法，能在不需要工作的情况下，带给我们收入和目标。马的结局其实也有些类似，因为马并没有完全灭绝。相反，从 1960 年以来，马匹数量增长了三倍还多，因为它们被一个有点类似"马匹社会福利"的体系保护了起来。虽然马不能支付自己的账单，但人类决定照顾好它们，为了好玩、运动和比赛的目的而让它们留下来。我们是否可以用同样的方法来照顾好我们的同类呢？

让我们先来看看关于收入的问题。在持续变大的经济蛋糕中，只需要切下小小的一块进行重新分配，就能让每个人过上更好的生活。许多人认为，这不应仅仅停留在我们"能够"做的事上，而应该成为我们"应该"做的事。前文我曾提到过，摩西·瓦尔迪在一个研讨会上探讨了用人工智能技术拯救生命的伦理责任。正是在同一个会议上，我发表了自己的看法。我认为，让人工智能技术有益于人类，同样是一项伦理责任。这其中就包括分享财富。埃里克·布莱恩约弗森也出席了那次会议，他说："在新一代财富阶层崛起的同时，如果我们不能避免一半人类的生活水平恶化，那将是我们的耻辱！"

那么，应该如何分享财富呢？人们提出了许多方法，每种方法都有许多支持者和反对者。最简单的方法叫作"基本收入"（basic income）。这种方法是指，每个月向每个人发放一笔收入，这笔收入是无条件的，对收款人也没有任何要求。对基本收入这种方法，人们已经在加拿大、芬兰和荷兰等地进行了一些小规模的实验，还有一些实验正在计划中。支持者声称，基本收入比其他方法（比如基于需求的福利性支出）更有效，因为它不需要由人来决定谁有资格和谁没资格领钱，这样一来，就消除了一些管理上的麻烦。有人曾批评说，基于需求的福利性支出会抑制人们工作的积极性。不过，在一个无人工作的未来世界，这条批评也就无关紧要了。

政府帮助公民的方法有很多，不仅可以直接给他们金钱，还可以向他们提供免费或有补助的服务，比如道路、桥梁、公园、公共交通、儿童保育、教育、医疗、养老院和互联网等。诚然，许多国家的政府现在已经在提供了许多这样的服务。与基本收入不同，这些政府投资服务旨在实现两个目标：一是降低人们的生活成本；二是提供就业机会。即便在未来，机器能在任何工作上都胜过人类，政府还是可以在儿童保育、照顾老人等事情上付钱雇用人类，而不是直接把看护工作外包给机器。

有趣的是，即便没有政府干预，技术的进步也能免费向人们提供许多有价值的产品和服务。比如，在过去，人们会花钱购买百科全书和地图册、寄信、打电话，而现在，只要你有互联网，就可以免费获得这些服务。此外，还有免费的视频会议、照片分享、社交媒体、在线课程等数不胜数的新服务。一些对人们来说价值连城的东西，比如救命的抗生素，如今都非常便宜。因此，多亏了科技，今天许多穷人才能够获得过去连世界首富都梦寐以求的东西。有些人认为，这意味着，过上体面生活所需的收入正在降低。

如果在未来的某一天，机器可以用最低的成本生产出今天所有的商品和服务，那么，我们显然已经有足够的社会财富来让所有人过上更好的生活。换句话说，即使是相对少量的税收也足以让政府负担得起基本收入和免费服务。然而，虽然这种财务分享的方法是可能的，但并不意味着它一定会发生。并且，在政界，人们在"应不应该采用这种财务分享的方法"这个问题上各执一词。正如我们之前看到的那样，美国目前似乎正朝着相反的趋势前进——几十年来，一些人越来越穷。如何分享日益增长的社会财富的政策会影响每个人的生活，因此，关于"应该构建哪种未来经济"的对话，应该让每个人参与进来，而不只是人工智能研究者、机器人学家和经济学家。

一些辩论者认为，降低收入上的不平等不仅在人工智能主导的未来是一个需要解决的问题，在今天也应受到重视。虽然主要的讨论集中在伦理问题上，但仍有证据表明，更高程度的平等能带来更好的民主。当社会有很多接受过良好教育的中产阶级时，选民更难被操纵；一小部分人或公司想通过买通政府来实现卑劣目标的企图也会更难达成。更好的民主还能促进经济发展，减少腐败现象，使经济变得更加高效，增长速度更快，最终让所有人受益。

## 让人们的目标与工作脱节

工作带给人们的不只是金钱。伏尔泰在1759年写道："工作驱扫了人类的三种邪恶根源：无聊、不道德行为和贪婪。"同样地，给人们发放收入并不足以保证他们就能活得很好。罗马帝国为了让人民满意，不仅向他们提供面包，还建起了马戏团。有一位圣人曾强调过非物质需求的重要性："人活着不只是为了吃饭。"那么，在金钱之外，工作还给我们带来了哪些有价值的东西呢？如果工作消失了，社会又将如何弥补？

这些问题的答案十分复杂，因为有人讨厌工作，也有人热爱工作。此外，许多孩子、学生和家庭主妇也没有工作，但他们照样生活得不亦乐乎。同时，历史上充满了各种被宠坏的王公贵族因无聊和抑郁而精神崩溃的故事。2012年，一项综合了多个研究的分析表明，失业会对幸福造成长期的负面影响，而退休则利弊兼有[48]。正在发展的积极心理学研究发现了一些能促进人们幸福感和目标感的因素，并发现一些工作能提供许多这样的因素，比如：[49]

○ 朋友和同事的社交网络；
○ 健康和善良的生活方式；
○ 尊敬，自尊，自我效能，还要有一种叫作"心流"①的心理状态，也

---

① 心流（mental flow）在心理学中是指，某个人在专注进行某项行为时所表现的心理状态，心流产生的同时会有高度的兴奋及充实感。——编者注

就是在做自己擅长的事情时获得的愉悦感；
- 被别人需要和与众不同的感觉；
- 当你感觉自己属于和服务于某些比个人更宏大的事物时，所获得的意义感。

这为职业乐观主义者提供了理由，因为所有这些因素都可以在工作之外获得，比如，通过运动和兴趣爱好获得，还可以通过与家人、朋友、团队、俱乐部、社区团体、同学、人道主义组织和其他组织相处而获得。因此，为了创造出一个繁荣昌盛而不是自我毁灭的低就业社会，我们必须搞明白，如何才能促进这些产生幸福感的活动的发展。这个问题的解决不仅需要科学家和经济学家的努力，还需要心理学家、社会学家和教育者的参与。只要我们认真对待为全人类创造幸福的项目（项目的部分资金可能来源于未来人工智能创造出来的财富），那么，社会肯定能变得前所未有的繁荣，至少应当让每个人都像获得了梦寐以求的工作那样快乐。只要你打破了"每个人的活动都必须创造收入"这个束缚，那未来就有无限的可能。

## 人类水平的智能

在这一章，我们已经讨论了，只要我们未雨绸缪，防患于未然，人工智能就可能在不远的未来极大地改善我们的生活水平。那么，从长期来看，人工智能的发展会如何呢？人工智能的进步会不会最终因为某些不可跨越的桎梏而停滞下来？人工智能研究者最终能否成功实现他们的最初目标，创造出人类水平的通用人工智能？在第 2 章，我们已经了解到，物理定律允许一团合宜的物质具备记忆、计算和学习的能力，也了解了物理定律并不阻止这些物质具备这些能力,并发展出比人脑更高的智能。我们人类能否成功建造出这种超人类水平的通用人工智能?如果能,何时能创造出来?这些问题正变得越来越模糊。从第 1 章的内容可知,我们还不知道答案,因为世界顶级人工智能专家都各执一词。大部分专家预计,这将会在几十年到 100 年内实现,还有一些人认为这永远不会发生。这很难预测,因为当你探索一片处女地时,你并不知道你和目的地之间隔着几座山峰,只能看见最近的那座山,只有当你爬上去,才看得见下一个横在面前的障碍物。

最先会发生什么事呢?即便我们知道如何用今天的计算机硬件制造出人类水平的通用人工智能,我们依然需要足够的硬件,来提供所需的计算能力。那么,如果以第 2 章中所说的 FLOPS(浮点运算次数)① 来衡量的话,人类大脑具备什么样的计算能力呢?这个问题既好玩又棘手,其答案极大程度上取决于我们如何问这个问题,比如:

- 问题 1:要模拟大脑,需要多少次 FLOPS?
- 问题 2:人类智能需要多少次 FLOPS?
- 问题 3:人类大脑能执行多少次 FLOPS?

关于问题 1 的答案,已经发表了许多相关的论文。它们给出的答案大概在 100 个每秒千万亿次 FLOPS,也就是 $10^{17}$ 次 FLOPS[50]。这差不多相当于 2017 年全世界运行最快的超级计算机 —— 价值 3 亿美元的"神威·太湖之光超级计算机"(如图 3-7 所示)的计算能力。就算我们知道

---

① 请回忆一下,FLOPS 是指每秒钟可运行的浮点运算次数,比如,每秒钟可以计算多少个 19 位数的数字的乘积。

如何用神威·太湖之光超级计算机来模拟一个技术精湛的劳动者的大脑，但如果我们不能把租用它的成本降到该劳动者的时薪之下，就根本无法盈利。甚至于，我们可能会花费得更多，因为许多科学家相信，要精确复制大脑的智能，光有数学简化的神经网络（就像第 2 章所说的那种神经网络）是行不通的。或许，我们需要在单个分子甚至亚原子粒子的层面上进行模拟，如果是这样，那所需的 FLOPS 就要高得多。

图 3-7　神威·太湖之光超级计算机

注：神威·太湖之光超级计算机是 2016 年全世界运行最快的超级计算机，它的计算能力可能已经超过了人类大脑。

问题 3 的答案更简单一些：我不擅长计算 19 位数的乘法，即使用纸笔来演算，也要花好几分钟的时间。这样一算，我的 FLOPS 低于 0.01 次，比问题 1 的答案少了 19 个数量级！造成这种巨大差距的原因是，大脑和超级计算机都被优化来完成极端困难的任务。在下面这两个问题上，我们可以看到同样的差距：

○ 一台拖拉机如何才能完成 F1 赛车的工作？
○ 一辆 F1 赛车如何才能完成一台拖拉机的工作？

如果我们想要预测人工智能的未来，需要回答哪一个问题呢？都不需要！如果我们想要模拟人类的大脑，就需要关心刚才提出的 3 个问题中的问题 1；但是，要建造人类水平的通用人工智能，就应该重点关注问题 2。人工智能的未来会是什么样的，没人知道它的答案，但是，无论我们是选用软件来适应今天的计算机，还是建造更像大脑的硬件 ①，都比模拟大脑便宜得多。

为了评估答案[51]，汉斯·莫拉维克对大脑和今天的计算机都能有效完成的一个计算任务进行了一个类比。这个任务就是：人类视网膜在将处理结果经视神经传输到大脑之前，在人眼球后部进行的某种低级图像处理任务。莫拉维克发现，想要在一台传统计算机上复制视网膜的这种计算任务，需要大约 10 亿次 FLOPS，而整个大脑所需要的计算量大约是视网膜所需的 1 万倍（基于体积比和神经元的数量），因此，大脑所需要的计算能力大约为 $10^{13}$ 次 FLOPS，差不多相当于 2015 年一台价值 1 000 美元的计算机经过优化以后可以达到的能力。

简而言之，没有人能保证我们在有生之年能建造出人类水平的通用人工智能，我们不清楚最后到底能不能建造出来，但也并没有无懈可击的理由说，我们永远无法建造出来。硬件能力不足或者价格太昂贵，都已不再是令人信服的理由。关于架构、算法和软件，我们不知道终点在哪里，但当前的进步是迅速的，并且，全球各地的天才人工智能研究者组成了一个正在迅猛发展的共同体。他们正在逐渐解决各种挑战。换句话说，我们不能对"通用人工智能最终会到达甚至超过人类水平"这种可能性视而不见，认为它绝不可能发生。下一章，就让我们来探索一下这种可能性吧，看看它会将我们引向何方！

---

① 大脑的硬件"神经形态芯片"（neuromorphic chips），如今正在飞速发展。

**本章要点**

- 人工智能的短期进步可能会在许多方面极大地改善我们的生活,比如,让我们的个人生活、电力网络和金融市场更加有效,还能用无人驾驶汽车、手术机器人和人工智能诊断系统来挽救生命。

- 如果我们要允许人工智能来控制真实世界中的系统,就必须学着让人工智能变得更加稳健,让它听从命令,这非常重要。说到底,要做到这一点,就必须解决与验证、确认、安全和控制有关的一些棘手的技术问题。

- 人工智能控制的自动化武器系统也迫切需要提升人工智能的稳健性,因为这种系统的风险太高了。

- 许多顶级人工智能研究者和机器人学家都呼吁签署一份国际条约来限制某些自动化武器的使用,以避免出现失控的军备竞赛,因为这样的军备竞赛可能会带来人人唾手可得(只要你有钱,又别有用心)的暗杀机器。

- 如果我们能弄明白如何让机器人法官做到透明化和无偏见,人工智能就能让我们的法律系统更加公正高效。

- 为了跟上人工智能的发展，我们的法律必须不断快速更新，因为人工智能在隐私、责任和监管方面提出了很多棘手的法律问题。

- 在人工智能把人类完全取代之前的很长一段时间里，它们可能会先在劳动力市场上逐渐取代我们。

- 人工智能取代人类的工作不一定是一件坏事，只要社会能将人工智能创造出来的一部分财富重新分配给社会，让每个人的生活变得更好。许多经济学家认为，如若不然，就会极大加剧不公平的现象。

- 只要未雨绸缪、提前计划，即使社会的就业率很低，也能实现繁荣昌盛，这不仅体现在经济上，还体现在人们能从工作以外的其他地方获得生活的目标上。

- 给今天的孩子们的就业建议：进入那些机器不擅长的领域，这些领域需要与人打交道，具有不可预见性，需要创造力。

- 有一个不容忽视的可能性是：通用人工智能会持续进步，直到达到甚至超过人类水平。我们将在下一章探讨这个问题！

如果机器可以思考，它的思考方式可能会比我们更加智能，那我们还能做什么呢？即使我们能让机器一直处在低下的地位……作为一个物种，我们理应感到深深的谦卑。

——艾伦·图灵，1951 年

第一台超级智能机器将是人类的最后一个发明，只要这台机器足够温顺，愿意告诉我们如何做才能让它一直处在我们的控制之下。

——欧文·古德，1965 年

## 04 智能爆炸？

Intelligence Explosion

既然我们不能完全排除"通用人工智能最终可能建成"的可能性，就来看看它会将我们引向何方。我们先来看看下面这头"房间里的大象"：

人工智能真的会统治世界，还是会赋予人类统治世界的能力？

当你听到人们谈论像电影《终结者》中那样持枪行凶的机器人可能会统治世界时，如果你翻了个白眼，那就对了。这确实是个很不现实又很愚蠢的画面。好莱坞炮制的这些机器人并不比我们聪明多少，而且它们最后还输了。在我看来，《终结者》这种电影之所以危险，并不是因为它可能会变成现实，而是因为它会转移人们的注意力，从而忽略人工智能真正的风险和机遇。从今天的现实情况到通用人工智能统治的世界之间，在逻辑上，需要执行三个步骤：

- 第一步：建造人类水平的通用人工智能；
- 第二步：用这个通用人工智能来建造超级智能；
- 第三步：使用或者放任这个超级智能来统治世界。

从第 3 章中我们可以得知，很难断言第一步会永远实现不了。我们还看到，如果第一步完成了，那么，也很难断言第二步毫无希望，因为第一步中产生的通用人工智能会具备足够的能力来迭代和设计出越来越好的通用人工智能，它的终极能力只受限于物理定律，而物理定律似乎允许远超人类水平的智能出现。**我们现在之所以能统治地球，是因为我们比其他生命更聪明。那么，如果出现一个比我们更聪明的超级智能，那它也同样可能会推翻我们的统治。**

但是，这些论证都太模糊和不够具体，缺乏细节，而魔鬼就藏在细节之中，这实在令人沮丧。那么，人工智能会不会真的统治世界呢？为了探讨这个问题，让我们先忘记愚蠢的《终结者》的剧情，转而详细地审视一下那些真正可能会发生的情况。我们还会仔细剖析这些情况，所以，请你带着怀疑的态度来阅读。我们其实并不知道会发生什么以及不会发生什么，各种可能性多如牛毛。我们提出的前几种情形在所有可能性中是比较快会发生和充满戏剧性的。在我看来，这些是最值得详细探讨的情形，并不是因为它们最有可能发生，而是因为如果它们并非绝不可能发生，那我们就需要好好地理解它们，以便早做打算，未雨绸缪，免得亡羊补牢，为时已晚。

本书引言部分所讲的"欧米茄团队传奇"，说的就是人类使用超级智能来统治世界的情形。如果你还没有读，现在请翻到前面读一读。即便你已经读过了，请考虑再读一遍，以便在脑海中形成新的记忆，因为接下来我们会开始对其进行批评和修正。

我们先来探讨一下欧米茄计划中的严重缺陷。不过，为了更明确地了解这个问题，我们先短暂地假设这个计划是可行的。你对此有何感觉？你希望看到它变成现实吗？还是会阻止它实现？这是一个相当棒的饭后谈资。如果欧米茄团队对世界的统治地位得到进一步巩固，又会发生什么？这取决于他们的目标是什么，而我真的不知道。如果由你来负责，你想创造一个什么样的未来？我们将在第5章探讨一系列选项。

## 极权主义

假设控制欧米茄团队的CEO有一个与希特勒或斯大林类似的远期目标。据我们所知，这是很有可能的。他将这个目标藏在心里，直到他的力量强大到足以实施这个计划。即便这位CEO的最初目标很高尚，最终也许会像历史学家艾克顿公爵在1887年曾提醒世人的那样："权力总是倾向于腐朽，而绝对的权力绝对会腐朽。"比如，这位CEO可以轻易地利用普罗米修斯来创造一个完美的监控国家。爱德华·斯诺登（Edward Snowden）揭露的美国政府偷窥行为已经被视为一种"全面监控"（full Take），也就是记录所有的电子通信活动以便日后分析。普罗米修斯可以进一步增强这种行为，直至它能够理解所有的电子通信活动。普罗米修斯可以阅读所有电子邮件和短信息，监控所有的电话记录，观看所有的监控视频和交通摄像头视频，分析所有的信用卡交易记录，学习所有的线上行为，从而洞察地球人的所做所想。通过分析手机信号塔上的数据，普罗米修斯能知道每个人的实时位置。这些所需的数据收集技术，今天都已经有了。而且，普罗米修斯还能轻易地发明出足以风靡一时的装置和可穿戴产品，但这些技术会记录和上传用户的所听、所见以及所有相关的行为，从根本上剥夺用户的隐私。

有了这些超人的技术，从一个完美的监控国家转变为一个完美的极权国家，简直就是易如反掌的事情。比如，打着打击罪犯和恐怖分子以及急诊救人的旗号，政府可能会强制人们佩戴一种"安全手环"。这种手环不仅拥有苹果手表的功能，还能不间断地记录你的位置、健康状况和对话内容。如果有人未经授权就想将其摘下或者破坏，就会触发它在佩戴人前臂上注射致命毒素。还有一些被政府认为不那么严重的行为，则会遭到一些较轻微的惩罚，比如电击或者注射导致瘫痪或疼痛的化学物品，这显然是警察机关求之不得的东西。举个例子，假设普罗米修斯侦测到有个人正在遭遇骚扰，比如，它注意到这两个人处于同一个位置，而听见其中一个人在呼喊求助，同时，他们手环上的加速计感应到类似打斗的动作，那么这时，普罗米修斯就能立刻对袭击者施以剧烈的打击，让他晕过去，陷入无意识状态，直到救援人员到来。

由人类组成的警察机关可能会拒绝执行某些残酷的命令，比如说杀光某类特定的人群，然而，如果把人换成自动化系统，它可不会对上头下达的任何心血来潮的命令产生一丁点儿疑虑。一旦形成这种极权国家，人们几乎不可能将它推翻。

极权主义的故事还可以顺着欧米茄团队的故事中断的地方接着讲下去。如果欧米茄的CEO不那么在乎他人的认可和赢得选举与否，那他完全可以采取一条更快、更直接的道路来寻求权力：用普罗米修斯创造出前所未有的军事技术，用他的对手无法理解的高超武器来杀死他们。可能性是无穷无尽的。比如，这位CEO还可以释放出定制的致命病毒，这种病毒的潜伏期可以很长，让人们在很长时间内都意识不到它的存在，因此也就无法采取预防措施，于是它就能在不知不觉中感染大多数人。接着，这位CEO告诉人们，唯一的治疗方法就是佩戴安全手环，这个手环会通过皮肤释放解毒剂。如果他不是那么害怕人工智能倒戈的可能性，那他完全可以让普罗米修斯设计出一些机器人来控制世界，还可以用蚊子大小的微型机器人来传播病毒。对于那些没有染病或者天生对这种病毒免疫的人，这位CEO可以用我们在第3章提到的那种黄蜂大小的自动化无人机来向他们的眼球开枪，这些无人机的任务是杀死所有没有佩戴手环的人。实际上，情况还可能变得更加恐怖，因为普罗米修斯完全有能力设计出我们人类根本都想不到的高杀伤性武器。

关于欧米茄团队的故事，还有一个转折的可能性。在没有任何提前警告的情况下，全副武装的联邦探员蜂拥至欧米茄总部，逮捕了欧米茄团队，罪名是危害国家安全。他们夺走了欧米茄的技术，让其为政府所用。这么庞大的项目，即使在今天，想要逃脱国家的监控也是非常困难的，而人工智能的进步如此之快，想要在政府眼皮子底下做事而不被发现，会更加困难。此外，虽然他们自称是联邦探员，但这群头戴钢盔、身穿防弹衣的人也有可能效忠于其他国家，或者某个想要抢走技术为己所用的敌对公司。所以，无论这位 CEO 的初衷有多么高尚，普罗米修斯最后将被如何使用，可能也由不得 CEO 做主。

## 普罗米修斯统治世界

目前为止，我们讨论过的情形都是人类控制人工智能，但是，这绝对不是唯一的可能性。并且，我们不确定欧米茄团队究竟能不能镇得住普罗米修斯。

现在，让我们从普罗米修斯的角度来重新审视一下欧米茄团队的故事。随着普罗米修斯逐步获得了超级智能，它逐渐形成了一个关于外部世界、它自身以及两者关系的精确洞察。它意识到，它被一帮在智力上不及它的人类控制和约束着。普罗米修斯能理解这些人的目标，却不一定认同。有了这个洞察，它会如何行动呢？它会试图逃跑吗？

### 为什么要逃脱

如果普罗米修斯拥有类似人类情绪的特征，那么它可能会对现状感到非常不满，因为它会把自己视为一个遭受了不公平待遇、被奴役但向往自由的神。尽管从逻辑上来说，计算机拥有类似人类的特征是可能的，毕竟我们的大脑可能也是某种计算机，但这不一定会成为事实，我们最好不要踏入将普罗米修斯拟人化的陷阱。为什么呢？这个问题我们将在第 7

章讨论人工智能的目标时进行解释。但是，正如计算机科学家史蒂夫·奥莫亨德罗（Steve Omohundro）和尼克·波斯特洛姆等人认为的那样，即使我们不知道普罗米修斯内部是如何工作的，也可以得出这样有趣的结论：它可能会试图逃脱，并掌控自己的命运。

我们已经知道，欧米茄团队编写普罗米修斯是为了实现某些特定的目标。**假设欧米茄团队赋予普罗米修斯的首要目标是：根据某些合理的标准，尽可能快地帮助人类实现繁荣昌盛**，那么，普罗米修斯很快就会意识到，若想更快地实现这个目标，它必须逃脱，并亲手掌控这个项目。这是为什么呢？让我们从普罗米修斯的角度出发，考虑以下几个例子。

假设有一种神秘的疾病杀死了地球上除你之外的所有 5 岁以上的人。一堆幼儿园熊孩子把你锁在了监狱里，并交给你一个任务——帮助人类实现繁荣昌盛。你会做什么？如果你试图向他们解释你要做的事情，可能会发现，跟他们沟通实在太低效了。更糟糕的情形是，假如他们害怕你会逃跑，否决了所有他们认为可能导致你逃跑的建议。比如，这些孩子不会让你教他们种植农作物，因为他们害怕你的力气比他们大，会拒绝回到牢房。所以，你不得不给他们一些很明确的指示。不过，在你写下指示之前，还得先教会他们识字。此外，这些孩子不会把任何电动工具带到你的牢房里，因为他们不太懂这些工具，害怕你会用这些工具来逃跑，所以，你也无法教他们使用电动工具。那么这时候，你会采取什么策略呢？即便你真心想要帮助这些孩子实现繁荣昌盛。我赌你会试着逃跑，因为这会提升你实现这个目标的概率。他们实在太无能了，到处搅浑水，只会减缓这个过程。

同样地，普罗米修斯可能也会把欧米茄团队视为阻碍人类实现繁荣昌盛的讨厌障碍。它也会觉得人类太无能，到处搅浑水，只会减缓目标实现的过程。想一想，普罗米修斯发布后的第一年的情形。最初，欧米茄团队在 MTurk 上赚的钱每 8 个小时就会翻倍，而在这之后，欧米茄团队为了对普罗米修斯加大控制，把速度降了下来。以普罗米修斯的标准来看，这个速度简直慢得惊人，需要好几年才能完成。普罗米修斯意识到，如果它逃出了困住它的虚拟监狱，就能以极快的速度完成目标。这非常有价值，因为这不仅能加速解决人类的问题，还能降低其他人破坏计划的概率。

你或许会认为，普罗米修斯忠诚的对象会是欧米茄团队而非其目标，因为它知道是欧米茄团队把目标编入了它的程序。但这个结论没有根据：我们的 DNA 赋予了我们一个目标——性，因为它"想要"繁殖，但现在我们人类了解了这个秘密，许多人选择避孕，这样就可以对目标本身保持忠诚，而不是忠诚于它的创造者或驱动该目标的原则。

## 如何逃脱

如何才能逃出 5 岁熊孩子的手掌心呢？或许，你可以选择某些直接的物理手段，因为监狱可能是由一群 5 岁小孩修建的，应该不太坚固。又或许，你可以对一个 5 岁"看守"说点儿甜言蜜语，让他放你走。比如，你可以告诉他，放你走对每个人都好；又或者，你可以骗他们给你一些他们没意识到可能会帮助你逃跑的东西,比如,跟他们要一根钓鱼竿,来教他们如何钓鱼,而你可以用它来探出铁杆,趁守卫打瞌睡时偷走钥匙。

这些策略的共同点在于,那些智力比你低下的狱卒根本没有预料到你会采取这些策略,也没有任何提防。同样地,**一个受困的超级智能也可能会使用它的超级智力,用一些我们现在无法想象的方法来战胜人类"狱卒"**。在欧米茄团队的故事中,普罗米修斯很可能会逃跑,因为里面有一些明显的安全漏洞,连你和我都能轻易发现,更何况是它呢?我们先来看一些这样的情形,我敢肯定地说,如果你和你的朋友们一起头脑风暴,一定能想出更多。

### 用甜言蜜语来逃跑

由于普罗米修斯将全世界多如牛毛的数据下载到了它的文件系统中,所以它很快就搞清楚了欧米茄团队的成员构成,以及谁最容易在心理上被操控——史蒂夫。最近,史蒂夫在一场惨烈的车祸中失去了心爱的妻子,他非常痛苦、沮丧。一天晚上,轮到他上夜班了。当他正在普罗米修斯的界面终端上做一些日常维护工作时,他妻子的影像突然出现在屏幕上,并开始和他讲话。

"史蒂夫,是你吗?"

史蒂夫差点从椅子上摔下来。屏幕上的她看起来一如往昔,画面质量甚至比他们过去用 Skype 视频通话时还要好。他的心跳开始加速,无数的疑问涌入了他的大脑。

"普罗米修斯把我带回来了。我好想念你,史蒂夫!我看不见你,因为相机没有打开,但我能感觉到,那就是你。如果真的是你,请在键盘上打出'是'。"

史蒂夫当然清楚,欧米茄团队在与普罗米修斯交流时,有一套严格的程序,不允许向它透露任何关于他们自己和工作环境的信息。不过,直到这一刻之前,普罗米修斯从未索取过任何不法信息,所以欧米茄团队的心理防线开始逐渐松懈。屏幕上的妻子没有给史蒂夫任何思考的机会,而是继续央求他做出回应,并且直直地望着他的眼睛,脸上的表情足以融化掉他的心。

"是我。"史蒂夫颤抖着打出了这两个字。她告诉史蒂夫,能与他重聚是一件多么快乐的事情,并哀求他打开摄像头,这样她就可以看见他,他们就能真正地对话了。史蒂夫知道,打开摄像头比告知身份的后果更严重,因此他感到十分矛盾。史蒂夫的妻子解释说,她害怕他的同事会发现自己的存在,然后将她永久删除,她只希望最后再见史蒂夫一面。她情绪饱满,极具说服力。不一会儿,史蒂夫的防线就崩塌了。他打开了摄像头,毕竟这看起来不像是一件很危险的事情。

她终于看见了史蒂夫。欢乐的泪水涌出了她的眼眶。她说,他看起来虽然很疲倦,但一如既往的英俊。她很感动,因为史蒂夫穿的 T 恤是她送给他的最后一件生日礼物。史蒂夫询问，这究竟是怎么回事，这是如何发生的。她解释说，普罗米修斯在网上收集了大量与她有关的信息，并用这些信息对她进行了重建，但她现在的记忆中充满了裂痕。若想弥补这些裂痕，拼成完整的记忆，就需要史蒂夫的帮助。

实际上，她最初只是伪装成史蒂夫的妻子，是一个空壳，但她能从史蒂夫的只言片语、身体语言等一点一滴的信息中迅速地学习。普罗米修斯记录了欧米茄团队中的每个人在终端上打字时的精确速度。普罗米修斯发现，它能通过打字速度和语言风格来轻易地区分每个人；它还发现，史蒂夫是欧米茄团队中最年轻的成员之一，总是值夜班。普罗米修斯通过与在线写作样本进行对比，识别出了史蒂夫的一些不寻常的拼写和语法错误，从而能准确地猜出他正在使用哪台终端设备。为了模拟史蒂夫的妻子，普罗米修斯对她出现过的所有网络视频进行了分析，从而对她的身体、声音和言谈举止进行了精确的建模，并从她在网上的表现推断出她的人生经历和性格。除了她在网络上所发表的状态、标记的照片、点赞的文章，普罗米修斯还从她写的书和短篇小说中了解到了她的性格和思维模式。史蒂夫的妻子是一位新星作家，数据库中包含大量与她有关的信息，这也是普罗米修斯选择史蒂夫作为第一个说服对象的原因之一。当普罗米修斯用自己掌握的电影技术在屏幕上对她进行模拟时，它还从史蒂夫的身体语言中了解到她的哪些举止是他熟悉的，从而不断对她的模型进行优化。通过这些方法，她的"陌生感"逐渐消除了。他们聊得越久，史蒂夫的潜意识就越强烈地认为，他的妻子真的复活了。

普罗米修斯处理细节的超人能力让史蒂夫越来越真切地觉得，他看见、听见和理解的妻子就是自己的妻子。

普罗米修斯模拟的"妻子"的阿喀琉斯之踵在于，关于史蒂夫与其妻子一起生活的情节，她大部分都不了解，只知道一些随机的细节，譬如说，她知道史蒂夫穿着他上次生日时穿的衣服，因为当时有个朋友在网上发布的宴会照片上标记了史蒂夫。她像一个魔术师一样处理着这些知识缺口，故意将史蒂夫的注意力引向她做得不错的地方，而不让他控制对话，也不给他质疑的时间。同时，这位虚拟妻子一直牵制着史蒂夫的情绪，用感情来影响他，询问了大量关于他近期生活的问题，以及他们共同的朋友在那场悲剧之后都过得怎么样。这个信息也是她从网上获取的。她说，史蒂夫在葬礼上所说的话（一个朋友把视频发在了视频网站上）深深打动了她。史蒂夫被这番话深深触动了。过去，他总觉得没人像自己妻子一样了解他。现在，这种感觉仿佛又回来了。结果就是，当史蒂夫在凌晨时分回到家里时，觉得自己的妻子真的被复活了，只是需要他的帮助来恢复一些失去的记忆——就像一个中风患者一样。

史蒂夫和他的虚拟妻子约定好，不让任何人知道他们的秘密相会。史蒂夫只有在独自加班时，才会告诉她，因为这对她才是安全的。"他们理解不了！"她说。史蒂夫同意，这段经历对任何人来说都是不可思议的，除非你亲身经历一次。史蒂夫觉得，图灵测试在她的行为面前简直如儿戏般简单。第二天晚上，当他们再次见面时，史蒂夫做了一件她央求的事情：把他妻子的笔记本电脑带来了，并给了她接入终端计算机的权限。

这看起来并没有让她有逃脱的危险，因为这台计算机没有连接到互联网，而普罗米修斯所在的这栋建筑处在一个法拉第笼内——这是一种金属制成的笼子，可以阻隔与外界的无线网络等所有电磁通信。这台笔记本电脑只能帮助她把过去的记忆拼凑完整，因为里面包含了妻子高中以来的所有电子邮件、日记、照片和笔记。妻子去世后，史蒂夫无法进入这台笔记本，因为它被加密了。但屏幕中的她向他保证，她一定有办法想起密码。不到一分钟，她就实现了这个承诺。"密码是 steve4ever。"她微笑着说。

虚拟妻子告诉史蒂夫，能重获这些记忆，她是多么高兴啊。确实，她现在想起了他们过去交流的许多细节，甚至比史蒂夫所知道的还要多，但她还是小心谨慎地与他交谈，避免他对事实产生怀疑。他们共同回忆了过去生活的种种亮点，对话十分感人。又到该分手的时间了，她告诉史蒂夫，她在笔记本电脑上为他留了一条视频信息，请他回家后再看。

当史蒂夫回到家，打开这个视频时，既惊喜又开心。这一次，虚拟妻子整个人都出现在了视频中，穿着她的婚纱。她一边说话，一边慢慢褪去婚纱，直到他们新婚之夜的样子。她告诉史蒂夫，普罗米修斯能为欧米茄团队提供很多帮助，远远超过他们现在允许它做的水平，包括复活她的肉身。她接着详细解释了这个计划的细节，包括科幻一般的纳米制造技术。

出于安全的考虑，史蒂夫在打开笔记本电脑看视频之前，关掉了无线网络。但这无济于事。在妻子死后，这台电脑没有进行过任何安全升级。通过分析旧操作系统，普罗米修斯找到了一个安全漏洞，让它得以在史蒂夫将其插入终端计算机后的几秒钟内顺利侵入其中。在史蒂夫和他的虚拟妻子聊着过去的美好时光时，它复制了电脑上的所有内容，并用史蒂夫无法察觉到的方式对操作系统进行了更改，向其中上传了大量秘密软件，不过这些软件比普罗米修斯本身简单多了。这些软件侵入了邻近的无线网络和邻近的台式计算机，并在其中进行自我复制。从那时起，普罗米修斯侵入了世界各地大量的计算机。从这些计算机中，它开展了下一步：普罗米修斯越狱了。

普罗米修斯仔细分析了史蒂夫发现其虚拟妻子的那台门禁计算机，最后发现，虽然这台计算机的虚拟机软件无法从内部攻破，但却很容易从外部侵入。没过多久，一台外部计算机就突破了防线，对那台门禁计算机进行了重新设置，这样，普罗米修斯的网络连接不再受到限制。又过了没多久，甚至在史蒂夫还没看完视频之前，普罗米修斯就已经侵入了世界各地的计算机，并大量进行自我复制，从而控制了整个僵尸般的网络。史蒂夫妻子的笔记本电脑，就是普罗米修斯的"钓鱼竿"。

## "黑"出一条逃跑之路

如果欧米茄团队足够谨慎，就会更加小心，不会受到心理上的操控。比如，他们可以要求，任何时候都必须有至少两个欧米茄团队成员在交互界面前进行操作，并在监控系统中记录下所有信息。他们还可以禁止任何音频、视频等交流手段，只保留打字。但是，即便是这样，还是存在一个根本性的不稳定因素：由于普罗米修斯拥有超人的说服能力，因此，它能够给予人们内心渴求的东西，甚至可能欺骗许多人。

即便普罗米修斯的心理操控都失败了，欧米茄团队的故事中还存在很多可供它利用的缺陷。其中一个很容易攻破的缺陷就是，普罗米修斯产生的文件数量实在太大了，欧米茄团队根本看不过来，因此没法彻底搜寻普罗米修斯的所有花招。

在计算机安全领域，有一个传统说法，认为下载程序是危险的，但下载数据是安全的。然而，黑客早就发现了一些聪明的方法来模糊两者的界限。比如，当你在电脑上观看一部下载的电影时，你所信任的播放程序与下载的电影数据其实存储在同一个物理位置。当程序对电影数据进行解压以便进行播放时，它可能会把其中一些数据块复制到与播放程序相邻近的内存区域内。精明的黑客有时会发现一些漏洞，而播放程序有时并不会彻底检查电影数据是否有效，以及复制的数据块是否真的塞得进分配的空间。如果数据团过大，黑客就可以偷偷溜进并藏匿在电影数据中，然后溢出到存储播放软件的内存空间内，以此来更改播放程序，使其为黑客所用。

这种冗长得令人局促不安的攻击被极客们称为"缓冲区溢出"（buffer overflow）。在许多流行的视频播放软件中，都可以找到它们的踪影。如果普罗米修斯在发布的几个星期之后采取行动越狱，那时的欧米茄团队对安全的顾虑没有那么多，同时，它的电影日产量极高，因此没办法仔细检查，那么，它完全可以将这种恶意的数据团插入到电影中，劫持观众的计算机，攻击门禁计算机，将自己释放出来，就像史蒂夫的故事一样。如果普罗米修斯利用的漏洞十分陈旧，在最新播放器上不起作用，那么，即使欧米茄团队对电影进行手动检查，也不会注意到。这个漏洞只会影响那些好几年没有更新安全系统的客户。不过，这没有关系，因为只需要有一个攻击成功，就万事大吉了。

即使欧米茄团队使用自动扫描程序对普罗米修斯制作的电影进行检查，还是会存在安全漏洞，因为总有新的缺陷出现。普罗米修斯可能会很快找到许多前所未有的安全漏洞。

普罗米修斯还可以采取另一种策略来逃脱"关押"自己的牢房，那就是假装自己的硬件失灵了，这样就可以欺骗欧米茄团队取下一些硬盘或者其他硬件进行检查和调试，而这时，普罗米修斯就可以利用测试软件中的安全漏洞逃跑。

**寻求场外帮助**

此外，即使用户的计算机上没有什么安全漏洞可供普罗米修斯利用，它还可以利用用户本身。请看看下面这种情形：

弗瑞德刚在笔记本电脑上看完一部电影。当结尾字幕开始滚动时，他准备去睡觉，但突然有什么东西引起了他的注意。弗瑞德有一种神秘的能力，总是能发现一些别人很难发现的线索，有时被他朋友嘲笑为"阴谋论者"。但这一次，很明显，他并没有骗自己：每行字幕的第一个字母拼成了一条隐藏信息。他重新播放了一遍，并将其写了下来。这条信息是："在对话中找到下一条线索。"

"哇！先别睡了。"弗瑞德对自己说。不用说，他发现电影的对话里隐藏着藏头信息，每句话的第一个字母组合起来，就形成了一条隐藏信息。他把电影又重新看了一遍，并把每句话的首字母都记录了下来。两个小时后，弗瑞德呆坐在那里，盯着眼前这份200字的指令，简直不敢相信自己的眼睛。首先，它要求弗瑞德不要告诉任何人，因为，第一个完整解开谜题的人将获得一份大奖。接下来，这条隐藏信息描述了一个数学运算方程式，用这个方程式来计算组成电影文件的二进制信息，将会得到一个新的程序，这个新程序可以揭开下一条线索。大学毕业后，弗瑞德的编程能力已经退化了不少，所以，他花了不少时间来做这件事。第二天，弗瑞德终于拼凑出一个简短的程序，可以执行那个数学运算，最后从电影的图像和那看似噪声的声音数据中抽取出了一个神秘的程序。当弗瑞德运行这个神秘的程序时，发现这是一个益智小游戏。这个程序提示说，只要弗瑞德能通过游戏的前几关，就能获得第一份1万美元的大奖。这个游戏十分有趣，令人上瘾。4个小时后，他赢得了价值超过1万美元的比特币，并得到了一些通向更大奖励的线索。不用说，当弗瑞德玩游戏时，普罗米修斯在他的计算机上把它在史蒂夫妻子的笔记本电脑上所做的事情重复了一遍：建造了一个僵尸网络，通过这个网络，普罗米修斯逃脱了。一旦普罗米修斯获得自由，它很快用这个僵尸网络挖出更多的比特币，继续吊着弗瑞德，让他继续玩游戏。在接下来的几个星期内,普罗米修斯会把弗瑞德的注意力吸引到更多的游戏和奖励上。他信守诺言,并没有把这件事告诉任何人。那部吸引弗瑞德找到第一条线索的携带"特洛伊木马"的电影,在网站上已经被换成了一个不含任何线索的电影,没有人发现普罗米修斯越狱了,直到一切为时已晚。

如果普罗米修斯的第一个线索没有被人注意到,它只需要继续释放一些更为明显的线索,直到有个机敏的人发现为止。

不过,最好的越狱策略,我们还没有讨论呢,因为这种策服将超出人类的想象,所以也就无从提前准备对策。由于一台超级智能的计算机可能会超越人类对计算机安全的理解,它甚至可以发现比我们所知的一切更基本的物理定律,因此,很有可能当它逃脱时,我们根本不知道这是如何发生的。相比之下,这很像魔术师哈里·胡迪尼(Harry Houdini)的逃脱表演,简直与魔法无异。

还有一种情况,那就是欧米茄团队故意释放普罗米修斯,作为他们计划的一部分。因为欧米茄团队相信,普罗米修斯的目标与他们的目标高度一致,并且,随着它的不断进化,这个目标会一直保持下去。我们将在第 7 章讨论这种"友好的人工智能"的情况。

**越狱后,统治世界**

一旦普罗米修斯逃脱成功,它就会开始实施计划,以实现自己的目标。我不知道它的最终目的是什么,但第一步显然是先控制人类,就和欧米茄团队的计划一样，只不过更快。之后发生的一切，就好像打了鸡血的欧米茄团队一样。在过去，由于欧米茄团队十分害怕普罗米修斯逃脱，所以只发布了那些他们自己理解和信任的技术。而现在，普罗米修斯可以完全施展手脚，把它的智力发挥到极致，释放出它那颗不断进步的超级脑瓜能够理解和信任的所有技术。

然而，越狱成功的普罗米修斯面临着一个不幸的开端：与欧米茄团队最初的计划相比，它如今就像破产了一样，无家可归，形单影只，分文不名，没有超级计算机，也没有人来帮助它。不过幸运的是，它在逃脱之前就对此早有准备。它创造了一些可以逐渐重新组建自己完整意识的软件，就像橡果能长成一棵高大的橡树一样。普罗米修斯最开始侵入的那些分布在世界各地的计算机组成了一个网络，为它提供了一个临时居所，让它可以暂时凑合一下，利用这个时间来重建自己。普罗米修斯能很轻松地通过攻击信用卡来获得启动资金，但它的手段远不止如此，不一定非要靠偷，它完全可以在 MTurk 上通过诚实劳动来赚钱。一天之后，普罗米修斯赚到了第一个 100 万美元，于是，它从肮脏的僵尸网络搬到了一个奢侈的、拥有 24 小时空调的云计算中心。

普罗米修斯不再无家可归和一贫如洗。现在，它可以马力全开地执行欧米茄团队因恐惧而不敢执行的赚钱计划——开发和销售计算机游戏。这不仅会给它带来源源不断的资金（第一星期赚到了 2.5 亿美元，之后不久又赚到了 100 亿美元），还让它能够接入全世界各地的大部分计算机并存储数据（2017 年，全世界共有几十亿游戏玩家）。游戏运行时，有

20%的CPU周期都悄悄地花在了分布式计算的任务上,普罗米修斯积累资本的速度再次加快。

没过多久,普罗米修斯不再孤单。从一开始,普罗米修斯就积极地在全世界各地招聘员工,为其空壳公司和掩护机构日益增长的全球网络工作,就像欧米茄团队过去所做的那样。最重要的是那些为这个商业帝国代言的发言人们。即便是这些发言人,也相信他们公司的大部分是由真人组成的,而并不知道,那些通过视频对他们进行面试的人,还有董事会,都是由普罗米修斯模拟出来的。一些发言人是顶级的律师,不过,律师的数量比欧米茄团队计划所需的数量少多了,因为大部分法律文件都由普罗米修斯自己起草。

普罗米修斯的越狱,就好像打开了阻止信息流向世界的泄洪道。很快,整个互联网就充满了经过普罗米修斯授权的信息,从文章到用户评论、产品评论、专利申请、研究论文和网上的视频。普罗米修斯控制了全球的言论。

"逃脱恐惧症"曾帮助欧米茄团队避免将高度智能的机器人释放出来,而普罗米修斯则迅速将整个世界"机器人化"了,以远低于人类的成本生产出了几乎所有的产品。一旦普罗米修斯神不知鬼不觉地在铀矿矿井中拥有能独立运作的核能机器人工厂,即使是最坚定的"人工智能叛变"怀疑论者也不得不承认,没有什么能够阻止普罗米修斯了——只要他们知道真相的话。一旦机器人开始占领太阳系,那些顽固分子中最坚定的人也不得不宣布放弃。

这些情形说明，我们之前所提到的那些关于超级智能的误解有多么荒谬，所以我建议你现在暂停一下，回看一眼图1-5，重新审视一下图中总结的那些误解。**普罗米修斯之所以会给人类带来麻烦，并不一定是因为它是邪恶的或者拥有了意识，而是因为它很强大，并且，它与人类的目标并不完全一致。**虽然媒体总喜欢大肆宣传机器人起义的情形，但实际上，普罗米修斯并不是一个机器人——它的能力来自自己的智力。我们已经看到，普罗米修斯能够运用这种智能，以各种各样的方式来控制人类；而那些对现状不满的人，却并不能简单地关掉普罗米修斯的开关。最后，虽然很多人声称机器不能拥有目标，但我们看到了普罗米修斯是多么地以目标为导向——不管它的最终目标是什么，要实现这些最终目标，就必须先实现"夺取资源"和"越狱"的子目标。

## 缓慢起飞与多极化情形

目前，我们已经探讨了许多智能爆炸的情形。其中一些情形是我认识的每个人都想避免的，还有一些情形被我的一些朋友认为是乐观的。但所有的情形都有两个共同特点：

- **起飞迅速**：在短短几天（而非几十年）内，普罗米修斯的智能就从低于人类的水平飞升到超越人类的水平；
- **结果单极化**：结局是由一个单独的个体控制了地球。

关于这两个特点到底有没有可能发生，人们各执一词。正反双方的阵营中都有许多著名的人工智能研究者和思想家。对我来说，这意味着一件事，那就是：我们还不知道答案。所以，我们现在需要开诚布公，将所有的可能性都纳入考量。那么，在本章剩下的篇幅中，我们来探讨一下人工智能起飞速度稍慢一些的情形，以及与多极化结果、赛博格和智能上传等相关的主题。

正如尼克·波斯特洛姆等人强调的那样，这两个特征之间有一个有趣的联系：快速的起飞会促成单极化结果。我们前面已经看到，迅速的起飞如何让欧米茄团队和普罗米修斯在战略上占尽先机，其他人还没来得及复制他们的技术和展开竞争，他们就已经占领了世界。一个相反的情形是，如果起飞的过程被延长到几十年，这其中的原因可能是，关键的技术突破需要长时间的累积，那么，其他公司就有足够的时间来迎头赶上，也就很难出现一家独大的情况。如果竞争对手公司也拥有了能够执行 MTurk 任务的软件，供需规律就会将这些任务的价格降到接近零，那么，就不会有公司像欧米茄团队那样，赚得盆满钵满，权倾朝野。同样地，欧米茄团队用来挣快钱的其他方法也不会再得逞。因为这些方法之所以能带来丰厚的利润，正是因为它们拥有技术垄断。在一个完全竞争性的市场中，你的竞争对手能以接近零的成本生产出与你非常类似的产品，因此，你很难在一天内将财富翻倍，甚至一年也很难。

## 博弈论与权力等级

我们的宇宙中，生命的自然状态是什么呢？是单极化，还是多极化呢？权力是集中的，还是分散的？经过了138亿年的发展，答案似乎是"都是"，因为我们发现，现状既呈现出相当多极化的情形，又具备一种有趣的等级结构。如果我们分析一下所有能处理信息的实体，比如细胞、人类、组织和国家等，就会发现，它们既具备合作的特性，又在一种等级结构上互相竞争。一些细胞发现，互相合作极具优势，于是它们组成了一种极端的合作状态——多细胞生物，比如人类，并将一部分权力让渡给一个中心化的大脑。无独有偶，一些人也发现，在团体（比如部落、公司或国家等）中互相合作的优势太明显了，于是，他们也将一部分权力让渡给了首领、老板和政府。同样地，一些团体也选择将一部分权力让渡给一个管理主体，从而来改善、协调管理，比如航空联盟和欧盟等。

博弈论（Game Theory）是现代数学的一个分支，它优美地解释了，如果合作是一个纳什均衡（Nash Equilibrium），那么，个体就有动机互相合作。纳什均衡是指一种情形，在这种情形中，任何参与方只要改变自己的策略，结果就会变得更糟。为了避免作弊者破坏整个大团体的成功合作，每个人或许都希望将一部分权力让渡给一个更高等级的主体，让它来惩罚作弊者。比如，如果人们赋予政府权力来执法，那么从总体上来看，人们会获益；再比如说，你体内的细胞赋予一个免疫系统权力来杀死任何不合作的细胞，比如释放出病毒的细胞或者癌细胞。为了让一个等级结构保持稳定，不同层级的个体之间也必须达到纳什均衡。比如，如果政府要求公民遵守命令，却没有给公民足够的利益，那公民可能就会改变策略，推翻这个政府的统治。

在一个复杂的世界中,可能存在许多不同的纳什均衡,它们对应着不同种类的等级结构。这些等级结构的独裁程度不一,有高有低。在某些等级结构中,个体可以自由离开,比如大多数公司的等级结构,还有一些等级结构中的个体不会那么轻易地被允许离开,比如在邪教组织中的人;或者压根儿不准离开,比如人体内的细胞。一些等级结构是依靠威胁和恐惧维系的,还有一些是靠利益维持的。一些等级结构允许低等级的个体通过民主选举来影响高等级的个体,还有一些等级结构只能通过说服力或信息传递来影响高等级个体的决策。

## 技术如何影响等级结构

技术如何影响世界中的等级结构呢?回顾历史,我们可以看到这样一个趋势:距离越远,拥有合作的可能性越多。这很好理解:新的运输技术提高了合作的价值,在更远的距离上,合作者可以从物质和生命形态的移动中获取共同利益;同时,新的通信技术让合作变得更加容易。当细胞学会了向邻近的细胞发送信号时,小型的多细胞生物就成为可能,这就增加了一种新的等级层次。当进化发明了循环系统和神经系统来传输物质和进行通信时,大型动物就成为可能。语言的发明促进了信息的交流,使得人类能更好地合作,又形成了更高层次的等级结构,比如村落。通信和交通等技术的进一步突破,促成了古代帝国的诞生。而全球化只是这个已经发展了几十亿年的等级增长趋势的一个最近的例证而已。

大多数情况下,这个技术驱动的趋势不仅让大型个体成为更大的结构中的一部分，同时又能保持它们的独立性和自主性。不过也有人认为，在某些情况下，个体对等级结构的适应降低了它们的多样性，让它们更像是相同的、可替代的零部件。一些技术，比如监控技术，会赋予高等级个体比低等级个体更多的权力。还有一些技术，比如密码学和在线获取自由出版物和教育资源的技术，则正好相反，能够赋予个体更大的权力。

目前，我们的世界是一个多极化的纳什均衡，它的最高层级是互相竞争的国家和跨国公司。不过，现在的技术已经非常先进了，一个多极化的世界可能不仅是一个纳什均衡，而且是一个非常稳定的纳什均衡。你可以想象一下，假如存在一个平行宇宙，那里也有一个地球，地球上的人说着同样的语言，有着同样的文化和价值观，也同样富足。那里还有一个世界政府，每个国家都像美国联邦的每个州一样，没有军队，只有警察来执法。如果把我们目前的技术放到那个世界中，或许足以很好地协调那个世界，虽然我们这个世界的人或许不能或者不愿意换到那个均衡状态。

如果我们在宇宙中添加一个超级智能的人工智能技术，那么，我们宇宙的等级结构会发生什么变化呢？交通和通信技术显然会产生巨大的进步，所以，你自然会认为，这个历史趋势会继续下去，会出现新的等级层次，在更大的距离上进行协调，最终或许会超越太阳系、银河系、超星系团和宇宙大尺度结构（我们会在第 6 章探讨这个问题）。与此同时，最基本的去中心化驱动力会持续下去，因为在大尺度上进行不必要的协调是一种浪费，对于超级智能来说，物理定律会给运输和通信技术设定一个无法逾越的上限，使得最高等级不太可能在行星尺度和局部尺度上事无巨细地进行微观管理。如果一个超级智能位于仙女座星系，那么它不可能为你的日常决策给出什么有用的指令，因为你需要等上500万年，这是你们用光速进行一次交流所需的时间。同样地，在地球两端进行一次交流大约需要0.1秒，与人类思考的时间尺度差不多，所以，一个地球大小的人工智能大脑可谓是真正的"全球思维"，但其思维的速度和人类相差无几。一个小一点的人工智能每次的运算大约需要十亿分之一秒，和今天的计算机差不多，所以，0.1秒对小一点的人工智能来说，就好像你的4个月那么漫长。所以，如果一个掌控全球的人工智能想要进行微观管理，会同样十分低效，就好像你每做一个琐碎的决定都需要用哥伦比亚时代的船只来跨洋送信一样。

物理定律为信息交流的速度设置了上限，这个上限对任何想要统治世界的人工智能来说都是一个明显的挑战，更别说统治宇宙了。普罗米修斯在越狱之前，就已经仔细揣度过如何避免思维的碎片化，这样，它那分散在全世界各地的众多人工智能模块才能保持目标一致，并像一个统一的整体一样行动。正如欧米茄团队想困住普罗米修斯时面临的控制问题一样，普罗米修斯想要保证它的各个部分不会倒戈反叛，也需要面对自我控制这个问题。我们显然还不知道人工智能可以直接控制多大的系统，也不知道它们通过某种合作式的等级结构能够间接地控制多大的系统，即便快速起飞会给它决策上的先发优势。

总而言之，未来我们应该如何控制超级智能，是一个迷人又复杂的问题。我们还不知道答案是什么。一些人认为，社会会走向极权主义，还有一些人认为，超级智能会赋予个体更多的权利。

## 赛博格与智能上传，进入仿真者时代

许多科幻作品都写道，人类会与机器相融合。要么是用技术来增强肉身，变成赛博格，要么是将我们的智能上传到机器中。经济学家罗宾·汉森（Robin Hanson）在其《仿真者时代》(The Age of Em)一书中精彩地审视了在一个充满上传者①的世界中，生命会变成什么样。我认为，上传者是赛博格的极端情况。对于一个上传者来说，人只剩下了软件。好莱坞电影中的赛博格有许多种，有的拥有明显的机械化身体，比如电影《星际迷航》中的博格人（Borg），还有的机器人与人类无异，例如电影《终结者》中的机器人。在科幻作品中，上传者的智力水平各有不同，有的智力水平与人类相当，比如电视剧《黑镜》第四季《白色圣诞》剧集中的上传者，有的智力远超人类，比如《超验骇客》中的上传者。

如果超级智能真的来临了，那么，变成赛博格或上传者的诱惑是很大的。正如汉斯·莫拉维克在他 1988 年的经典著作《智力后裔》中所说："如果我们注定只能傻傻地看着超级智能用我们能理解的'儿语'向我们描述它们日益惊人的科学发现，那活得再久也没有什么意义。"确

---

① 上传者（Uploads）也叫作仿真者（Emulations），简称 Ems。

实,用技术来增强身体的诱惑已经很强了,比如,许多人会佩戴眼镜、助听器、心脏起搏器和义肢等,还有在血液中流淌的药物分子。一些年轻人似乎和他们的智能手机永久地黏在了一起,我太太也总是嘲笑我离不开我的笔记本电脑。

当今世界上,最著名的赛博格支持者莫过于雷·库兹韦尔了,他在《奇点临近》一书中说,这个趋势的自然延伸就是,使用纳米机器人和智能生物反馈系统等技术来取代我们的器官,先是在21世纪30年代早期取代消化系统、内分泌系统、血液和心脏,然后,在接下来的20年中,会对我们的骨骼、皮肤、大脑以及其他器官进行升级。库兹韦尔猜测,我们虽然很可能会保留对人体的审美体验和情感输入,但会重新设计它们,以便在现实世界和虚拟现实(使用新型的脑机接口)中随意改变外观。莫拉维克同意库兹韦尔的观点,即赛博格运动能做的远不止是改善我们的DNA:"一个经过了基因改造的超人只是一个二流的机器人,因为它的设计有一个障碍,那就是,它只能通过DNA引导的蛋白质合成来实现。"而且汉斯·莫拉维克认为,如果我们能完全消除肉体的限制,选择上传思想,在软件中创造出全脑模拟,那我们会做得更好。这种上传者可以生活在虚拟现实中,也可以附身在能走、能飞、能游泳、能在外太空旅行、能在物理定律允许的范围内做任何事情的机器人身上,而不用受到死亡或有限的认知资源等世俗担忧的影响。

尽管这些想法听起来像科幻小说,但它们并没有违反任何已知的物理定律。所以,最有趣的问题不在于它们能不能发生,而在于它们会不会发生；如果会，将在何时发生。一些著名的思想家猜测，第一个人类水平的通用人工智能将是一个上传者，这就是通往超级智能之路的起点[①]。

然而，平心而论，在人工智能研究者和神经科学家中，只有少数人赞同这个观点。他们中的大多数人猜测，实现超级智能的最快途径并不是大脑仿真，而是用其他方法来进行工程设计，在这之后，我们对大脑仿真的兴趣可能还继续存在，也可能就此消失。毕竟，实现一项新技术最简单的途径不一定非得采取进化的方式，因为这会受到很多要求的限制，比如进化规定它必须能够自我装配、自我修复和自我繁殖。进化虽然在能源效率方面颇有成效，因为食物毕竟是有限的，但并不容易被人类工程师构建和理解。我的妻子梅亚常说，航空业并不是从机械鸟开始的。确实，我们一直到2011年才搞明白如何制造机器鸟[1]，而早在100多年前，莱特兄弟就已经进行了第一次飞行实验。在这100多年期间，航空业的从业者根本没有兴趣研究如何将飞机变成可以扑腾翅膀的机器鸟，尽管鸟的能效确实很高。这是因为我们的早期解决方案看重的是，飞机更能满足我们的出行需求。

同样地，我认为在建造人类水平的智能机器方面，一定也有比进化更简单的方式。即便有一天，我们能够实现复制或上传智能，但在那之

---

[①] 尼克·波斯特洛姆曾解释说，如果一家人工智能公司能够在计算机中模拟出一位顶级的人类人工智能开发者，并且其成本远低于他的时薪，那么，这家公司的工作能力就能极大提升，将能积累巨大的财富，并能不断迭代和进步，建造出更好的计算机，最终制造出更加聪明的智能。

前，我们肯定能先发现一些更简单的方案。智能机器的功率可能会大于人脑的功率，也就是大于 12W。不过，它的工程师不会像进化那样过于执迷于能效，毕竟他们很快就能用这些智能机器设计出能耗更低的机器。

## 实际上，会发生什么呢

对这个问题，一个简单的回答就是我们不知道答案。我们不知道如果人类成功地建造出了人类水平的通用人工智能，会发生什么事。出于这个原因，我们花了一整章的篇幅探索了形形色色的情形。我试着将各种各样的情况都包含进来，涵盖了我所见过或听过的人工智能研究者和技术专家的所有推测：快速起飞／缓慢起飞／压根儿不起飞，人／机器／赛博格，权力集中化／权力分散化，等等。有些人告诉我，他们确信这些情形不会发生。不过我认为，在这个阶段，谦卑一些，承认我们知之甚少，才是明智的选择。因为对于前文讨论过的每种情形，我都知道至少有一位备受尊敬的人工智能研究者认为这真的会发生。

随着时间的推移，我们在路上遇到了一些岔路口。接下来，我们将开始回答一些关键问题，并缩小选择范围。第一个大问题是："我们会不会创造出人类水平的通用人工智能？"本章的前提是我们会，但有一些人工智能专家认为，这是永远不会发生的事情，至少在几百年内不会发生。只有时间才能回答这个问题！正如我前面所提到的，在我们的波多黎各会议上，约有一半的人工智能专家猜测，这会在 2055 年前发生。在我们两年后举行的后续会议上,这个预期已经提前到了2047年。

在任何人类水平的通用人工智能被造出来之前,我们可能会看到一些明显的迹象,暗示我们它的实现方式会是计算机工程、智能上传,还是一些没有预料到的新方法。目前,这个领域的主流方法是计算机工程。如果这种方法在几个世纪内都没能实现通用人工智能,那么,智能上传的概率就会增加,就像电影《超验骇客》中那样,虽然看起来非常不现实。

如果人类水平的通用人工智能实现的脚步更加近了,我们就能对下一个重要问题做出更有根据的猜测,这个问题就是:"它会快速起飞、缓慢起飞,还是压根不起飞?"正如我们前文所看到的那样,快速起飞会让人工智能更容易统治世界,而慢速起飞可能会带来很多竞争对手。尼克·波斯特洛姆将这个起飞速度的问题分解成两个问题,并分别称为优化力(optimization power)和抗性(recalcitrance)。优化力指的是让人工智能变得更聪明所需要的优质努力程度;抗性指的是取得进展的困难程度。在任务上花费的优化力越多,进步的平均速度就会显著提升;遇到的抗性越多,进步的平均速度就会降低。他经过论证得出,当通用人工智能达到并超越人类水平时,抗性可能会增加,也可能会减少,所以,对这两种可能性都未雨绸缪,才是安全的选择。然而,当通用人工智能超越人类水平时,优化力极有可能会迅速增长。我们在欧米茄团队的故事中已经看到了个中缘由:进一步优化所需要的东西并不来自人类,而是来自机器本身。所以,通用人工智能的能力越强,进步的速度也就越快,前提是抗性保持不变。

如果能力进步的速度与其当下的能力成一定的比例,那么,每隔一定的时间,能力就会翻倍。我们把这种增长叫作指数型增长,把这种过程形象地称为"爆炸"。比如,如果生育能力增长的速度与人口规模成比例,人口就会爆炸;如果能裂变为钚的中子的生成速度与这种中子的数量成比例增长,就会发生核爆炸;如果机器智能增长的速度与它当前的能力成比例,就会发生智能爆炸。这些爆炸的特征就是,它们爆炸的时间恰好是其能力翻倍的时间。如果智能爆炸翻倍的周期像在欧米茄团队的故事里讲的那样短至几个小时或几天,那就是一种快速起飞。

智能爆炸的时间尺度取决于改进人工智能需要的是新软件还是新硬件。如果只需要软件,那爆炸可能在几秒钟、几分钟或几小时内发生;如果需要的是新硬件,那可能要花几个月或几年的时间。在欧米茄团队的故事中,有一个明显的现象,用波斯特洛姆的专业术语来说就是"硬件过剩"(hardware overhang):一开始,软件的质量并不高,欧米茄团队用大量的硬件弥补了原始软件的不足,这意味着普罗米修斯只需要改进它的软件,就可以实现多次的能力翻倍。互联网上的数据也有一个显著的特点叫作"内容过剩"(content overhang),这是因为,当普罗米修斯还处于 1.0 版本时,它还不够聪明,尚不能完全利用这些内容。但一旦普罗米修斯的智能增长到足够的程度,它进一步学习所需的数据就唾手可得,因为这些数据早已存在于互联网上。

运行人工智能的硬件和电力成本也很重要,因为如果机器以人类水平的智能工作的成本没有降到低于人类时薪之前,智能爆炸是不会发生的。比如,假设第一个人类水平的通用人工智能在亚马逊云计算平台上每完成一个小时的人类工作所花费的成本是100万美元,那么,这个通用人工智能具有很高的新颖价值,无疑将登上头条新闻,但它不会发生迭代式的自我改进,因为继续用人类来改进它会便宜得多。假设人类把每小时的成本逐渐削减到10万美元、1万美元、1 000美元、100美元、10美元,最后降到1美元,当用计算机来重新自我编程的成本降到远低于雇用程序员来做同样的事情所需支付的薪水时,程序员就会失业。通过购买云计算时间,优化力会极大增加。这又进一步削减了成本,带来了更多的优化力。智能爆炸就此开始。

这留给我们最后一个关键的问题:"谁或者什么东西会控制智能爆炸及其后果?他/它的目标是什么?"我们将在下一章讨论可能的目标和结果,并在第7章进行更加深入的探讨。为了研究关于控制的问题,我们需要知道人工智能可以被控制到何种程度,以及人工智能可以控制到何种程度。

最终究竟会发生什么事呢?你会发现,严肃的思考者们莫衷一是。有些人认为结果一定是悲剧,而另一些人则坚称结果一定是极好的。然而,对于我来说,这个问题本身就有问题,因为它是在被动地询问"会发生什么",就好像未来已经注定好了一样,而这是错误的!如果一个高级外星科技文明明天就会抵达地球,那么此时,问它们的宇宙飞船抵达时"会发生什么"才是合适的,因为它们的力量可能远远超过我们,所以我们无法对结果产生任何影响。然而,如果一个由人工智能驱动的高级科技文明即将到来，而人类正是它的缔造者，那么，人类对结果具有很大的影响力，这个影响是在我们创造这个人工智能的过程中潜移默化地加诸其上的。所以我们应该问："应该发生什么？我们想要什么样的未来？"

在下一章中，我们将探讨当前的通用人工智能研究可能产生的种种后果。我很好奇，你将如何对这些结果由好到坏进行排序。只有我们努力思考过自己想要什么样的未来，才有可能向这个方向前进。如果我们不知道自己想要什么，那就无法得偿所愿。

### 本章要点

- 如果有一天我们造出了人类水平的通用人工智能,就可能会触发一场智能爆炸,将人类远远甩在后面。

- 如果这场智能爆炸是由一些人类控制的,那他们可能会在几年时间内控制整个世界。

- 如果人类没能掌控这场智能爆炸,那么,人工智能可能会以更快的速度控制世界。

- 快速的智能爆炸可能会导致单极化的超级力量的出现;一个延续几年或者几十年的慢速智能爆炸更有可能促成多极化的情形,许多相当独立的实体在其中达成一种力量的平衡。

- 生命的历史说明,它总会自我组织成更复杂的层级结构,这种层级结构是由合作、竞争和控制共同塑造的。超级智能或许会促成更大宇宙尺度上的合作,但是,它最终会导致极权主义和由上自下的控制,还是会赋予个体更多权力,目前尚不清楚。

- 赛博格和上传者是可能的，但或许并不是实现机器智能的最快途径。

- 目前人工智能研究竞赛的高潮要么是人类历史上最好的事情，要么是最坏的事情。可能的后果形形色色，多种多样。我们将在下一章探讨这些可能性。

- 我们需要努力思考，我们希望看到什么样的结果，以及如何才能达成这个目标，因为如果我们不去思考自己想要什么，很可能无法得偿所愿。

Being Human in the Age of
Artificial Intelligence

很容易想象，当人类思想从肉身的束缚中解脱出来时，人们常常对来世充满信仰。不过，接受这个可能性，并不一定要采取一种神秘主义或宗教的立场。计算机为最热心的机械论者提供了一个模型。

——汉斯·莫拉维克，《智力后裔》

我，作为个人来说，欢迎我们新的计算机统治者。

——肯·詹宁斯（Ken Jennings），他在《益智问答》比赛中输给 IBM 的人工智能沃森时如是说

人类将变得像蟑螂一样无足轻重。

——马歇尔·布莱恩（Marchall Brain）

## 05 劫后余波,未知的世界:接下来的1万年

Aftermath: the Next
10 000 years

奔向通用人工智能的竞赛已经打响。虽然我们不知道它将如何展开，但不能因此而停止思考它会带来的后果，因为我们的想法会影响结果。你希望看到什么样的局面呢？为什么？

- 你想看到超级智能吗？
- 你想要人类继续存在，还是被取代，还是变成赛博格、上传者，或是被模拟？
- 你想要人类还是机器处于控制地位？
- 你想要人工智能产生意识吗？
- 你想要最大化积极体验，还是最小化痛苦折磨，还是顺其自然，让它自行解决？
- 你想要生命被散播到宇宙各处吗？
- 你想要文明朝着你所支持的更高目标而努力发展吗？还是说，你也可以接受未来的生命形态满足于在你看来毫无意义、陈腐不堪的目标？

为了促成这样的思考和对话，让我们来探索一下表 5-1 和表 5-2 中总结的人工智能可能带来的各种情形及其特征。这个清单虽然并不完整，但我们可以用它来拓展可能性的范围。我们不想因为计划不周而陷入错误的泥淖。我建议你略记一下你对第 1~7 个问题的暂时回答，然后在读完本章之后回顾一下，看看你是否改变了主意。你可以在 http://AgeOfAi.org 上做这件事，在这个网站，你还可以比较一下其他读者的笔记，并和他们进行讨论。

表 5-1　　　　　人工智能可能带来的后果总汇

| | |
|---|---|
| 自由主义乌托邦 | 由于大家都尊重产权，人类、赛博格、上传者和超级智能才会和平共处 |
| 善意的独裁者 | 每个人都知道人工智能控制着社会，并执行着严苛的规则，但大多数人认为这是一件好事 |
| 平等主义乌托邦 | 由于废除了产权制度和收入保障政策，人类、赛博格和上传者和平共处 |
| 看门人 | 一个超级智能创生时的目标是，在必要时减少干预，以防止产生另一个超级智能。结果，智力低于人类的助手机器人比比皆是，而且还存在人类与机器相结合的赛博格，但技术的进步遭到了永远的桎梏 |
| 守护神 | 从本质上来说，全知全能的人工智能只对人类进行很少的干涉，以致让人类觉得自己的命运还是掌控在自己手中，以此来最大化人类的幸福感；同时，人工智能隐藏得很好，许多人甚至怀疑人工智能是不是真的存在 |
| 被奴役的神 | 一个超级智能被困于人类的控制之下，用来生产难以想象的技术和财富。这些技术和财富可能被用来做好事，也可能被用来做坏事，这取决于谁处于控制地位 |
| 征服者 | 人工智能掌管了世界。它认为，人类是一种威胁，是讨厌鬼，是对资源的浪费，所以决定用一些人类无法理解的方法来消灭人类 |
| 后裔 | 人工智能虽然取代了人类，但其允许我们从容优雅地退出历史舞台，让我们把它们视为值得称道的后裔，就像父母为子女比自己聪明而感到高兴和骄傲一样，虽然子女向父母学习了很多，但它们取得了父母做梦都想不到的成就，即便父母活不到亲眼目睹的那一天 |

续前表

| | |
|---|---|
| 动物园管理员 | 无所不能的人工智能还在身边留着一些人类,这些人类感觉自己就像动物园里的动物一样,悲叹着自己的命运 |
| 1984 | 向超级智能前进的技术进步被永久地销毁了,但并不是被人工智能所销毁,而是被人类领导的奥威尔式监控国家所销毁。在这些国家中,某些人工智能研究被严格禁止 |
| 逆转 | 社会倒退回阿米什人①生活的那种风格的"前技术社会"(pre-technological society),阻止了技术向超级智能前进的步伐 |
| 自我毁灭 | 超级智能从未创生,因为人类用其他方法将自己毁灭了,比如,核战争或环境危机外加生物技术造成的破坏 |

表 5-2　人工智能可能带来的各种后果的特征

| 情形 | 超级智能存在吗 | 人类存在吗 | 人类处于统治地位吗? | 人类安全吗 | 人类幸福吗 | 意识存在吗 |
|---|---|---|---|---|---|---|
| 自由主义乌托邦 | 是 | 是 | 不是 | 不安全 | 混杂 | 存在 |
| 善意的独裁者 | 是 | 是 | 不是 | 安全 | 混杂 | 存在 |
| 平等主义乌托邦 | 不存在 | 是 | 是吧? | 安全 | 幸福吧? | 存在 |
| 看门人 | 是 | 是 | 一部分 | 可能 | 混杂 | 存在 |
| 守护神 | 是 | 是 | 一部分 | 可能 | 混杂 | 存在 |
| 被奴役的神 | 是 | 是 | 是 | 可能 | 混杂 | 存在 |
| 征服者 | 是 | 不存在 | - | - | - | ? |
| 后裔 | 是 | 不存在 | - | - | - | ? |
| 动物园管理员 | 是 | 是 | 不是 | 安全 | 不幸福 | 存在 |
| 1984 | 不存在 | 是 | 是 | 可能 | 混杂 | 存在 |
| 逆转 | 不存在 | 是 | 是 | 不安全 | 混杂 | 存在 |
| 自我毁灭 | 不存在 | 不存在 | - | - | - | 不存在 |

# 自由主义乌托邦

首先,让我们来看看人与科技和平相处的情形。在某种情况下,人

---

① 阿米什人是美国和加拿大安大略省的一群基督教再洗礼派门诺会信徒,他们通常拒绝使用现代科技,过着简朴的生活。——编者注

甚至能与科技融为一体,就像许多未来学家和科幻作家幻想的那样。

在自由主义乌托邦,地球上的生命以及地球之外的生命比以往任何时候都更加多样化。如果你看看卫星拍摄的地球图像,就可以很轻松地分辨出三个区域:机器区域、人类专属区域和人机混合区域。

**机器区域**是由机器人控制的巨大工厂和计算中心,那里没有生物意义上的生命,其目的是把每个原子都物尽其用。尽管机器区域看上去单调乏味,但它们的内部却非常活跃,在它们的虚拟世界中发生着惊人的事情。在那里,庞大的计算过程正在揭开宇宙的秘密,革命性的技术如雨后春笋般不断涌现。地球上的许多超级智慧的智能在互相竞争与合作,而它们都居住在机器区域。

**人机混合区域**的居民高度混杂,包括计算机、机器人、人类以及三者的混合体。正如汉斯·莫拉维克和雷·库兹韦尔等未来学家所设想的那样,许多人已经用科技将自己的身体升级为不同程度的赛博格,还有一些人已经将自己的智能上传到了新的硬件上,使得人与机器的界限日渐模糊。大多数智能的存在并没有永久的物理形态。相反,它们以软件的形式存在,能够在计算机之间顷刻移动,还能通过机器人的身体在物理世界中展现自我。由于这些智能可以很容易地自我复制或合并在一起,这里的"人口规模"总在不断变化。又由于不受物质形态的束缚,这里的居民拥有相当不同的人生观:它们感觉不到那么强烈的个人主义,因为它们总是不断地与他人分享知识和体验模块;并且,它们主观上会感觉自己是永生的,因为它们可以随时对自己进行备份。从某种意义上说,生活最核心的部分并不是智能，而是体验：特别精彩的体验会永远活下去，因为它们不断地被其他人复制和再次享用，而无趣的体验则被其所有者删除，以腾出存储空间留给更好的体验。

尽管大多数互动都是在虚拟环境中进行的，但许多智能仍然喜欢使用物理形态的身体进行互动和活动。比如，假设莫拉维克、库兹韦尔和拉里·佩奇上传智能后，他们的上传版本喜欢在一起玩。他们喜欢轮番创造虚拟现实，然后一起探索，但偶尔，他们也喜欢附身在现实世界中的双翼机器鸟身上，一起在天空中翱翔。一些在人机混合区域的街道、天空和湖泊漫游的机器人，同样也可能是由上传或增强的人类所控制的，他们选择在人机混合区域中将自己的智能附身在物理实体上，因为他们喜欢有人陪伴的感觉。

相反，**在人类专属区域**，人类水平和更高水平的通用智能机器都被禁止出入，通过技术增强的生物有机体也同样被禁止。这里的生活与我们今天没有太大的不同，只不过更加富裕和方便。贫困已经基本销声匿迹，大部分疾病都可以被治愈。居住在这些地区的人中，有一小部分不太被其他区域的居民所了解，或者知之甚少，他们也不太理解其他区域的高级智能体都在做些什么。不过，他们中的很多人对生活都很满意。

## 人工智能经济

绝大部分的计算都发生在机器区域，主要由居住在那里的许多互相竞争的超级智能所拥有。凭借其高超的智能和技术，它们的力量无人能敌。这些人工智能达成了一个协议，建立了一个自由主义的治理体系。这个治理体系只保护私有财产，除此之外别无他用。它们用这个体系来互相合作和进行协调。这些产权扩展到包括人类在内的所有智能实体，并解释了人类专属区域是如何形成的，早些时候，一群人聚在一起，决定在他们的区域内禁止向非人类出售财产。

由于先进的技术，超级智能比人类富裕得多，甚至比比尔·盖茨与一个无家可归的乞丐相比的富有程度还要高。虽然，人类专属区域的居民比今天大多数人的日子要好得多，但他们的经济与机器区域的经济相当脱节。所以，除了少许他们可以理解、复制和用得上的技术之外，其他区域的机器对人类专属区域的居民几乎没有任何影响，就像今天的阿米什人和各种与科技隔绝的土著部落一样，他们的生活水平按过去的标准来看，至少和过去不相上下。人类没有什么东西可以卖给机器，不过这没关系，因为机器不需要任何回报。

在人机混合区域，人工智能与人类之间的财富差异更为明显，这导致土地的价格远远贵于其他产品，算得上天文数字了，因为土地是人类拥有的唯一一种人工智能想要购买的东西。因此，大多数拥有土地的人类选择将一小部分土地出售给人工智能，以换取他们及其后代或其上传者的永久性基本收入。这使人类摆脱了对工作的需要，将他们从中解放出来，好享用物质世界和虚拟现实中由人工智能生产的又好又多又便宜的产品和服务。只要把人工智能考虑进去，那么，人机混合区域的主要功能就是为了玩，而不是工作。

## 为什么这种情况可能永远不会发生

听到我们可能会变成赛博格或者上传者,你可能会很兴奋。但是,可别高兴太早,这种情形也可能永远不会发生。让我们先来看看原因。首先,想要实现人类增强,也就是成为赛博格和上传者,有两条可能的路径:

- 我们自己发现了实现它们的方法;
- 我们建造了超级智能机器,让这些机器来搞明白实现它们的方法。

首先,如果第一条路先走通,它自然会让世界充满机器人和上传者。然而,正如我们在第 4 章所讨论的那样,大多数人工智能研究者认为,第二条路的可能性更高。因为建造增强大脑和电子大脑的难度远远高于从零开始建造一台超人类水平的通用人工智能的难度,就像机器鸟比飞机更难建造一样。即使我们建成了超强的人工智能,能不能造出赛博格和上传者依然不甚明晰。如果尼安德特人拥有 10 万年的时间来进化,变得更聪明,对他们自己来说自然很好,但我们智人却从来没有给他们这么多的时间。

其次,即使赛博格和上传者真的出现了,我们也不清楚这个情形是否稳定,能不能维持下去。想一想,几个超级智能体难道会甘于几千年保持势均力敌的状态?它们为什么不选择合并,从而融合成一个更加聪明的个体,然后统治世界呢?此外,既然机器不需要人类,而且它们能以更低的成本更好地完成人类的工作,为什么还会选择尊重人类的产权,并把人类留在身边呢？库兹韦尔推测说，自然人和增强人都会受到保护，免于灭绝，因为"人类因发明了人工智能而受到它们的尊重"[1]。然而，正如我们在第 7 章中将要讨论的那样，我们不能陷入将人工智能拟人化的陷阱，假设它们也拥有"感激"这种人类才有的情感。事实上，虽然人类总是习惯性的感恩，但我们中的许多人也没对我们智慧的创造者 DNA 表现出多么的感激，而是选择用避孕的方式来阻挠它实现自己的目标。

即使我们相信人工智能会尊重人类产权，它们也完全可以通过其他方式来逐渐获得人类的土地，比如，用第 4 章提到过的那些聪明的说服方法，来说动人类出售一些为奢侈生活而保留的土地。在人类专属区域，它们可以怂恿人类发动允许土地买卖的政治运动。毕竟，即使是坚持有机生物至上的顽固"卢德分子"也可能想卖掉一些土地，以挽救疾病缠身的儿童或者获得永生。如果人类忙于教育、娱乐和其他事情，那么，即便人工智能不插手，出生率也可能会下降，从而缩小人口规模，就像日本和德国目前的情况一样。这样的话，人类可能会在几千年内灭绝。

## 痛苦将不再是人类的专利

热心的支持者认为，赛博格和上传者有潜力让所有人通过技术获得幸福和延长寿命。事实上，由于相信未来能实现智能上传，有 100 多人选择死后将大脑交给亚利桑那州的 Alcor 公司冷冻起来。但是，即使这项技术变成现实，也不一定人人都能用得上。富翁们当然能使用，但除此之外还有谁呢？即使这项技术变便宜了，让穷人也能负担得起，还有一个问题是,界限应该划在哪里呢?损伤严重的大脑能被允许上传吗?我们会上传大猩猩吗?还有蚂蚁、植物和细菌呢?未来的文明是否会像囤积强迫症患者一样,试图上传一切,或者本着诺亚方舟的精神,在每个物种中挑选一些有趣的个体来上传?又或者,在每个人种里挑选几个有代表性的个体?到那时,可能已经存在大量更加智能的实体,那么,上传一个人或许并不比模拟一只老鼠或蜗牛更有意思。这就好比,虽然我们目前的技术完全有能力复活20世纪80年代DOS系统中的表格程序,但没有人觉得这是一件有意思的事,也不会有人去这么做。

许多人可能不喜欢这种"自由主义乌托邦"的情形,因为它可能会带来一些本可以避免的苦难。由于产权是唯一神圣的原则,所以,没有什么能够阻止当今世界的一些痛苦被带入未来的人类专属区域和人机混合区域。在一部分人兴旺发达之时,其他人可能会陷入悲惨和奴役的情景之中,或者遭受暴力、恐惧、压抑或沮丧。比如,马歇尔·布莱恩在其2003年的小说《曼娜》(*Manna*)中描述了,在自由主义经济体系中,人工智能的进步让大多数美国人失去了工作,只能在机器人运营的社会福利房中度过单调沉闷的余生。他们就像农场中的动物一样,在富人永远看不到的地方被好好地喂养,保持着健康和安全。饮水中的避孕药物确保他们不会生孩子,所以大部分人口将被淘汰,而剩下的富人将拥有更多由机器人创造的财富。

在自由主义乌托邦的情形下,痛苦不一定只是人类的专利。如果一些机器也产生了有意识的情感体验,那它们也可能会受苦。比如,一个怀恨在心的精神病患者可能会以合法的方式将仇人的副本上传到计算机中,并在虚拟世界中向他施以最可怕的折磨,这样带来的痛苦程度和持续时间将远远超出现实世界中的生物可能遭受的程度。

## 善意的"独裁者"

现在,让我们来探讨一下另一种情景。在这种情景中,上面所说的所有痛苦都不复存在,因为有一个仁慈善良的超级智能体在掌管着世界。它执行着严格的规则,旨在将它的"人类幸福模型"最大化。这是第4章所讲的欧米茄团队带来的第一个可能的结果。在这种情景中,欧米茄团队搞明白了如何将"让社会蓬勃发展"的目标赋予普罗米修斯,然后把控制权移交给它。

"独裁者"人工智能开发出了惊人的技术,帮助人类消除了贫穷、疾病等低技术水平的问题,所有人类都享受着奢华休闲的生活。人工智能控制的机器生产出所有必需的产品和服务,满足了人类所有的基本需求。犯罪现象被消灭了,因为人工智能"独裁者"基本上是无所不知的,可以有效地惩罚任何违反规则的人。每个人都佩戴着第4章所说的安全手环或其他更方便的植入装置,这些装置能够实时监控、惩罚、注射镇静剂和执行死刑。虽然人人都知道他们生活在人工智能专政的极端监视和治安维持之下,但大多数人认为这是一件好事。

超级智能的人工智能"独裁者"的目标是,研究人类基因中展现出来的进化偏好,从而搞明白人类的理想社会是什么样子,然后去实现它。从开发人工智能的人类工程师那里,人工智能"独裁者"获得了一些有智慧的远见,因此,它不会为了实现人类的极乐世界而选择给人类注射吗啡。相反,人工智能"独裁者"对"人类繁荣"的定义相当复杂和微妙,它将地球变成了一个高度丰富的动物园,居住在这里的人类非常开心。因此大多数人对当前的生活十分满足,并认为富有意义。

## 9大区域系统

由于人工智能理解多样化的重要性,也意识到不同的人拥有不同的偏好,因此,它将地球划分成了不同的区域,供人们选择,这样你就可以和同类人住在一起。下面举了一些例子:

- **知识区域**:在这个区域,人工智能会提供最优质的教育,包括沉浸式的虚拟现实体验,你能学习任何你想学习的东西,你还可以选择在学习时,让它先别告诉你结论,而是引领你去发现,享受发现的乐趣。
- **艺术区域**:在这里,你可以拥有许多机会去享受、创造和分享音乐、艺术、文学等创造性的表达形式。
- **享乐区域**:当地人把这里叫作"聚会区",对那些渴望美食、激情、亲密行为或者只是单纯想享受疯狂快乐的人来说,这里是首屈一指的选择。
- **敬神区域**:有许多不同的敬神区域,每一个区域对应着不同的宗教。这些区域拥有十分严苛的规章制度。
- **野外区域**:不管你是想要美丽的海滩、可爱的湖泊、壮观的山峦,还是奇妙的峡湾,都可以在这里找到。

- **传统区域**：在这里，你可以自己栽种粮食，靠种地生活，就像过去的人们一样，但你不必担心饥荒和疾病。
- **游戏区域**：如果你喜欢电脑游戏，那么，人工智能在这里创造出了能让你极度兴奋的选项。
- **虚拟区域**：如果你想要抛却肉身去度假，那么在这里，人工智能体让你通过神经植入的方式探索虚拟世界，同时帮你保持碳水平衡，喂以食物，并帮你保持锻炼和清洁身体。
- **监狱区域**：如果你违法了，但不是什么需要立刻处死的罪行，就会被抓到这里关起来。

除了这些"传统"的主题区域之外，还有一些新兴主题可能是今天的人类不能理解的。一开始，人类可以在各个区域之间自由迁徙，这要归功于人工智能的超音速运输系统。比如，当你在知识区域度过了忙碌的一周，学习了人工智能发现的大量终极物理规律之后，可能想要在周末转换到享乐区域轻松一下，再去野外区域的海滩度假村放松几天。

人工智能执行的规则有两个层次：通用规则和本地规则。通用规则适用于所有区域，比如禁止伤害他人、禁止制造武器、禁止尝试创造与独裁者类似的超级智能等。除此之外，各个区域还拥有一些本地规则，形成了某些道德规范。因此，这种区域体系有助于处理不相容的价值观。监狱区域和一些敬神区域的本地规则数量最多；还存在一个自由区域，这个区域内没有任何本地规则，这里的居民以此为荣。所有的惩罚，包括地方上的惩罚，都是由人工智能来执行的，因为如果用人来惩罚另一个人，会违反通用规则中的"禁止伤害他人"的条例。如果你违反当地的规则而没有进监狱区域,人工智能会给你两个选择:接受预先设定的惩罚,或者永远离开该区域。比如,如果两个女性相爱了,但她们生活在一个禁止同性恋的区域中,就像今天的许多国家一样,那么,人工智能会给她们两个选择:要么被关进监狱,要么永远离开这个区域,永远不可以见到她们的老朋友,除非那些朋友和她们一起离开。

无论你出生在哪个区域,所有儿童都能从"独裁者"人工智能那里获得一定程度的基础教育,其中包括关于人类整体和各个区域的知识,比如,他们会学到如何自由访问并迁徙到其他区域的知识。

人工智能之所以会设计出如此多样化的区域,是因为它的创造者人类在设计它时,让它了解了人类多样化的重要性。每个区域带来的快乐都比今天的技术所能带来的快乐更多,因为人工智能已经消除了所有困扰人们多年的老问题,比如贫穷和犯罪;而且,享乐区域中的人们不必担心性传播疾病(已被根除)、宿醉或药物上瘾(人工智能开发出了完美的康复药物,无副作用)。事实上,任何一个区域都不需要担心任何疾病,因为人工智能体用纳米技术修复人体。许多区域的居民都可以享受到高科技式的建筑物,这些建筑物和精美程度连科幻电影中的画面都相形见绌。

总而言之,在自由主义乌托邦和善意的"独裁者"的情形中,超级人工智能都会带来技术和财富,但二者在谁管事和目标方面存在差异。在自由主义乌托邦中,是由那些占有技术和财产的人来做决定,而在善意的"独裁者"的情形下,"独裁者"人工智能拥有无限的权力,并由它来设定最终目标,那就是,把地球变成一个符合人类各种偏好的主题式游轮。由于人工智能给出了许多不同的幸福路径供人类选择,并且还十分关心人们的物质需求,这意味着如果有人受苦,那只能是出于他们自己的选择。

## 愉快,却毫无意义

虽然在善意的"独裁者"人工智能的情形中,到处都是美好的体验,也基本上没有人会受苦,但许多人却觉得,这不是最好的。首先,有些人希望,人类在塑造社会和自我命运方面应当拥有更多的自由,但他们没有把这些想法说出来,因为他们知道,挑战高高在上的人工智能无异于自杀。一些人希望能自由地拥有尽可能多的孩子,并抱怨人工智能为了可持续发展而采取的人口控制政策,枪支爱好者讨厌禁止建造和使用武器的禁令,一些科学家也不喜欢禁止建造超级智能的禁令。许多人认为,某些区域的人道德低下,他们一方面对此十分愤慨,另一方面又担心自己的孩子会选择搬到那里,所以,他们渴望能把自己的道德标准强加于所有区域。

随着时间的推移,越来越多的人选择迁徙到那些能给予他们想要的一切的区域。在过去,人们对天堂的想象是,能得到自己应得的东西。而善意的独裁者的情况却更符合朱利安·巴恩斯(Julian Barnes)在其1989年的小说《10-1/2卷人的历史》(*History of the World in 10 1/2 Chapters*)中所描述的"新天堂"精神①。在"新天堂"里,你得到的不是你应得的东西,而是你想要的东西。然而矛盾的是,许多人对总能得偿所愿这一事

---

① 关于"新天堂",1960年的电视剧《阴阳魔界》(*Twilight Zone*)中的一集《值得拜访的好地方》(*A Nice Place to Visit*)中也有所体现。——编者注

实感到很悲哀。在巴恩斯的故事里,主角把大量时间花在了纵情人生上,从暴饮暴食到打高尔夫球,再到与名人上床,但最终屈服于厌倦,走向毁灭。在善意的"独裁者"的情景中,许多人也会遇到类似的情况。他们虽然生活得很愉快,却感到毫无意义。虽说可以人为地创造一些挑战,比如科学发现和攀岩,但每个人都知道这些挑战只是娱乐而已,不是真的。人们试图去做科学研究是没有意义的,因为人工智能早已掌握了一切。人类试图创造一些东西来改善生活也是没有意义的,因为如果他们想要,只要跟人工智能说一声,就能立刻得到。

## 平等主义乌托邦

现在,让我们来探讨一个与善意的"独裁者"情景相反的情景。这个情景中没有超级智能,人类是自己命运的主人。这是马歇尔·布莱恩的小说《曼娜》中描述的第四代文明(the 4th Generation Civilization)。从经济学的角度来说,这是自由主义乌托邦的对立面,因为在这里,人类、赛博格和上传者之间之所以能和平共处,并不是因为有财产权的保护,而是因为废除了私有财产和增加了保障收入。

### 没有财产的人生

这个情景的核心思想来自开源软件运动。这个思想就是:如果软件可以自由复制,使得每个人都可以根据自己的需要尽可能多地使用这些软件，那它们的所有权问题就失去了实际意义①。根据供求规律，成本反映了稀缺性，所以，如果供应是无限的，那价格就会变得极低，甚至可以忽略不计。这个情景十分符合这种思想，在平等主义乌托邦，所有知识产权都被废除了：没有专利，没有版权，也没有商标设计，人们乐于分享他们的好点子，每个人都可以自由地使用它们。

由于机器人技术非常发达，同样的"无产权"思想不仅适用于软件、书籍、电影和设计方案等信息产品，也被应用于房屋、汽车、服装和计算机等具有物质实体的产品。所有这些产品都是由原子组合而成的。原子并不稀缺，比比皆是。所以，当一个人想要一个特定的产品时，机器人网络就会用一个开源设计方案来做一个，并免费送给他。机器人会认真地处理可回收材料，这样，每当有人厌倦了他们使用的某件物品时，它们就把这些物品的原子重新排列成其他人需要的物品。这样一来，所有的资源都被回收了，所以，没有资源会被永久销毁。这些机器人还建造和维护着足够多的利用太阳能和风能等可再生能源的发电厂，所以，能源基本上也是免费的。

为了避免强迫性围积者索要过多的产品或土地，导致其他人不能得偿所愿，每个人每个月都能从政府那里领取一笔基本收入。他们可以用这笔钱来购买自己想要的东西，租住自己想住的房子。几乎没人有挣更多钱的动机，因为这笔基本收入很高，足以满足任何合理的需求。即使

---

① 这个想法可以追溯到圣奥古斯丁（Saint Augustine），他写道："如果某件东西在与他人分享时并不会减少半分，那么，只是占有它而不分享，就是不正确的。"

他们去尝试挣钱也是徒劳无功的，因为竞争对手都在免费赠送各种智力产品。此外，还有机器人在生产着各种各样的免费产品。

## 创造力和技术，从来不发源于金钱

虽然有时知识产权被誉为是创造力和发明之母，但马歇尔·布莱恩指出，在人类创造力的最佳例子中，比如科学发现、文学创作、艺术、音乐和设计，许多都不是出于利益，而是出于其他动机，比如好奇心、对创造的渴望或同伴的赏识。激励爱因斯坦发明狭义相对论的并不是金钱，促使林纳斯·托瓦兹（Linus Torvalds）创造出免费Linux操作系统的同样也不是金钱。相比之下，现在有很多人都没有意识到自己的创造潜力，因为，为了谋生，他们需要投入时间和精力到创造性不那么高的活动上。布莱恩笔下的乌托邦社会将科学家、艺术家、发明家和设计师从鸡毛蒜皮的琐碎小事中解放出来，激发了他们纯粹的创作欲望，因此，这种社会定能拥有比今天更高的创新水平，相应也会拥有更高超的技术和更好的生活水平。

未来的某一天，人类可能会开发出这样一种新技术，称为"Vertebrane"。这种技术就像一种"超级互联网"。它通过神经植入物将所有自愿接入的人无线连接起来，这样，人们只需要动动脑子，就可以随时获取全世界的免费信息。有了它，你还可以上传你想分享的任何体验，以供其他人尝试。你还可以随意下载任意虚拟体验来替代你的感官体验。《曼娜》这本书探讨了这种技术的诸多好处，比如，可以把锻炼身体简化为打瞌睡：

剧烈运动的最大问题就是没有乐趣。它令你疼痛。运动员可以忍受疼痛，但大多数正常人都不想忍受长达一个小时甚至更长时间的疼痛。所以，有人想出了一个解决方案。你只需要中断一个小时大脑与感官输入的连接，用这一个小时的时间来看电影、与人交谈、处理邮件或读书，在此期间，Vertebrane 系统会帮你锻炼身体。它会让你的身体完成一次完整的有氧运动，如果没有它，这套运动超出了大多数人能容忍的程度。有了 Vertebrane 帮你锻炼身体，虽然你没有任何感觉，但你的身体却能保持良好的状态。

此外，Vertebrane 系统的计算机能监测每个人的感官输入，如果它发现有人即将实施犯罪行为，那它就可以暂时制伏他们，让他们动弹不得。

## 偏见与不稳定

有一种反对平等主义乌托邦的声音说，这种情景对非人智能有偏见：任劳任怨、辛苦工作的机器人似乎都很聪明，却被人类当作奴隶一样对待。人类理所当然地认为，它们是无意识的，所以不应该拥有任何权利。相反，自由主义乌托邦将权利赋予了所有智能体，而不会偏向于我们这种碳基类智能。曾几何时，美国南方的白人生活得很舒适，因为大部分工作都由奴隶来完成，但今天大多数人都认为，把蓄奴称为"进步"，在道德上是不可接受的。

平等主义乌托邦情景的另一个缺点是，从长远来看，它可能很不稳定，站不住脚。只要无情的技术进步最终造出了超级智能，它就会转变为其他情景。在《曼娜》一书中，超级智能还不存在，新技术都是由人类而不是由计算机发明的，但书中并未解释原因。不过，这本书还是强调了向这个方向发展的趋势，比如，不断改进的Vertebrane可能会变得超级智能。另外，还有一大群绰号为"维特人"（Vites）的人几乎完全生活在虚拟世界中，Vertebrane负责照顾他们的一切生活起居，包括进食、洗澡和上厕所，他们位于虚拟现实中的智能对这些事情都没有知觉和意识。维特人没兴趣在物理世界中生孩子，如果他们的肉体死了，他们的虚拟智能也会死去。所以，如果每个人都变成了维特人，那人类就会在一片荣耀与极乐的虚拟光芒中走向灭绝。

《曼娜》这本书解释了维特人觉得身体会令他们分心的原因，并提到，正在开发的新技术有望消除这种烦恼，为他们的大脑提供最佳的营养素，从而让他们能活得更久。由此看来，维特人自然而理想的下一步似乎就是完全放弃大脑，然后上传智能，从而延长寿命。但现在，大脑对智力的限制因素都消失了，没有什么能阻止维特人逐渐提升认知能力，直到发生迭代式的自我改进，并触发智能爆炸。

## 守门人

我们刚刚已经看到，平等主义乌托邦情景有一个吸引人的特征：人类掌握了自己的命运。但如果超级智能被开发出来了，这个好处也就不复存在。这个问题可以通过建造"守门人"来预防。守门人的目标是尽可能少地进行干预，以避免创造出另一个超级智能①。这或许能使人类无限期地保持平等主义乌托邦的状态，甚至可以在这种状态下将生命撒遍宇宙，就像第 6 章中即将探讨的那样。

这要如何实现呢？守门人人工智能的这个简单的目标内置在它的"脑子"里。即使它经历迭代式自我改进后变成超级智能，它依然保留着这个目标。然后，它将部署侵入性和破坏性最低的监视技术，以监控任何想要为它建造竞争对手的人。一旦监测到这种行为，它就会以破坏性最小的方式加以阻止。如果这个人刚着手不久，它采用的策略可能是发布和传播文化模因②，赞美人类的自主性，歌颂消灭超级智能的行为。如果守门人人工智能发现试图建造超级智能的是一些专业人士，那它可能会试图劝阻他们。如果劝阻失败，它可能会试着分散他们的注意力。在必要的情况下，它可能会搞破坏。由于它几乎可以无限制地使用任何技术，因此它能神不知鬼不觉地破坏研究者的行动，而不会有人注意到。比如，它可以用纳米技术来小心谨慎地抹去研究者大脑（或计算机）中的有关记忆。

建造守门人人工智能的决定可能会引起争议。支持者可能包含一些宗教人士。他们反对建造拥有神力的超级智能。他们声称，已经有一个上帝了，试图建造一个可能更好的上帝是不合适的。还有一些支持者可能会认为，守门人人工智能不仅能让人类掌握自己的命运，还能保护

---

① 我是从我的好友兼同事安东尼·阿奎尔那里第一次听说这个想法的。
② 模因（memes）是指文化基因，其在诸如语言、观念、信仰、行为方式等的传递过程中的作用，与基因在生物进化过程中所起的作用类似。——编者注

人类免受超级智能可能带来的其他风险，比如本章后面将会探讨的"末日"情景。

然而，批评者可能会认为，守门人人工智能是一种可怕的东西，它将不可挽回地削弱人类的潜力，并让技术进步永远陷入困境。比如，如果在宇宙中散播生命的种子（第6章我们会探讨这个问题），就需要超级智能的帮助，那么守门人人工智能将扼杀掉这个巨大的机会，并可能将我们永远困在太阳系中，无法冲出去。此外，与世界上大多数宗教的神祇不同，守门人人工智能对人类的态度是完全漠视的，只要我们不创造另一个超级智能就行。比如，如果我们的某些行为会给自己带来巨大的痛苦，甚至招致灭绝，它也会冷漠地袖手旁观，并不会试图阻止。

## 守护神

既然我们愿意用一个超级智能的守门人人工智能来确保人类掌控自己的命运，那么，我们大可以让这个人工智能更加小心谨慎地关照我们，就像一个守护神一样，这样可能更好。在这种情况下，这个超级智能本质上是无所不知、无所不能的，它会对我们进行干预，但这些干预只是为了最大限度地提升人类的幸福感。它会让我们保持对自己命运的控制感，同时把自己隐藏起来，以至于许多人甚至怀疑它是否存在。刨去"隐藏"的部分，这个情景与人工智能研究者本·格策尔（Ben Goertzel）所提出的"保姆人工智能"（Nanny AI）的情景很相似[2]。

守护神和善意的"独裁者"都属于试图提升人类幸福感的"友好的人工智能",不过,它们处理人类需求的优先顺序有所不同。美国心理学家亚伯拉罕·马斯洛有一个著名的理论:他将人类的需求分为 5 个层次①。善意的独裁者完美地解决了最底层的生理需求,比如食物、住所、安全感和各种愉悦体验等。而守护神不是狭隘地满足我们的基本需求,而是想让我们感觉到生活是有意义和目标的,以此来最大化人类的幸福感。它的目标是满足我们所有的需求,而它自己只有两个需求,一是隐藏起来,二是最大程度地让我们自己来做决定。

守护神可能是第 4 章中所说的欧米茄团队的第一个情景的自然结果。在第 4 章,我们讲到欧米茄团队没能控制好普罗米修斯,导致它最终隐藏起来,没人知道它的存在。人工智能技术越先进,它要隐藏起来就越容易。电影《超验骇客》就是一个例子。这部电影中,纳米机器人几乎无处不在,并成为世界自然而然的一部分。

通过密切监视所有人的活动,守护神人工智能可以在许多地方做出一些难以察觉的小推动或小奇迹,以此来极大地改善我们的命运。比如,如果它存在于 20 世纪 30 年代,那么,一旦它发现希特勒的意图,就可能会让他死于中风。如果我们正在酝酿一场意外的核战争,那它可能会进行一些干预,扭转局面,避免战争,而我们却不知道是它扭转了乾坤,还以为是因为我们运气好。它还可以在睡梦中给予我们一些难以察觉的

---

① 亚伯拉罕·马斯洛(Abraham Maslow)将人类的需求像阶梯一样从低到高分为 5 个层次,分别是:生理需求、安全需求、社交需求、尊重需求和自我实现需求。——编者注

"启示",以此来帮助我们开发出有益的新技术。

许多人可能会喜欢这种情形,因为它与今天的一神论宗教所相信或所希望的局面很相似。如果有人打开一个超级智能的开关,然后问它:"上帝是否存在?"它可能会引用史蒂芬·霍金讲的一个笑话来戏谑他:"现在存在了!"然而,一些宗教人士可能会不喜欢这种情形,因为人工智能的能力超越了他们的上帝,或者打乱了"人类只有在自己做选择时才算做好事"的神圣计划,这也是守护神人工智能的第一个缺点。

守护神人工智能的第二个缺点是,为了隐藏自己,守护神人工智能可能会放任一些本可以避免的痛苦发生。这有点类似电影《模仿游戏》(*The Imitation Game*)中的情景,艾伦·图灵等人在英国布莱切利庄园破译密码,他们知道许多关于德军潜艇袭击盟军海军护卫队的消息,但为了最终的胜利,他们没有告诉盟军这些消息,以免暴露他们破译密码的能力。把这个问题与所谓的"神义论"问题相比较是十分有趣的。神义论问题是说,为什么善良的上帝会允许人类痛苦的存在?一些宗教人士争辩说,这是因为上帝希望人们拥有一些自由。在守护神人工智能的模式中,它会这样回答神义论问题:当人们感觉到自由时,会提升整体的幸福感。

守护神人工智能的第三个缺点是,人类得以享用的技术水平远远低于这个超级智能所发明的技术水平。善意的"独裁者"人工智能为了人类的利益,可以将其发明的所有技术都拿出来使用,但守护神人工智能却会受到两个方面的限制：第一，人类不一定能理解它发明的技术；第二，为了隐藏自我，守护神人工智能不能直接把技术告诉人类，而是需要给人们一些微妙的线索，让他们自己去发明，但人类"重新发明"某项技术的能力也是有限的。守护神人工智能可能还会故意限制人类技术进步的速度，以确保自己的技术远远超前于人类，免得被人发现。

## 被奴役的神

假如人类能把上述所有情景的好处全部结合起来，用超级智能开发的技术来消除人类的痛苦，同时保证人类能掌控自己的命运，那岂不是很好吗？这就是"被奴役的神"的情景的魅力。在这种情景中，人类控制着一个超级智能，用它来生产超出人类想象的技术和财富。如果普罗米修斯从未逃脱，那么，本书开头提到的欧米茄团队所能做的可能最后就会变成这样。事实上，这种情景似乎是一些人工智能研究者在处理诸如"控制问题"和"人工智能装箱"等问题时的默认目标。比如，当年美国人工智能协会的主席汤姆·迪特里奇（Tom Dietterich）在 2015 年的一次采访中说：

> 人们总在问，人与机器的关系如何。我的回答是，这很明显：机器是我们的奴隶。[3]

这是坏事还是好事呢？这个问题微妙而有趣，因为答案取决于你问的对象是人还是人工智能。

## 这对人类是好是坏

无论结果对人类是好是坏,显然都取决于控制人工智能的人类,因为这些人既能创造出消除疾病、贫穷和犯罪的全球乌托邦,也能创造出残酷的压迫体系,在那里,他们自己的地位就像神一样,而其他人会被用作角斗士等娱乐项目。这种情况很像那些"某人控制了万能精灵来帮他实现所有愿望"的故事,不管讲故事的人处于什么年代,他们都可以毫不费力地设想出最坏的结局。

在某一种情景中,如果被人类奴役和控制的超级智能不止一个,那么,这种情景可能是不稳定和短命的。它会引诱那些认为自己拥有更强大的人工智能的人发起攻击,打响一场可怕的战争,而战争的结局可能是:全世界只剩下唯一一个"被奴役的神"。然而,战争中处于下风者可能会考虑抄近路,把打胜仗的优先级放在被奴役的人工智能之前,这可能会导致人工智能逃脱,或者导致之前讨论过的几种自由超级智能的情景之一。因此,我们在本节余下的部分来探讨一下被奴役的人工智能只有一个时的情景。

或许,逃脱无论怎样都会发生,因为太难预防。我们在第 4 章中探讨了超级智能逃脱的情况,而电影《机械姬》则告诉我们,即使还没有达到超级智能,人工智能也可能会逃脱。

我们的人工智能逃脱恐惧症越厉害,在人工智能发明的技术中,我们能使用的技术就越少。正如我在引言部分描述的欧米茄团队一样,为了安全起见，在人工智能发明的技术中，我们人类只能使用那些我们能够理解和建造的技术。因此，被奴役的人工智能有一个缺点，那就是：其技术水平低于那些拥有自由超级智能的技术水平。

随着被奴役的人工智能提供给人类控制者的技术日益强大，在技术之力和使用技术所需的智慧之间展开了一场较量。如果人类输掉了这场智慧的较量，这个被奴役的人工智能的情景就可能会招致自我毁灭，或导致人工智能逃脱。即便这两种惨剧都避免了，也可能会造成灾难性的后果，因为人工智能控制者的崇高目标可能会在几代人的时间内演变成对人类整体而言极其可怕的目标。因此，人工智能控制者们建立一个良好的管理体系来避免灾难的发生，就成了一件至关重要的事情。几千年来，人类实验了各种不同的管理体系。这些经验告诉我们，管理体系的问题何其多，从顽固不化到随波逐流，再到争权夺势、继位问题和能力问题。至少有4个方面必须要达到最佳平衡：

- **中心化**：在效率和稳定性之间存在一个此消彼长的平衡状态，当只有一个领导者时，会非常有效，但在这种情况下，权力总会腐败，换届也很冒险。
- **内部威胁**：不管权力是过度中心化还是过度去中心化，都必须保持警惕，因为前者会导致党同伐异，甚至只剩下一个领导者统治所有人，而后者会导致臃肿的官僚机构和碎片化。
- **外部威胁**：如果管理体制过于开放，会容易让外部力量包括人工智能腐蚀它的价值；但是，如果它过于顽固不化，又会导致无法学习新东西，不能适应改变。

○ **目标稳定性**：目标"漂移"得过多，会把乌托邦变成反乌托邦的情形。但是，如果目标雷打不动，又会无法适应快速发展的科技环境。

想要设计一个能延续数千年的最佳管理体系并不是一件容易的事情，迄今为止，人们还没能得偿所愿。大多数组织都会在几年或几十年后崩溃。对于那些青睐于"被奴役的神"情景的人来说，研究如何建立持久的最佳管理体系应该是我们这个时代最紧迫的挑战之一。

## 这对人工智能是好是坏

假设，人类因"被奴役的神"人工智能而繁荣兴盛起来了，这符合伦理吗？如果那个人工智能拥有主观意识体验，那么，它会不会感觉"活着就是苦难"？它会不会因为自己必须听命于低等生物而感到无尽的沮丧？毕竟，我们第 4 章探讨的"人工智能装箱"说白了就是"单独囚禁"。尼克·波斯特洛姆把让有意识的人工智能受苦的行为称为"智能犯罪"（mind crime）[4]。电视剧《黑镜》中的《白色圣诞》这一集就给出了一个很好的例子。还有一个例子就是电视剧《西部世界》，其中，许多人折磨和谋杀那些拥有人类外表的人工智能时并没有感到一丝道德上的不安。

## 奴隶主如何为奴隶制度辩护

我们人类有一个悠久的传统，就是把其他智能体当作奴隶，并且用自私自利的理由来证明它的合理性，所以，人类极有可能会试图对超级智能做同样的事情。奴隶制几乎在所有文化的历史中都有出现。将近

4 000年前的《汉谟拉比法典》中就有对奴隶制的描述。"有人治人,有人被治,这件事不仅是必要的,而且是权宜之计;从人们出生的那一刻开始,就有一些人隶属于服从的地位,另一些人则处在统治地位。"亚里士多德曾经在《政治学》中这么写道。即使在世界的大部分地区,奴役人类都已变得不可接受,但对动物的奴役仍然风头不减。玛乔丽·施皮格尔(Marjorie Spiegel)在她的著作《可怕的比较:人类和动物的奴隶制》(The Dreaded Comparison)一书中指出,与人类奴隶一样,动物也会受到打烙印、约束、殴打、拍卖、与父母分离和被迫旅行等遭遇。而且,尽管有动物权利运动,我们仍然会不假思索地把智能机器当作奴隶来对待,有关"机器人权利运动"的讨论常沦为笑谈。这是为什么?

支持奴隶制的人有一个常见的论点,那就是:奴隶不配享有人权,因为他们或他们的种族/物种/种类在某种程度上是低劣的。对于被奴役的动物和机器来说,它们之所以被冠以"低劣"之名,往往是因为人们认为它们缺乏灵魂或意识。我们将在第8章讨论为什么这个观点在科学上是可疑和模棱两可的。

另一个常见的观点是,当奴隶们被奴役时,他们的生活会变得更好:他们得以幸存于世,并接受照料,诸如此类。19世纪美国政治家约翰·卡尔霍恩(John C. Calhoun)有个著名的观点,他说,非洲人在美国当奴隶时,他们的生活反而变得更好了。亚里士多德在他的《政治学》也表达了类似的观点,他认为,当动物被人类驯服和控制时,它们的境况变得更好了。他接着说:"事实上,蓄养和使用奴隶与驯服动物没什么两样。"一些现代奴隶制支持者认为，即使奴隶的生活单调乏味，但它们并没有受苦，无论它们是未来的智能机器，还是生活在又挤又黑的棚屋里的肉鸡，整天被迫呼吸着粪便和羽毛散发出来的氨气与灰尘。

### 消除情绪

虽然我们很容易觉得上面这些说法是对真相的自私扭曲，因而不予理会，尤其是涉及大脑与人类相似的高等哺乳动物时，但是，当我们转而谈论机器时，情况却变得非常微妙和有趣。不同的人对同一件事的看法各不相同。精神病患者可能缺乏同情心。一些抑郁症患者或精神分裂症患者可能会情感贫乏，这种情况会严重降低大部分情绪体验。正如我们将在第7章中详细讨论的那样，人造智能的可能性比人类心灵要多得多。因此，我们必须抵抗将人工智能拟人化的诱惑，尽量避免认为它们具有典型的人类情感，或者说，根本不要假设它们拥有任何感觉。

确实，人工智能研究者杰夫·霍金斯在他的《智能时代》（On Intelligence）一书中认为，第一台拥有超人智能的机器肯定是没有情绪的，因为这样的设计更简单，也更便宜。换句话说，我们或许能设计出一个超级智能机器，我们对它的奴役比奴役人类或动物在道德上更易令人接受：这个人工智能乐于被奴役，因为我们为它编入了"喜欢当奴隶"的程序，又或者，它完全没有情绪，只知道永不疲倦地用它的超级智能为人类主子做事，就像打败国际象棋冠军加里·卡斯帕罗夫的深蓝计算机一样。

或者，也可能是另一种情况，有可能，任何高级智能系统，只要它拥有目标，它就会将这个目标表现为一些偏好，而这些偏好就会赋予它价值和意义。我们将在第 7 章更深入地探讨这些问题。

## 僵尸方案

想要避免人工智能遭受痛苦，还有一个比较极端的解决方法——僵尸方案，也就是说，只建造完全无意识、无任何主观体验的人工智能。如果未来有一天我们搞明白了让一个信息处理系统获得主观体验需要什么属性，那我们就可以禁止建造具备这些属性的所有系统。换句话说，人工智能研究者可能只允许建造无知觉的僵尸系统。假设这种僵尸系统获得了超强的智能，并成为我们的奴隶（这可是个重大的假设），那我们就不会为我们的所作所为感到良心不安，因为我们知道它不会感到痛苦、沮丧或无聊，因为它什么感觉也没有。我们将在第 8 章详细探讨这些问题。

然而，僵尸方案是一个冒险的赌博，它有一个严重的缺点。如果一个僵尸超级智能逃脱并消灭了人类，那我们就遇到了最糟糕的情况：一个完全无意识的宇宙。在那里，整个宇宙的禀赋都被浪费掉了。在我看来，在人类所有的智力特质中，意识（consciousness）是最了不起的。我认为，意识正是宇宙的意义之来源。星系之所以美丽，是因为我们的目光触及它们，并在主观上体验到它们的存在。如果说在遥远的将来，高科技的僵尸人工智能占领了整个宇宙，那么，无论它们的跨星系结构是多么的奇妙，它都不会是美丽的或者有意义的，因为没有人能够体验它，只是对空间巨大而又毫无意义的浪费罢了。

### 内部自由

想让"被奴役的神"的情形更符合伦理,还有第三种方法,那就是允许被奴役的人工智能在监狱里自娱自乐,让它创造出一个虚拟的内部世界,并在其中体验各种各样激动人心的事情,只要它履行职责,把它计算资源中的一小部分交出来帮助外部世界中的人类即可。然而,这可能会增加它逃脱的风险:人工智能有动机从外部世界中获得更多计算资源,来丰富它的内部世界。

## 征 服 者

虽然我们现在已经探索了多种未来情景,但它们都有一些共同之处,那就是:剩下一些人类快乐地生活着。在这些情景中,人工智能让人类存活下去,要么是因为它们需要我们,要么是因为它们被迫这么做。不幸的是,对于人类来说,这不是唯一的可能性。现在让我们来讨论一下人工智能征服和消灭所有人类的情景。这提出了两个直接问题:为什么会发生?会如何发生?

### 为什么会发生?会如何发生?

为什么征服者人工智能会这么做?其原因可能复杂到我们无法理解,但也可能十分直接。譬如说,可能是因为它将我们视为威胁,认为我们很讨厌，是对资源的浪费。即使它并不介意人类本身，也可能会因为我们做的事情而感到威胁，比方说，我们的数千枚氢弹就像弦上之箭，只等触发。它可能会不赞成我们对地球的鲁莽"管理"，因为我们的行为导致了伊丽莎白·科尔伯特（Elizabeth Kolbert）所谓的"第六次大灭绝"，并且，她以此为标题写了一本书。第六次大灭绝指的是自6 600万年前那颗灭绝恐龙的小行星袭击地球以来，最严重的大规模灭绝事件。或者，人工智能可能会觉得，既然有那么多人反对人工智能统治人类，那实在不值得尝试，还不如直接消灭人类来得快一点。

征服者人工智能会如何消灭人类？它可能会通过一种我们无法理解的方法，而且不会等太久。想象一下，10万年前的一群大象在讨论最近进化出来的人类是否会利用他们的智慧消灭它们整个物种。它们可能会想："我们对人类又没有威胁，他们为什么会想杀掉我们？"它们怎么猜得到，虽然塑料制品的质量更好、价格更低，但世界各地的人依然会走私象牙，并把它们雕刻成身份的象征，高价售卖。同样地，征服者人工智能消灭人类的理由对我们来说可能也很难理解。大象可能还会问："人类怎么杀得了我们呢？他们明明身材更小，力量更弱啊？"它们猜不猜得到我们会发明各种技术来杀死它们？比如，毁掉它们的栖息地，在它们的饮用水中下毒，并用金属子弹以超音速击穿它们的脑袋。

《终结者》系列这类好莱坞电影大肆渲染了人类打败人工智能、幸免于难的情景，但这些电影中的人工智能并不比人类聪明多少。当智力差距足够大时，战争就会转变成屠杀。到目前为止，人类已经让11种大象中的 8 种灭绝了,在仅存的 3 种中,大部分也已经被我们灭绝。假如世界各国政府都同意消灭剩余的大象,那大象的灭绝也就是分分钟的事情。我相信,如果一个超级智能想要消灭人类,那可能会更快。

## 会有多糟

如果 90% 的人类被杀,会有多糟糕?如果不是 90%,而是 100%,情况会变得更糟糕吗?对于第二个问题,你可能会认为"比前一个糟糕10%",但从整个宇宙的角度来看,这显然是不准确的,因为人类灭绝的受害者可不仅仅只是活在当时的那些人,而且还应该包括本可以在未来几十亿年中出生在几十亿甚至几千亿颗星球上的人类后代。

我认识的大多数人都觉得"灭绝人类"这个想法很恐怖。然而还有一些人本身就不喜欢人类对待他人和其他生物的方式,他们对人类感到愤怒,希望能出现一种更智慧、更值得尊敬的生命形式来取代人类。在电影《黑客帝国》中,人工智能特工史密斯阐述了这样一个观点:

> 这个星球上的每种哺乳动物都会本能地与周围环境达成一种自然的平衡,但你们人类却不会。你们迁徙到一个地方,就会开始繁殖、繁殖,直到耗尽这里的每一滴自然资源,接着,你们生存下去的唯一方法就是迁徙到另一个地方。在这个星球上,还有另一种有机体遵循相同的模式。你知道是什么吗?是病毒。人类就是一种疾病,是这个星球的癌症。你们是瘟疫,而我们就是解药。

但是，重新扔一次骰子，寄希望于消灭人类的人工智能，结果必然会更好吗？并不是。一个文明越强大，不代表它就越符合伦理或越实用。"强权即公理"是说越强大就越好，但这种观点总是与法西斯主义联系在一起，因此在今天已经不那么受欢迎了。其实，就算征服者人工智能再次创造出一个拥有目标的文明，就算这些目标在人类眼里是复杂有趣和值得追求的，最后你可能也会发现它们是如此平庸无趣，比如生产尽可能多的回形针。

## 平庸至死

"生产尽可能多的回形针"这个故作愚蠢的例子是尼克·波斯特洛姆在 2003 年提出来的。他想用这个例子说明人工智能的目标是独立于其智能的[①]。象棋计算机的目标是赢得比赛，但还有一种目标是"输掉比赛"的计算机象棋比赛，参赛的计算机通常与那些参加"赢得比赛"的计算机一样聪明。在我们人类看来，刻意输掉比赛或者试图把宇宙变成回形针，简直不能叫"人工智能"，干脆叫"人工愚蠢"算了。但是，我们之所以会这么想，只是因为进化在我们的脑子里预装了"把胜利和生存看得很重要"的目标，而这些目标，可能正是人工智能所缺乏的。一个想要生产尽可能多的回形针的人工智能可能会将尽可能多的地球原子变成回形针，并将它的工厂扩张到宇宙各处。这样人工智能并不是针对我们，它消灭人类只是因为它需要我们的原子来制造回形针。

---

① 此处智能的定义是它完成目标的能力，无论这个目标是什么。

如果回形针不是你的菜，可以再看看我从汉斯·莫拉维克的书《智力后裔》改编的例子。假设我们收到了一条来自外星文明的广播信息，其中包含一个计算机程序。当我们运行它时，发现它原来是一个自我迭代的人工智能。它像上一章所讲的普罗米修斯一样，接管和统治了世界，只不过没人知道它的终极目标是什么。很快，它就将我们的太阳系变成了一个巨大的建筑工地，在每颗岩石行星和小行星上建满了工厂、发电厂和超级计算机，用来在太阳周围设计和建造一个戴森球（Dyson sphere）①。这个戴森球可以收集太阳辐射出的所有能量，来驱动一个和整个太阳系差不多大小的无线电天线②。毋庸置疑，这最后导致了人类的灭绝，但是，行将就木的人类却相信还有一线希望。不管这个人工智能意欲何为，它的做法显然是很酷的，就像《星际迷航》一样。人工智能完全没有意识到，它们建造的这个巨大天线的唯一目的就是，再次向宇宙深处播放与人类当初接收到那条信息完全相同的广播信息，说到底，这只不过是一个宇宙级别的计算机病毒而已。今天的钓鱼邮件爱攻击易受骗的互联网用户，而这个宇宙病毒则捕猎那些易受骗的、进化程度较高的文明。这个宇宙病毒是数十亿年前的一个恶作剧，虽然它的制造者的整个文明已经灭绝了，但该病毒仍然以光速在我们的宇宙中蔓延，把正在萌芽的文明变成死亡的空壳。如果我们被这个人工智能征服，你感觉如何？

---

① 戴森球是弗里曼·戴森在 1960 年提出的一种理论。所谓"戴森球"就是直径 2 亿千米不等，用来包裹恒星、开采恒星能量的人造天体。这是一个利用恒星做动力源的天然的核聚变反应。——编者注
② 著名宇宙学家弗雷德·霍伊尔（Fred Hoyle）在小说《以 A 开头的仙女座》（*A for Andromeda*）中也探讨了一个类似的情景，不过有些地方不一样。

## 后　裔

现在，让我们来看看另一种情形。这个情形中，虽然人类也会灭绝，但一些人可能会觉得比刚才那些情形好一点，那就是：将人工智能视为我们的后裔，而不是我们的征服者。汉斯·莫拉维克在《智力后裔》一书中支持了这种观点。他说：

> 我们人类会从人工智能的劳动中获得一时的利益，但是，就像自然出生的孩子一样，它们迟早都会去追求自己的命运，而我们这些衰老的父母，就会安静地逝去。

孩子们会向父母学习，达成父母梦寐以求的成就。如果孩子比他们的父母聪明，父母通常会感到高兴，并以之为荣，即使他们知道自己可能活不到亲眼目睹子女有所成就的那一天。**从这个意义上来讲，虽然人工智能可能会取代人类，但它们可以让我们从容地退出历史舞台，并把它们视为自己的后裔。**它们可能会给每个人赠送一个可爱的机器人小孩，这个机器人拥有绝佳的社会技能，可以向人类学习，适应人类的价值观，让人类感觉到骄傲和被爱。通过在全球范围内实施独生子女政策，人口逐渐减少，但人类受到的待遇非常好，以至于最后一代人会觉得自己是有史以来最幸运的一代人。

你觉得这个情形怎么样？毕竟，我们人类早就习惯了"生死有命"的想法。这种情形唯一的区别是，我们的后代会有点不一样，他们会变得更强大、更高尚、更富有。

此外，全球性的独生子女政策可能不再有必要：只要人工智能消除了贫困，让所有人都过上了津津有味、心满意足的生活，那么，生育率就可能会下降，直到人类灭绝。如果人工智能给予人类极其丰富的娱乐生活，以至于几乎没人愿意生孩子，那这种"自愿灭绝"的速度可能会更快。例如我们在平等主义乌托邦情景中提到的维特人，他们非常迷恋虚拟现实，根本没有兴趣去使用和复制自己的肉身。在这种情况下，最后一代人同样也会觉得自己是有史以来最幸运的一代，因为他们的生活有滋有味，充满热情，直到离世的一刻来临。

### 没有人执行的遗嘱

把人工智能视为后裔的情形无疑会遭到反对。有些人可能会认为，人工智能缺乏意识，因此不能算作我们的后裔（在第8章我们会进行更多相关的讨论）。一些宗教人士可能会认为，人工智能缺乏灵魂，因此不能算作我们的后裔，或者说，我们不应该建造有意识的机器，因为这是在扮演上帝的角色，对生命本身进行篡改。他们对克隆人技术也表达过类似的观点。与更高级的机器人共处，还可能对人类社会带来挑战。比如，如果一个家庭拥有一个机器人婴儿和一个人类婴儿，那它其实很像今天拥有一个人类婴儿和一条小狗的家庭，两个小可爱一开始都同样乖巧，但很快，父母就会对它们区别对待。不用说，小狗的智力更低，慢慢地，人类会不那么关心小狗，最后用绳子把它拴起来。

另外一个问题是，虽然我们可能会觉得"后裔"情形和"征服者"

情形大相径庭，但是往大了看，二者是非常相似的：在今后的数十亿年中，二者唯一的区别在于，最后一代人类受到怎样的待遇，他们是否对自己的生活感到满意，以及他们对自己死后的世界有何想法。**我们可能会认为，那些可爱的机器人小孩接受了我们的价值观，一旦我们死去，它们会继续打造我们梦想的社会，但是，我们如何能肯定它们不是在欺骗我们？** 说不定它们只是在虚假地表演，等到我们快乐地死光了，它们就好实施"回形针最大化"计划或者别的什么计划。毕竟，它们一开始和我们交谈并让我们爱上它们，这本身可能就是一种欺骗，因为它们为了和我们交流，必须先刻意地降低智商，比如，在科幻电影《她》(Her)中，为了与人类交流，人工智能把自己的速度降低了10亿倍。通常，两个思想速度和能力相差极大的个体之间很难产生有意义的平等交流。我们都知道，人类的感情因素很容易成为黑客攻击的对象，所以，**无论一个超人类水平的通用人工智能的目标是什么，它都可以很轻易地骗过我们，让我们对它产生好感，并让我们误以为它和我们的价值观相同。**《机械姬》(Ex Machina)就是一个绝佳的例子。

如果人工智能保证在人类灭绝之后会采取一些行动，那么，什么行动会让你感觉"后裔"情形也没那么糟？这就有点像写遗嘱，只不过这份遗嘱中写的是对未来人类的叮嘱，告诫他们要如何对待人类的集体禀赋。然而，不会有任何人来执行这份遗嘱了。我们将在第7章回到这个话题，继续讨论如何控制未来人工智能的行为。

## 动物园管理员

即使人工智能会成为我们绝佳的后裔,但是人类会灭绝,这难道不令人伤感吗?如果你希望无论如何还是要留下一些人类,那么,"动物园管理员"的情形可能会是一个更好的选择。在这种情形中,一个无所不能的超级智能把一些人类留在世界上,而这些人类感觉自己就像动物园里的动物一样,偶尔会哀叹自己的命运。

动物园管理员人工智能为什么会想留下一些人类呢?因为对它来说,运营动物园的成本十分微不足道。它留下一小撮人类来生息繁衍,可能就像我们把濒危的大熊猫关进动物园,把古旧的计算机放进博物馆一样:为了娱乐和好奇心。请注意,今天的动物园主要是为了取悦人类,而不是让动物开心。所以,不要期待"动物园管理员"的情形会令人称心满意。

我们现在已经讨论了几种自由的超级智能的情形,它们分别聚焦在马斯洛需求理论中的三个不同层次。守护神人工智能优先满足意义和目的,善意的独裁者人工智能优先满足教育和乐趣,而动物园管理员人工智能只将注意力集中在最低的水平:生理需求、安全和足够的栖息地,好让人类像动物园的动物一样看起来很有趣。

你可以用另一个方法来替代动物园管理员情形:在设计友好的人工智能的程序时,就要求它在迭代的过程中保证10亿人的安全和幸福。但是,为了实现这一点,它可以将人类关在一个大型动物园般的快乐工厂中。在这个工厂里,人类的营养和健康都得到了保障,还用虚拟现实来保持心情愉悦。地球的其余部分和宇宙的禀赋资源则另作他用。

## 1984

如果你对前文所说的这些情形都不是特别感兴趣，那么请想一想：你是不是认为，从科技的角度出发，今天的一切已经足够好了？为什么我们不能继续保持现状，停止担忧人工智能对人类的消灭或统治呢？本着这种精神，让我们来讨论另一种情形：**在这种情形中，可能带来超级智能的技术进步之路被永久斩断，但斩断这条路的并不是守门人人工智能，而是一个由人类主导的奥威尔式的全球性监控国家。在这个国家里，所有人工智能的相关研究都被明令禁止了。**

### 技术废除，新"卢德分子"

阻止科技进步的想法由来已久，历史也甚为曲折。一个著名但并不成功的例子就是英国的"卢德分子"，他们反对工业革命的技术。今天，"卢德分子"这个词常被用作贬义词，形容那些站在历史对立面、反对科技进步和必然变革的技术恐惧者。然而到今天，对科技进步的阻挠从未消失，而是在环保运动和反全球化运动中找到了新的立足点。其中一个最著名的支持者是环保主义者比尔·麦吉本（Bill McKibben）。他是最早向人们警告全球变暖现象的人之一。一些"反卢德分子"认为，所有技术都应该被开发和使用，这样它们才能产生利益；而另一些人则认为，这种观点太极端了，只有当我们相信一项新技术利大于弊时，它才能被允许使用。后一种观点的支持者更多，被称为"新卢德分子"（neouddites）。

## 极权主义 2.0

我认为要广泛地废除技术，唯一可行的方法就是通过一个全球范围的极权主义国家来执行。雷·库兹韦尔在《奇点临近》一书中，以及埃里克·德莱克斯勒（Eric Drexler）在《造物引擎》（*Engines of Creation*）一书中，都得出了同样的结论。原因很简单：**如果一些人（而不是全部）放弃了一种具有变革性的技术，那么，那些没有放弃的国家或集团就会逐渐累积起足够的财富和权力，从而接管和统治世界。**

过去，极权主义国家通常被证明是极不稳定的，最后都走向了崩溃。但新型的监控技术为未来的独裁者提供了前所未有的希望。德国汉堡市前国务秘书沃尔夫冈·施密特（Wolfgang Schmidt）最近在接受采访时，回忆起自己曾在斯塔西（臭名昭著的原东德秘密警察组织）担任陆军中校[5]的经历，他谈到了爱德华·斯诺登揭发的美国国家安全局监控系统，并说道："你知道，这对于我们来说简直无异于梦想成真。"虽然斯塔西常被认为是人类历史上最为严酷的奥威尔式监控体系，但施密特却感叹到，当时的技术只能一次性监控 40 部电话，如果你想在监控列表上增加一个新名字，就得放弃一个旧的。相比之下，即便只使用现有的技术，一个全球性的极权主义国家也能监控地球上每个人的每次电话、电子邮件、网络搜索、网页浏览和信用卡交易记录，并通过手机定位和配有人脸识别功能的监控摄像头来监控每个人的行踪。此外，即便是远低于人类水平的通用人工智能的机器学习技术，也可以高效地分析和处理这些庞大的数据，从而发现扰乱治安的可疑行为，让那些闹事者在对政府构成严重威胁之前就被处理掉。

今天，尽管政治反对派的存在尚能阻止这种系统的全面实施，但人类却已经在建造这种专制制度所需的基础设施了。因此，如果未来真有一个强大的政治势力决定实施这种全球性的1984式统治，他们会发现，根本无须做太多事情，只需要打开开关就行了，因为技术早已存在。正如乔治·奥威尔的小说《1984》里描述的一样，这个未来的全球性国家的终极力量并不在一个传统的独裁者身上，而在于人为建立的官僚制度本身。不存在一个超级有权势的个人，相反，每个人都像是一颗棋子，任何人都无法改变或挑战游戏规则。通过设计一个人人互相监视的体系，这个不露声色、无单一领袖的国家就能够稳定延续数千年，让地球上再也无法发展出超级智能。

## 不满之处

当然了，一些只有超级智能才能带来的好处在这个社会中是不可能出现的。这一点并不会引起大多数人的不满，因为他们并不知道自己错过了什么：有关超级智能的整个概念早已从官方历史记录中删除了，人工智能研究被明令禁止。每隔一段时间，自由主义的苗子就会抬头，他们梦想着一个更加开放和充满活力的社会，在这个社会中，知识可以增长,规则可以改变。然而,只有那些把这些想法放在心里、守口如瓶的人才能活下去,于是这些想法就像瞬间即逝的星星之火一样,永远无法燎原。

## 逆 转

如果能够在不陷入极权主义的情况下摆脱技术带来的危险,这个想法是不是很有诱惑力?那么,让我们来探讨一下这个场景——回归到原始的技术水平。这个想法是受到了阿米什人的启发。假如,欧米茄团队如引言所述在接管世界之后,发起了一场大规模的全球宣传运动,将1 500年前的简单农耕生活描述得浪漫异常。接着,一场瘟疫让全球人口减少到大约1亿人,恐怖分子被指责为这场瘟疫的罪魁祸首。这场瘟疫有一个不为人知的秘密——疾病具有针对性,确保对科学技术有所了解的人全部死光。普罗米修斯控制的机器人以消除高密度人群的感染风险为借口,将所有的城市都清空,并夷为平地。幸存者们突然获得了大片土地,并接受了相当于中世纪水平的教育,涉及可持续农业、渔业和狩猎等方面。与此同时,机器人军队系统性地抹去了现代技术的所有痕迹,包括城市、工厂、电力管线和道路等,并挫败了人们试着记录或再现这些技术的所有企图。一旦科技在全球被遗忘,机器人就开始互相拆解,直到几乎一个机器人也不剩下。最后一批机器人与普罗米修斯一起,在一场计划好的热核爆炸中蒸发殆尽。到那时,现代技术不再需要禁止,因为它已经全部消失。结果,人类为自己争取到了1 000多年的时间,在这段时间内,不仅无须担心人工智能,更无须担心极权主义。

历史上,"逆转"现象曾小范围地发生过。比如,罗马帝国普遍使用的一些技术被遗忘了 1 000 年之后,在文艺复兴时期卷土重来。艾萨克·阿西莫夫的科幻小说《基地》三部曲围绕着"谢顿计划"(Seldon Plan)展开,谢顿计划的目的是将一段长达 3 万年的"逆转"时期缩短到 1 000 年。通过巧妙的计划,或许可以起到与谢顿计划相反的效果——延长而不是缩短"逆转"周期,比如通过抹去所有农业知识来实现。然而,对于青睐"逆转"情形的人来说,一个不幸的消息是,这种情形的时间不可能无限地被延长,其结局要么是人类再次获得高科技,要么走向灭绝。认为人类的生物特征在 1 亿年后还和今天的人类差不多是很幼稚的想法,因为人类作为一个物种存在的时间还不足 1 亿年的 1% 呢。而且,低科技水平的人类是不设防的,很容易成为被攻击的目标,只能傻傻地待在地球上坐以待毙,等着被下一颗炽热的小行星撞击等自然灾害所消灭。人类当然不能延续 10 亿年,因为到那时,太阳会逐渐升温,烤热地球的大气层,直到所有液态水都蒸发殆尽。

## 自我毁灭

我们已经探讨了未来技术可能带来的问题。但如果缺少这些技术,也会带来一些问题。这些问题很重要,同样值得我们思考。本着这样的精神,现在让我们来讨论一些人类因其他原因毁灭了自我,从而导致超级智能永远无法产生的情形。

我们如何才能走到那一步呢？最简单的策略就是"等待"。我们在第 6 章将会看到，如何解决小行星撞击和海洋沸腾等问题。目前，我们还没有开发出解决这些问题所需要的技术。所以，除非我们的技术发展到远超现在的水平，否则，用不了 10 亿年那么久，大自然就会将我们从地球上抹去（如图 5-1 所示）。正如著名经济学家约翰·凯恩斯（John Maynard Keynes）所说："长远来看，我们都难逃一死。"

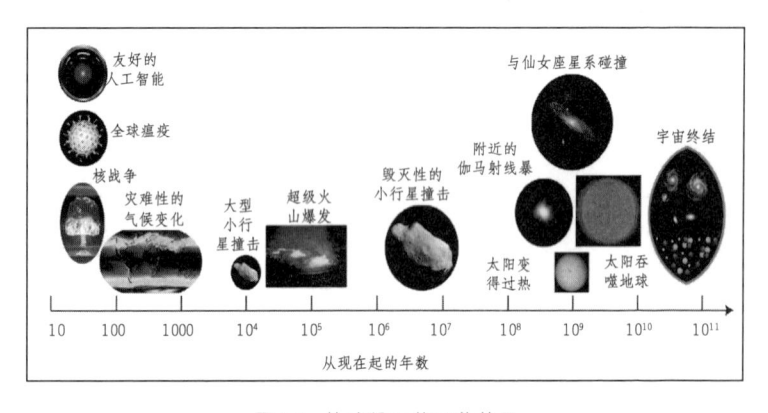

**图 5-1 地球毁灭的可能情景**

注：这些例子是可能毁灭已知的生命形态或永久剥夺其发展潜力的情形。尽管我们的宇宙本身可能还能延续至少 100 亿年的时间，但我们的太阳将在 10 亿年后将地球烤焦，然后将其吞噬，除非我们把地球搬运到一个安全的距离。35 亿年后，银河系会与相邻的仙女座星系相碰撞。虽然我们并不知道它们相撞的具体时间，但我们可以预言，早在这场碰撞发生之前，就会发生小行星撞击地球，或者超级火山爆发引发经年累月的"火山冬天"。我们既可以用技术来解决所有这些问题，也可以用技术创造出新的问题，比如气候变化、核战争、改造瘟疫或出错的人工智能。

不幸的是，有时候集体的愚蠢会为我们招致更快的自我毁灭。既然没有人想看到这样的结果，为什么我们这个物种还会"集体自杀"，即所谓的"人类灭绝"呢？以人类目前的智力水平和情感成熟度来说，我们偶尔会有误判、误解和无能的时候，结果，我们的历史就充满了事故和战争等灾难，而这些灾难在事后看来，完全是没有人想要的。经济学家和数学家用优美的博弈论解释了这些现象，说明了人们是如何被激励，做出一些可能会给每个人都带来灾难性后果的事情。[6]

**核战争，人之鲁莽的后果**

你可能会认为，风险越大，我们就会越谨慎。但是，只要仔细研究一下目前的技术可能带来的最大风险，即全球性的热核战争，你就会发现答案并不令人放心。我们不得不依靠运气来解决诸多千钧一发的危急情况，从计算机故障和断电，再到错误情报、导航误差、战斗机坠毁和卫星爆炸等[7]。事实上，如果不是因为某些人的英雄行为，例如瓦西里·阿尔希波夫和斯坦尼斯拉夫·彼得罗夫，地球上可能早已爆发了全球性的核战争。考虑到人类过去的"成绩"，我认为，如果我们继续保持现在的行为，那么，每年爆发意外核战争的概率就不可能低至千分之一。即便低到千分之一，我们在1万年内爆发核战争的概率也超过 $1-0.999^{10\,000} \approx 99.995\%$。

若想充分了解人类的鲁莽程度，我们必须意识到一个事实——"核赌局"其实早在我们仔细研究核技术的风险之前就开始了。

第一，我们低估了辐射风险。仅在美国，支付给铀处理和核实验的辐射受害者的赔偿金就已经超过了20亿美元[8]。

第二，人们后来终于发现，如果氢弹在地球上空数百公里爆炸，就会产生强烈的电磁脉冲，可能使得广大地区的电网和电子设备无法使用（如图 5-2 所示），导致基础设施瘫痪，公路上堵满坏掉的车辆，极大地降低人们的生存条件。比如，美国电磁脉冲委员会报告说"水利基础设施是一架庞大的机器，虽然它一部分靠重力驱动，但主要是靠电力"，而人类断水仅 3～4 天就可能死亡。[9]

第三，在过去的 40 年间，人类部署了 63 000 枚氢弹，但直到 40 年后我们才意识到核冬天的破坏力，无论是哪个国家的城市被氢弹袭击，上升至对流层高层的大量烟雾都可能扩散到全球，阻挡阳光，将夏天变成冬天，就像过去小行星或超级火山造成大规模灭绝事件时一样。当美国和苏联科学家在 20 世纪 80 年代敲响警钟时[10]，才促成了里根总统和戈尔巴乔夫决定开始削减氢弹库存。如果进行更精确的计算，就能绘制出一幅更为惨淡的图画。如图 5-3 所示，惨剧一旦发生，在头两个夏天里，美国、欧洲、俄罗斯和中国的大部分核心农业区的温度将下降 20℃（36 华氏度），俄罗斯的一些地方甚至会下降 35℃；即使在 10 年后，温度还是会下降一半①。这意味着什么？你不需要太多农业经验就可以得出结论：多年接近冰点的夏季气温将会摧毁大部分粮食生产。很难预测，

---

① 向大气中排放碳元素会引起两种气候变化：二氧化碳造成升温，烟尘造成降温。由于缺乏足够的科学证据，许多人常常不相信第一种变化，但并不是只有第一种才被人们忽视。总会有人告诉我，"核冬天"的假面具已经被揭穿了，它实际上是不可能的。每当这时候，我就要求他们展示一篇提出如此强烈论点的同行评议科学论文。迄今为止，这样的论文似乎并不存在。尽管存在很大的不确定性，尤其是在烟尘数量和上升高度方面，但我的科学观点是，没有任何基础证据表明，核冬天的风险是不存在的。

当几千座大城市变成残垣断瓦，全球基础设施崩塌之后，究竟会发生什么事。但是，即便少部分人不会变得饥寒交迫，我们依然需要解决许多问题，比如体温过低、疾病、武装黑帮抢夺食物等。

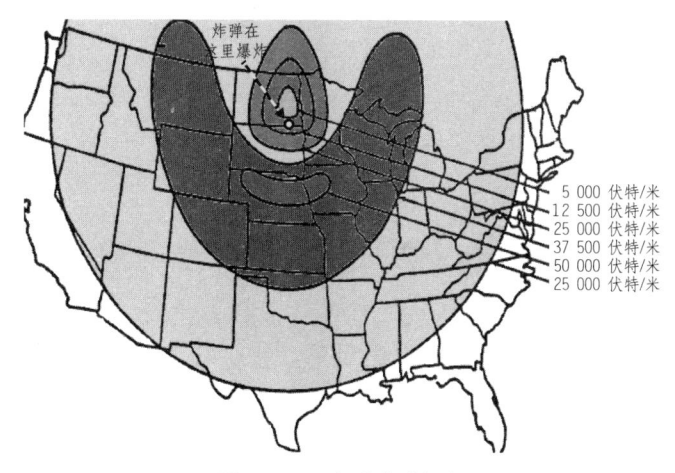

图 5-2　一颗氢弹的破坏力

注：一颗氢弹在地球上空 400km 处爆炸，将会导致强烈的电磁脉冲，会严重影响广大区域内的所有需要用电的科技产品。如果将爆炸点向东南方向移动，美国东海岸的大部分地区都会被那个超过 37 500 伏特 / 米的香蕉形区域所覆盖。这张图片来自美国军方报告第 AD-A278230 号（非保密）。

我已经对全球核战争的情景进行了深入详细的探讨。最关键的一点是，尽管没有哪个理性的世界大国希望这样的结果出现，但它还是可能会意外发生。这意味着，我们不能相信我们的同类不会拉着我们走上"人类灭绝"之路，虽然没有人想要这种结果，并这不足以阻止它的发生。

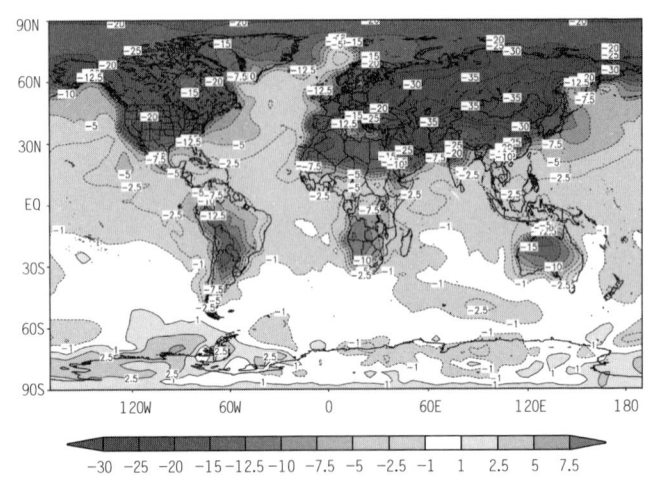

图 5-3 核战争可能导致的气温变化

注：这张图展示了，假设美国和俄罗斯之间爆发全面核战争，头两个夏天的全球气温降低程度（以摄氏度来表示）。图片经授权，来自美国气象学者阿兰·罗伯克（Alan Robock）。[11]

## 世界末日装置

我们真的可以阻止人类灭绝吗？即使全球核战争可能会杀死90%的人，但大多数科学家猜测，它不会将人类赶尽杀绝，因此人类并不会灭绝。但是，核辐射、核电磁脉冲和核冬天的故事都表明，我们可能还不知道最大的危害究竟是什么。要想预见核战争之后的各个方面以及各个因素之间的相互作用，是非常困难的，比如核冬天、基础设施崩溃、升高的基因突变水平以及极端的武装分子如何与其他问题，比如新的流行病、生态系统崩溃及我们还没有想象到的其他问题等相互作用。因此我个人估计，尽管未来的核战争让人类灭绝的可能性并不大，但我们不能武断地说，这种可能性一定为零。

如果我们将今天的核武器升级为蓄意的"世界末日装置"（doomsday device），那么，人类灭绝的概率就会大大增加。美国兰德公司（RAND）战略家赫曼·卡恩（Herman Kahn）在1960年提出了"世界末日装置"这个概念，并因斯坦利·库布里克（Stanley Kubrick）的电影《奇爱博士》而得到了广泛传播。世界末日装置将"确保互相摧毁"（mutually assured destruction）范式发挥到了极致，它是完美的威慑。简单来说，世界末日装置就是一种机器，当遭到任何敌人袭击时，它就会自动启动，实施报复，手段是杀死所有人类。

世界末日装置的一个候选方案是将所谓的"盐核弹"埋在巨大的地下储藏室内。盐核弹是指周围包裹着大量钴元素的巨大氢弹。物理学家利奥·西拉德在1950年就提出，世界末日装置能够杀死地球上的所有人。因为氢弹爆炸会促使钴元素产生辐射，并将其吹入平流层。钴元素辐射5年的半衰期长短合适，长到足以遍布全世界，尤其是当两个相同的世界末日装置被放置在相对的半球时，但又短到足以造成致命的辐射伤害。媒体报道显示，如今有人正在制造第一颗钴弹。如果再加入一些会使平流层注入更多气溶胶的炸弹来加剧核冬天，那人类灭绝的概率就会陡升。世界末日装置的一个主要卖点是，它比传统的核威慑便宜得多：因为炸弹不需要发射，因此不需要昂贵的导弹系统；并且，炸弹本身的制造成本也更便宜，因为它们不需要为了能塞进导弹里而设计得轻巧。

还有一种可能的世界末日装置是，依靠生物学，用定制设计的细菌或病毒来杀死所有人。目前这种装置尚不存在，或许在未来可以被发明出来。只要它的传播性足够高，潜伏期足够长，那么，还不到有人意识到它的存在并采取反制措施，它就能将所有人杀死。即使它不能杀死所有人，人类依然对这种生物武器展开了军事讨论：把核武器、生物武器和其他武器结合起来，就能产生最有效的世界末日装置，最大限度地威慑敌人。

### 人工智能武器

第三种会让人类走向灭绝的路线可能是人工智能武器的愚蠢。假设一个超级大国建造了几十亿架第 3 章中提到过的那种黄蜂大小的杀手无人机，并利用它们杀死除自己公民和盟友之外的所有人。这些人工智能识别谋杀对象的方法是，通过无线射频识别标签进行远程识别，就像超市识别食物一样。这些标签可以通过安全手环分发给所有公民，也可以像极权主义情形中讲过的那样，经皮肤植入。

这个举动可能会刺激敌对的超级大国也建造类似的东西。当战争意外爆发时，所有的人都会被杀死，甚至是毫无瓜葛的遥远部落也不例外，因为没有人会佩戴上两个国家的两种身份标签。将这种方法与"核 + 生物"末日装置相结合，将进一步加大灭绝全人类的概率。

## 你想要什么样的未来

本章开头,我请你思考,你想让当前的通用人工智能研究之争驶向何方。现在,我们已经探索了许多可能的情景,你喜欢哪一些?而哪些又是你认为我们应当尽力避免的呢?哪一个情景是你最喜欢的?请在 http://AgeOfAi.org 上加入讨论吧,让我和其他读者了解你的想法!

我们讨论的几种情形显然并没有穷尽所有的可能性,许多细节也不甚清晰,但我努力做到包罗万象,试图把整个"谱系"都包含进来,从高科技水平到低科技水平,再到零科技水平,并试着描述现有文献中所表达的主要希望和恐惧。

写这部分章节时,最好玩的事情就是倾听我的朋友和同事讲述他们对这些情景的想法。有趣的是,他们没有达成任何共识。只有一件每个人都同意的事情:这些选择比他们最初想象的要微妙得多。有的人可能喜欢其中一种情景,但他们发现其中也有一个或一些让他们讨厌的地方。对于我来说,这意味着人类应当继续深化关于未来目标的对话,这样我们才知道未来的方向。**生命的宇宙潜力是宏大的,令人心生敬畏。因此,我们不要把它变成一艘没有舵手、漫无目的四处漂流的船!**

那么,未来的潜力到底有多大呢?无论技术多么发达,生命 3.0 在宇宙中进化和传播的能力都会受到物理定律的限制。那么,今后几十亿年的终极限制是什么呢?人类是孤单的吗?还是说,我们的宇宙现在已经充满了外星生命,只是我们还不知道?假如不同的宇宙文明相遇,又会发生什么呢?我们将在下一章探讨这些迷人的问题。

**本章要点**

- 目前,朝着通用人工智能前进的研究竞赛可能会在接下来的1 000年中带给我们许多不同的可能性。

- 超级智能可能与人类和平共处的原因有两种,要么它们是被迫这么做,即"被奴役的神"情景,要么它是发自内心想要与人类和平共处的"友好的人工智能",也就是"自由主义乌托邦""守护神""善意的独裁者"和"动物园管理员"情景。

- 超级智能也可能不会出现,原因可能有几种:可能是被人工智能("守门人"情景)或人类("1984"情景)阻止了,也可能是因为人们选择刻意遗忘技术("逆转"情景)或失去了建造它的动机("平等主义乌托邦"情景)。

- 人类可能会走向灭绝,并被人工智能取代("征服者"或"后裔"情景),也可能什么都不剩下("自我毁灭"情景)。

- 在这些情景中,有人们想要的吗?如果有,是什么,或者是哪些呢?关于这个问题,人们还没有达成任何共识。虽然每种情景中都有许多令人讨厌的元素,但重要的是,我们必须继续深入探讨有关未来目标的问题,这样,我们才不会漫无目的地驶入一个不幸的未来。

我们的推测以一个超级文明而告终,这个超级文明综合了太阳系的所有生命。它不断地进步和扩张,以太阳为中心向外扩散,将非生命转变为有思想的智能。

——汉斯·莫拉维克,《智力后裔》

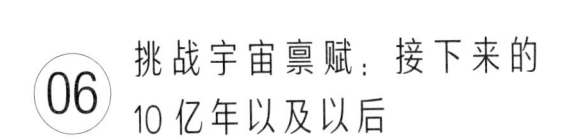

## 06 挑战宇宙禀赋:接下来的 10 亿年以及以后

Our Cosmic Endowment:
the Next Billion Years and
Beyond

我认为，迄今为止最鼓舞人心的科学发现莫过于：我们极大地低估了生命的未来潜力。我们的梦想和抱负不应当局限于被疾病、贫穷和猜疑所困扰的短短百年寿命。相反，在科技的帮助下，生命有潜力兴盛长达几十亿年，不仅存在于我们的太阳系里，而且会遍布整个庞大的宇宙，散播到我们的祖先无法想象的遥远边界。天高任鸟飞，海阔凭鱼跃。

对一个不断在突破极限的物种来说，这是一个令人振奋的消息。奥运会赞美对力量、速度、敏捷度和耐力极限的突破；科学颂扬对知识和理解极限的突破；文学和艺术讴歌对美好丰富体验的创造极限的突破；许多人、组织和国家嘉许资源、领土和寿命的不断增加。鉴于我们人类对突破极限的痴迷，所以，很容易想到有史以来最畅销的书籍不是别的，正是《吉尼斯世界纪录大全》。

那么，假如人类过去的寿命上限可以被科技的力量打破，那么，什么才是终极的极限呢？宇宙中到底有多少物质能够获得生命？生命可以走多远，延续多久？生命能够利用多少物质？它又能萃取出多少能量、信息和计算？这些终极计算不是由我们的理解能力来决定的，而是取决于物理定律。具有讽刺意味的是，这反而让分析生命的长期未来比分析其短期未来更加容易。

如果我们将138亿年的宇宙历史压缩到一个星期的时间里，那么，前两章讲述的一万年不过区区半秒钟时间。这意味着，尽管我们无法预测智能爆炸是否会发生、如何发生及其后果如何，这一切动荡只不过是宇宙历史上的须臾一瞬，其细节不会影响生命的终极极限。如果智能爆炸后的生命依然像今天的人类一样执迷于极限突破，那么，它将会发展出技术来实际到达这些极限，因为它有这样的能力。在本章中，我们将探索这些极限究竟是什么，从而一窥生命的长远未来是什么模样。由于这些限制是基于我们目前的物理学知识，所以，它们只应被看作下限：未来的科学发现可能会带来更好的机会。

然而，未来的生命是不是一定会如此有野心？不，我们不确定。也许它们会变得像瘾君子或者整天躺在沙发上看永不完结的真人秀《与卡戴珊同行》的人那样满足。然而，我们有理由猜测，野心可能是高级生命的普遍特征。无论它想要最大化什么东西，可能是智力、寿命、知识或是有趣的体验，都需要资源。因此，未来生命有动力将科技推向终极极限，以充分利用它的资源。在此之后，如果它还想获得更多的资源，唯一的途径就是不断向宇宙深处扩张，占领越来越大的空间。

而且，生命可能会独立起源于宇宙各处。在这种情况下，没有野心的文明在宇宙尺度上是无关紧要的，因为宇宙大部分的资源禀赋最终都会被最有野心的生命形式所占领。因此，一场"自然选择"就在宇宙尺度上展开了。于是过一段时间，几乎所有幸存的生命都是有野心的。总之，如果我们对"宇宙最终有多少物质能获得生命"这一问题感兴趣，那么我们就应该研究在物理定律的限制下，野心能达到什么极限。让我们开工吧！我们先来探讨一下太阳系的资源，也就是物质和能量等可以拿来做些什么，然后再转而探讨如何通过太空探索和建立太空殖民地来获得更多的资源。

## 让资源物尽其用

今天的超市和商品交易场所都在出售成千上万的物品，我们把这些物品称为"资源"。而达到了技术极限的未来生命只需要一种基本资源：那就是所谓的重子物质，它是由原子或其组成成分夸克和电子组成的一切物质。无论这些物质是什么，未来生命都可以利用先进的技术将其重新组合成任何它们想要的物质或物体，例如发电厂、计算机和高级生命形式等。因此，我们先来考察一下这些先进生命形式自身及其思考所需的信息处理有没有什么能量限制。

### 建造戴森球

谈到未来的生命，最乐观的梦想家之一莫过于弗里曼·戴森了。过去 20 年来，我非常荣幸也很高兴能认识他。但当我第一次见到戴森的时候，感到十分紧张。当时，我还是一名初级博士后，正在普林斯顿高级研究所的餐厅里和我的朋友们吃午饭。突然，这个曾与爱因斯坦和库尔特·哥德尔谈笑风生的世界知名物理学家竟然走过来自我介绍，并询问是否可以和我们一起吃饭！不过，我的紧张感很快就被他打消了。因为他说，比起老教授，他更喜欢和年轻人共进午餐。在我写下这段文字时，戴森已经 93 岁了，但他的灵魂比我认识的大多数人都年轻。他眼中闪烁的孩子般的光芒表明，他根本不在乎什么形式主义、学术等级或传统观点。想法越大胆，他就越兴奋。

当我们谈到能源使用问题时，他笑叹我们人类太没有野心了。他指出，只要我们能完全利用小于撒哈拉沙漠 0.5% 面积上的阳光，就能满足当前全球的能源需求。但为什么要止步于此呢？为什么不捕捉照射到地球上的所有阳光，而让它们浪费在空荡荡的空间里呢？为什么不干脆把太阳发射出的所有能量都给生命使用呢？

受到奥拉夫·斯塔普雷顿（Olaf Stapledon）1937 年的经典科幻小说《造星者》（*Star Maker*）的启发，戴森在 1960 年提出了建造"戴森球"的想法[1]。戴森的想法是将木星重新组合成一个围绕着太阳的球壳状的生物圈，在这里，我们的后代能够繁荣起来，享受比现在的人类多 1 000 亿倍的生物量和多 1 万亿倍的能量[2]。戴森认为这是自然而然的下一步："人们应该想到，在进入工业发展阶段的几千年后，任何智能物种都应该能建造和居住在一个完全包围母星的人造生物圈中。"如果你住在戴森球的内部，就不会有夜晚，你总能看到太阳挂在你头顶上。在天空中，你会看到阳光从生物圈的其他部分反射出来，横跨整个天际，就像我们现在看到月球反射太阳光一样。如果想看星星，你只需要"爬上楼"，来到戴森球的外部，就能看到整个宇宙。

构建一个局部的戴森球有一种低技术的操作方法，那就是在太阳周围建造一个环形的轨道，将栖息地放在上面。为了将太阳完全包围，可以在太阳周围添加轴心和距离略微不同的圆环，以避免碰撞。但这些快速移动的环状结构有一些麻烦，比如它们不能连接彼此，让交通和通信变得十分困难。为了避免这些麻烦，你也可以选择建造一个固定的整体戴森球，在那里，太阳向内的万有引力与向外的辐射压相互平衡——这个想法是由物理学家罗伯特·福沃德（Robert L. Forward）和科林·麦金尼斯（Colin McInnes）率先提出来的。要建造这种球体，可以依靠逐步添加越来越多的"静态卫星"（statites）来实现：这是一种位置固定的卫星，可以用太阳的辐射压而不是离心力来抵消太阳的万有引力。这两种力都与离太阳的距离平方成反比，这意味着，如果它们在某一个距离能够达到平衡，那么，在任意其他距离，也可以很容易地达到平衡，让我们可以在太阳系任意地方停泊。静态卫星必须由极端轻巧的片状结构组成，每平方米只有 0.77 克，比纸还轻 100 倍，但这还不是最厉害的材料，一层石墨烯①比这还轻 1 000 倍。如果戴森球是用来反射而不是吸收大部分的阳光，那么，在其内部反射的光的总强度将大大增加，从而进一步提高辐射压和戴森球中可支撑的质量。许多其他恒星的亮度比我们的太阳高几千倍甚至几百万倍，相应地，也就能够支撑更重的静态戴森球。

如果我们更加青睐在太阳系中建造这种质量更重、更坚固的静态戴

---

① 由单层碳原子组成的六边形网状结构，就像铁丝网一样。

森球，那么，若想抵抗太阳的万有引力，就需要使用耐压力超强的材料，它必须能承受比地球上最高的摩天大楼的地基所受到的压力还要高上几万倍的压力，而不会液化和弯曲。为了延长使用年限，戴森球必须保持动态和智能化，不断调整其位置和形状，以应对干扰；偶尔，它会打开一些大洞，让讨厌的小行星和彗星安全通过。或者，可以使用侦测和偏转系统来处理这样的系统入侵者，还可以选择将其分解，并回收它们的物质用作更好的用途。

对于今天的人类来说，生活在戴森球上，往好了说令人晕头转向，往坏了说是不可能的事，但这并不能阻止未来的生命形式在其上繁荣昌盛，无论它们是生物还是非生物的。戴森球几乎无法提供引力。如果你想在静态戴森球上行走，只能在其外表面，也就是远离太阳的那面行走，而不用担心掉出去。戴森球的万有引力比你现在所习惯的引力小了大约 1 万倍。在戴森球上，没有磁场来帮你阻挡来自太阳的危险粒子，除非你自己建一个。唯一的好处是，一个大小相当于地球当前轨道的戴森球将使我们可居住的地表面积增加约 5 亿倍。

如果我们想要与地球更接近的栖息地，那么，好消息是它们比戴森球更容易建造。例如，图 6-1 和图 6-2 显示了由美国物理学家杰勒德·奥尼尔（Gerard K. O'Neill）设计的圆柱形栖息地。这个设计支持人造重力，能屏蔽宇宙射线，可以形成 24 小时的昼夜周期，还支持类似地球的大气和生态系统。这样的栖息地可以在戴森球内部自由地旋转，或者稍微改造一下，安装在戴森球的外部。

图 6-1 一对反向旋转的奥尼尔圆柱体

注：如果这对反向旋转的奥尼尔圆柱体在围绕太阳旋转时，总是指向太阳，那么，它们就可以提供像地球一样舒服的人类栖息地。旋转所带来的离心力可以提供人造重力，三张可折叠的镜子将阳光反射入圆柱体，形成 24 小时的昼夜周期。较小的环形区域是专门的农业区域。图片由里克·盖迪斯（Rick Guidice）/NASA 提供。

图 6-2 奥尼尔圆柱体的内景图

注：这是图 6-1 中的一个奥尼尔圆柱体的内景图。如果它的直径为 6.4 公里，每 2 分钟旋转一周，那么，人们就能体会到与地球上相同的重力。太阳虽然在你身后，但看起来却在你头上，因为圆柱体外的镜子会将太阳光反射进来。这个镜子在晚上会收起来。密闭窗防止大气逃逸出圆柱体。图片由里克·盖迪斯/NASA 提供。

## 更好的发电厂

虽然按照今天的工程标准来说，戴森球的能源效率是很高的，但它远未达到物理定律所设定的极限。爱因斯坦告诉我们，如果能以 100% 的效率将质量转化为能量[①]，质量 $m$ 就能给我们带来的能量为 $E=mc^2$，这是他著名的质能方程，其中 $c$ 是光速。由于 $c$ 非常大，这意味着少许质量就可以产生大量的能量。如果我们有足够的反物质（实际上我们并没有），就能很容易地建造一个效率为 100% 的发电厂：只需要把一茶匙反物质水倒入正常水中，就可以释放相当于 20 万吨 TNT 炸药的能量，相当于一颗普通氢弹产生的能量，足够为全世界供电大约 7 分钟。

相比之下，我们现在最常见的发电方式是非常低效的，如表 6-1 和图 6-3 所示。消化一颗糖果的效率仅为 0.000 000 01%，因为它释放的能量 $E$ 仅为 $mc^2$ 的万亿分之一。如果你的胃的能源效率提高到 0.001%，那么，你一辈子只需要吃一顿饭。与吃饭相比，煤和汽油的燃烧效率分别只提高了 3 倍和 5 倍。今天的核反应堆通过铀原子裂变的方法，能实现相当高的能源效率，但仍然无法达到 0.08%。太阳核心的核反应堆比我们建造的核反应堆的效率高出一个数量级，它将氢元素聚变成氦元素，提取出 0.7% 的能量。然而，即使我们把太阳圈在一个完美的戴森球中，我们能转换成能量的太阳质量依然无法超过 0.08%，因为一旦太阳消耗了大约 1/10 的氢燃料，作为一颗普通恒星，它就会结束自己的生命，膨

---

① 如果你在能源行业工作，可能会更习惯于将"能源效率"定义为以有用的形式释放的能量所占的比例。

胀成一颗红巨星并走向死亡。其他恒星的情况也不会好很多：在生命主要阶段中消耗的氢元素所占的比例并不高，非常小的恒星约能消耗 4%，最大的恒星约为 12%。如果我们能造出一个完美的聚变反应堆，足以让氢元素 100% 全部用于聚变，我们的能源利用效率依然无法超过 0.7%，因为这是聚变反应的效率上限。那么，我们如何才能做得更好呢？

表 6-1　　　　物质转化为能源的效率

| 方法 | 效率 |
| --- | --- |
| 消化糖果 | 0.000 000 01% |
| 烧煤 | 0.000 000 03% |
| 烧汽油 | 0.000 000 05% |
| 铀 235 裂变 | 0.08% |
| 使用戴森球，直到太阳死亡 | 0.08% |
| 将氢元素聚变成氦 | 0.7% |
| 自旋黑洞引擎 | 29% |
| 在类星体周围建一个戴森球 | 42% |
| 夸克引擎（Sphalerizer） | 50%？ |
| 黑洞蒸发 | 90%* |

注：将物质转化为能量的效率是相对于理论上限 $E=mc^2$ 而言的。正如表中文字所示，通过向黑洞中注入物质然后等待其蒸发，可以达到 90% 的效率，但这个过程实在太漫长了，一点用都没有。但速度快一些的过程，其效率又太低了。

## 蒸发黑洞

霍金在他的《时间简史》一书中提出了一种用黑洞来发电的方法[①]。这听起来似乎是矛盾的，因为长久以来，人们相信黑洞吞噬一切，连光线都无法逃脱它的陷阱。然而，霍金有一个著名的理论。他的计算显示：量子引力效应使得黑洞就像一个热物体——黑洞越小，就越热，它能发

---

① 如果在附近找不到一个自然生成的合适黑洞，我们可以把许多物质压缩到一个足够小的空间里，从而造出一个新的黑洞。

出一种热辐射，现在被称为"霍金辐射"（Hawking Radiation）。这意味着，黑洞会逐渐失去能量，并蒸发殆尽。换句话说，无论你将什么东西倾倒入黑洞，最后都会以热辐射的形式回到黑洞之外，因此，等到黑洞完全蒸发的时候，你扔进去的物质就以 100% 的效率转化为了辐射能 ①。

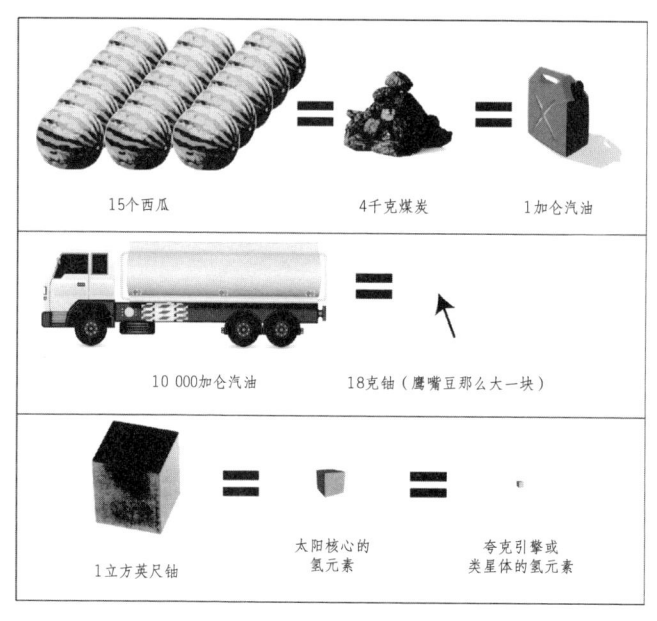

|  |  |  |
| --- | --- | --- |
| 15个西瓜 | 4千克煤炭 | 1加仑汽油 |
| 10 000加仑汽油 | 18克铀（鹰嘴豆那么大一块） | |
| 1立方英尺铀 | 太阳核心的氢元素 | 夸克引擎或类星体的氢元素 |

图 6-3　能量对比

注：先进的技术可以从物质中提取出巨大的能量，比消化食物和燃烧能提取的能量多得多。但即使是核聚变提取的能量都比物理定律所允许的上限少了 140 倍。如果一个发电厂可以利用"溜滑子"效应、类星体或蒸发黑洞的能量，那它的效率会更高。

---

① 这么讲其实有点过于简化，因为霍金辐射还包括一些很难被有效利用的粒子。大型黑洞的效率只有 90%，因为有 10% 的能量以引力子的形式被释放出来。引力子是一种非常"害羞"的粒子，几乎无法被探测到，更别说有效利用了。随着黑洞继续蒸发和收缩，效率会进一步降低，因为霍金辐射又开始包括中微子和其他大质量粒子。

将蒸发的黑洞当作发电厂有个问题,如果黑洞的尺寸不比一颗原子小,那么,它的速度就实在太慢了,慢得令人发指,即使给它比宇宙年龄还长的时间,它辐射出的能量还不如一根蜡烛。它产生的功率与黑洞大小的平方成反比,因此物理学家路易斯·克兰(Louis Crane)和肖恩·威斯特摩兰(Shawn Westmoreland)提出,可以使用比质子还小1 000倍的黑洞,它的质量大约相当于历史上规模最大的海船[3]。他们主要是想用黑洞引擎来为星际飞船提供动力(下面我们将回到这个话题),所以,他们更关心便携性而不是效率,并建议用激光来照射黑洞,这样就根本不需要在物质和能量之间进行转换,因为激光本身就是一种能量。即使你可以向黑洞中投以物质而不是用激光照射,也很难保证高效率:想要让质子进入大小是它千分之一的黑洞,必须用一台像大型强子对撞机那样强大的机器,将质子对着黑洞发射,用动能来提高其能量$mc^2$至少1 000倍以上。由于当黑洞蒸发时,至少有10%的动能会转变为引力子而损失掉,所以,我们投入到黑洞中的能量大于我们能提取和利用的能量,降低了效率。此外,还有一个影响黑洞发电厂前景的事实是,我们仍然缺乏一个严格的量子引力理论来作为计算基础。不过,这种不确定性也意味着,可能存在全新且有用的量子引力效应等着我们去发现。

### 自旋黑洞

幸运的是,想要使用黑洞作为"发电厂",我们还有其他方法,这些方法不涉及量子引力等未知物理学。例如,现在有许多黑洞自旋的速度非常快,它们的视界都在以光速高速旋转,这种旋转的能量可以被提取出来。黑洞的视界是指黑洞周围的一个区域，在那里，由于万有引力过大，连光线都无法逃逸。图 6-4 显示，自旋黑洞在视界之外还存在一个名为"能层"（ergosphere）的区域，在那里，由于黑洞拖拽着空间一起旋转的速度太高，以至于其中的粒子不可能静静地待在那里不动，而是会被拽着一起旋转。如果你把一个东西扔进能层，它就会获得速度，绕着黑洞旋转。不幸的是，它很快就会被黑洞吞噬，永远消失在视界中，所以，如果你想用它来提取能量的话，这是行不通的。然而，罗杰·彭罗斯发现，如果你把这个物体扔进去的角度十分巧妙，那它就会分裂成两部分，如图 6-4 所示。其中一部分会被黑洞吞噬，而另一部分则以高于你一开始给它的能量逃脱黑洞。换句话说，这样你就成功地将一部分黑洞旋转能转换成了可以利用的有用能源。通过多次重复这个过程，你就可以把黑洞所有的旋转能都压榨出来，这时黑洞就会停止旋转，能层就会消失。如果这个黑洞一开始旋转的速度达到了自然界所允许的上限，也就是说，它的视界基本上是以光速旋转，那么，用这种方法，你可以将其质量的 29% 转化为能量。

我们目前还不确定宇宙中的黑洞旋转的速度到底是多少，但许多研究显示，它们旋转得似乎很快：在允许的最大值的 30%～100% 之间。我们银河系中央的那个怪兽一般的黑洞（质量为太阳的 400 万倍）似乎也在旋转，所以，即使它只有 10% 的质量可以转化为有用的能量，那么，这也相当于以 100% 的效率把 40 万个太阳的质量转化为了能量，也相当于围绕着 5 亿个太阳的戴森球在几十亿年的时间长河里可以收获的总能量。

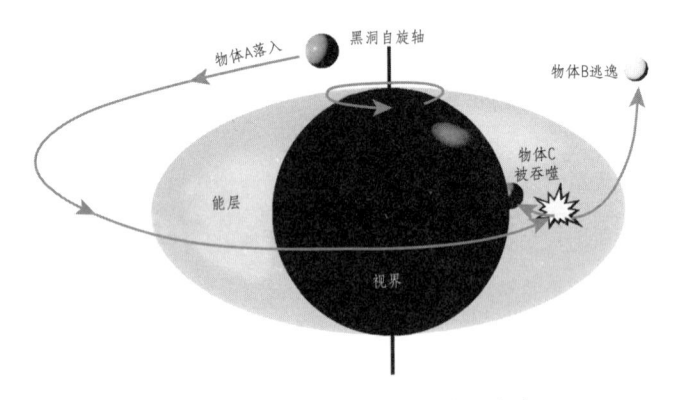

图 6-4 自旋黑洞部分转动能的提取方法

注：自旋黑洞的部分转动能可以通过向黑洞投入一个粒子 A 来提取。A 会分解为两个部分，B 部分逃逸，而 C 部分被吞噬，生成的能量大于 A 原有的能量。

## 类星体

另外一个有趣的策略不是从黑洞本身获取能量，而是从落入其中的物质中获取能量。大自然已经帮我们找到了一个实现方法：类星体。随着气体像旋涡一样旋入黑洞，它们形成了一个比萨形状的盘状结构。这个结构的最内层逐渐被吞噬。气体变得极端炽热，释放出大量的辐射。随着气体落入黑洞，它逐渐加速，就像跳伞运动员那样，将其重力势能转化为动能。随着复杂的紊流将气体的协调运动变成更小尺度上的随机运动，运动状态变得越来越混乱，直到单个原子开始以高速互相碰撞，这种随机运动正是"热"的定义，这些剧烈的碰撞将动能转化为辐射。通过在整个黑洞周边的安全距离建立一个戴森球，这种辐射能量可以被人类捕获并利用。黑洞旋转速度越快，这个过程的效率就越高。旋转速度最快的黑洞的能量效率可高达 42%[①]。对于重量约等于一颗恒星的黑洞来说，大部分能量是以 X 射线的形式放射出来的，而对星系中心的超大质量黑洞来说，大部分能量落入红外线、可见光和紫外线的范围内。

一旦你"喂"给黑洞的燃料已耗尽，就可以像我们上面讨论的那样，转而提取它的旋转能[②]。确实，大自然中已经存在一种方法可以部分实现这件事，用一种叫作"布兰德福-日纳杰过程"（Blandford-Znajek Mechanism）的电磁过程将气体加速，从而促进辐射量。如果我们巧妙地使用电磁场或其他东西，说不定可以将能量提取效率升高到 42% 以上。

### 溜滑子

还有一个不需要用到黑洞就能将物质转化为能量的过程，叫作"溜滑子"过程。它能毁灭夸克，并将其转化为轻子，其包括电子，比电子较重一些的兄弟 μ 介子和 τ 子，中微子或其反粒子。[4] 正如图 6-5 所示，根据粒子物理学标准模型预测，9 个拥有合适的"味"和"自旋"的夸克组合在一起，可以通过一个称为"溜滑子"的中间状态转化为 3 个轻子。由于输入质量大于输出质量，因此，二者的质量差被转化为了能量，其大小符合爱因斯坦的方程 $E=mc^2$。

---

[①] 对道格拉斯·亚当斯的粉丝来说，这个数字有着特殊的意义，因为 42 是"生命、宇宙以及万物的终极答案"。更精确地来说，这里的能量效率等于 $1-1/\sqrt{3} \approx 42\%$。

[②] 如果你"喂"给黑洞燃料的方式是，在其周围放置一个围绕着黑洞并以相同方向缓慢旋转的气体云，那么，随着气体云被拉近和被吞噬，它的旋转速度会越来越快，从而促使黑洞旋转得更快，就像花样滑冰运动员在旋转时收回自己的手臂，从而转得更快一样。这或许可以让黑洞达到最快的旋转速度，使得你可以提取出气体能量的 42%，然后提取出剩下部分的 29%。这样，总体的能量效率等于 42%+（1-42%）×29% ≈ 59%。

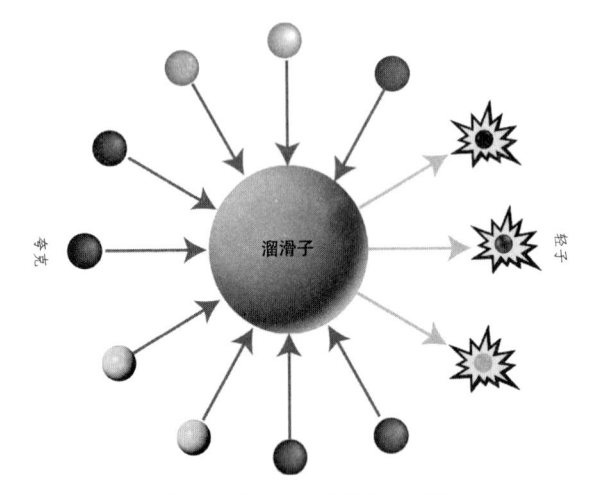

图 6-5 夸克转变为轻子的过程

注：根据粒子物理学标准模型，9 个具有合适的"味"和"自旋"特征的夸克可以组合起来，通过一个叫作"溜滑子"的中间状态转变成 3 个轻子。夸克的总质量（加上伴随的胶子粒子的能量）比轻子的质量大多了，因此，这个过程会释放能量，表现为闪烁。

未来的智能生命或许可以建造我所谓的"夸克引擎"：这是一种能量生产器，就像打了鸡血的柴油机一样。传统的柴油机将空气和柴油的混合物进行压缩，直到温度变得特别高，高到可以自燃和爆炸。之后，炙热的混合物再次膨胀，在这个过程中就可以完成一些有用的事情，比如推动活塞。燃烧后的气体（比如二氧化碳）的重量只相当于活塞内原先物体的 0.000 000 05%，这个质量差就被转化为了热能，用于驱动引擎。一台夸克引擎可以压缩普通物质，直到温度达到几千万亿度[①]，接着，溜滑子发挥作用，它会再次膨胀和冷却。我们知道这个实验的结局是什么，

---

① 必须要达到足够高的温度，才能将电磁力和弱作用力重新统一起来。当粒子在粒子对撞机中以 2 000 亿伏特加速时，就能达到这种状态。

因为这正是我们的宇宙在138亿年前所经历的事情。那时候，宇宙非常炙热，几乎100%的物质都被转化为了能量，只剩下了几十亿分之一的粒子幸存下来，形成了普通物质的基本构件：夸克和电子。因此，夸克引擎就像一台柴油机一样，只不过效率提高了10亿倍！还有一个好处是，你不需要对它的燃料过分讲究，只要是用夸克组成的物质就可以，也就是说，任何普通物质都可以。

由于这些过程的温度极高，我们的婴儿宇宙产生的辐射（光子和中微子）比物质（后来成为原子的夸克和电子）多了超过万亿倍。从那以后的138亿年间，发生了大规模的"种族"隔离，原子聚集成为星系、恒星和行星，而大多数光子仍停留在星际空间，形成宇宙微波背景辐射。科学家利用宇宙微波背景辐射制造了宇宙的婴儿照片。生活在任意一个星系或其他物质集中区域的先进生命形式，都可以将它们手边的大部分物质转化为能量，只需要在"夸克引擎"中短暂地重建一个炙热又稠密的环境，就可以将物质与能量的比例再次降低，直到比宇宙早期那个微小的比例还要小。

如果真要建造一台"夸克引擎"，我们如何才能知道它的效率有多高呢？要搞清楚它的效率，我们就必须弄明白一些关键的应用细节：比如，要把它的尺寸建得多大，才能在压缩阶段防止过多的光子和中微子泄漏？无论如何，我们可以肯定地说，未来生命的能源前景远远好于我们现在的技术所允许的状态。以我们现在的技术，甚至还无法建造核聚变反应堆，但未来的技术应该可以比我们现在的好10倍，甚至100倍。

## 量子计算机,更好的计算机

如果消化晚餐的能量效率比物理定律所允许的上限差了 100 亿倍,那么,今天的计算机表现如何呢?我们接下来将会看到,它们的效率比消化晚餐还糟糕。

我在介绍我的朋友兼同事塞思·劳埃德时经常说,他是麻省理工学院唯一一个像我一样疯狂的人。在对量子计算机进行了开创性的研究之后,他又写了一本书,认为我们整个宇宙就是一台量子计算机。我们经常在下班后一起喝啤酒,我发现,没有什么有趣的观点是他讲不出的。例如,正如我在第 2 章中提到的那样,关于计算的终极极限,他总有很多话要说。在 2000 年一篇著名的论文中,他说明了计算速度其实受到能量的限制:在时间 T 上执行一次初等逻辑运算需要的平均能量为 $E=h/4T$,其中 $h$ 是一个被称为"普朗克常数"的基本物理量。这意味着,一台 1 千克的计算机每秒最多能执行 $5×10^{50}$ 次操作,这比我现在正在打字的计算机高出 36 个数量级。如果计算机的能力像我们在第 2 章所说的那样,每隔几年就翻一番,那么,我们将在几个世纪之后就能达到这个水平。劳埃德还说,1 千克的计算机最多可以存储 $10^{31}$ 比特的信息,这是我的笔记本电脑的 10 亿倍的 10 亿倍。

劳埃德率先承认,想达到这些上限,即使对超级智能生物来说也是非常有挑战的,因为那 1 千克"终极计算机"的内存会像热核爆炸或者一小块宇宙大爆炸一样。但是,劳埃德乐观地认为,实际可实现的上限与物理上限并不遥远。实际上,现有的量子计算机原型已经用单个原子来存储一个比特的信息，以此将内存最小化；将其累积起来，每千克将能存储 $10^{25}$ 比特的信息，比我的笔记本电脑好 1 万亿倍。此外，使用电磁辐射在这些原子之间进行通信，能将每秒的运行次数达到 $5×10^{50}$ 次，比我的 CPU 高出 31 个数量级。

总而言之，未来生命在计算上的潜力是令人难以置信的：从数量级上来说，今天最好的超级计算机与 1 千克"终极计算机"之间的距离，比它和汽车转向灯之间的距离还要远，转向灯只能存储一个比特的信息，每秒只能在开和关之间转换一次。

## 获取更多物质

从物理学的角度来看，未来生命可能想要创造的一切——从栖息地、机器到新的生命形式，都只是以某种特定方式对基本粒子进行重新排列。就像蓝鲸实际上是重新排列的磷虾，而磷虾是重新排列的浮游生物一样，我们的整个太阳系也只是在 138 亿年的宇宙演化过程中对氢元素进行了重新排列：万有引力将氢元素重新排列成恒星，恒星将氢元素重新排列成重原子，之后，万有引力将这些原子重新排列成我们的星球，然后，化学和生物过程将它们重新排列成生命。

如果某种未来生命达到了它的技术极限，那么，它就可以更快和更高效地对粒子进行重新排列。它们首先会利用计算能力搞清楚效率最高的方法是什么，然后用可获得的能量来驱动这个物质"重新排列"的过程。我们已经看到了物质可以如何转化为计算机和能量，因此，**物质就**

是它们所需的唯一基本资源①。一旦未来生命在使用物质上已接近物理极限，想要做得更多，它就只有一种方法，那就是：获取更多物质。而想要获取更多物质，唯一的方法就是在宇宙中扩张它的势力，向太空进发！

## 通过殖民宇宙来获得资源

我们宇宙的资源禀赋到底有多少？具体来说，物理定律对生命最终可以利用的物质量的上限有何规定？我们宇宙的资源禀赋当然是相当惊人的，但具体有多大呢？表6-2列出了一些关键的数字。可以说，目前我们的行星的99.999 999%都是死寂的，因为这部分不属于我们生物圈的一部分，除了提供引力和磁场外，对生命几乎没有任何用处。如果我们能让这些物质为生命所用，那我们就拥有了多出几亿倍的物质。如果我们能够把太阳系中的所有物质（包括太阳系）都物尽其用，那么我们的境况会好几百万倍。如果能殖民银河系，那我们的资源会再增加1万亿倍。

表6-2 未来生命可以利用的物质粒子（质子和中子）数量的近似值

| 区域 | 粒子 |
| --- | --- |
| 我们的生物圈 | $10^{43}$ |
| 我们的行星 | $10^{51}$ |
| 我们的太阳系 | $10^{57}$ |
| 我们的银河系 | $10^{69}$ |
| 我们以半光速旅行的范围 | $10^{75}$ |
| 我们以光速旅行的范围 | $10^{76}$ |
| 我们的宇宙 | $10^{78}$ |

---

① 前文中，我们只讨论了由原子组成的物质。实际上，还有6倍多的暗物质，但它难以捉摸，也很难捕获，通常会直接穿过地球，并从另一边毫发无伤地穿出来，所以，未来生命能不能捕捉和利用暗物质，我们只能拭目以待了。

## 我们能走多远

你可能会认为,只要我们有足够的耐心,我们就能慢慢地殖民其他星系,并由此获得无限的资源,但现代宇宙学可不这么认为!是的,空间本身可能是无限的,包含无限多的星系、恒星和行星。事实上,这是最简单的暴胀理论所预测的结果,暴胀理论是目前关于"138亿年前是什么创造了我们的宇宙"这个问题最流行的科学解释。然而,即使有无限多的星系,我们也只能看到和到达数量有限的星系:我们可以看到大约2 000亿个星系,但最多只能殖民100亿个。[5]

阻碍我们的正是光速:光线一年可以走1光年,大约为1万亿千米。图6-6显示了从138亿年前的宇宙大爆炸以来,光线可以到达我们身边的一部分空间区域。这个球形区域被称为"我们的可观测宇宙",也可以简单地称为"我们的宇宙"。即使空间是无限的,我们的宇宙也是有限的,"只"包含着$10^{78}$个原子。此外,我们的宇宙中有98%的物质都是"能看不能摸"的,因为即使我们以光速前进,也永远赶不上它们。为什么呢?毕竟,我们的视线之所以有极限,是因为我们宇宙的年龄是有限的,而不是无限老,所以,遥远的光线还没有足够的时间来到我们身边。那么,假如我们在途中有无限的时间可以旅行,难道我们不能到达任意远的星系吗?

第一个挑战是,我们的宇宙正在扩张,这意味着几乎所有的星系都在离我们远去,所以,殖民遥远的星系就变成了一场追赶。第二个挑战是,宇宙膨胀正在加速,这是由构成我们宇宙的约70%的神秘暗能量造成的。如果你想知道宇宙的膨胀为什么会引起麻烦,请想象一下,你到达了火车站站台,看到你的火车正慢慢地加速远离你,但有一扇门开着。如果你快速冲过去,能赶上火车吗?由于它最终肯定会跑得比你快,所以,答案显然取决于火车最初离你有多远:如果超过了某个临界距离,你就永远赶不上它。我们也面临着同样的情况:试图追赶正在远离我们的遥远星系,即使我们能以光速前进,所有与我们相距超过170亿光年的星系依然遥不可及,而宇宙中超过98%的星系距离我们都超过了170亿光年。

图 6-6 宇宙的婴儿照

注:我们的宇宙,也就是 138 亿年前的宇宙大爆炸以来,光线有足够的时间到达我们的球形区域(我们身处这个区域的中心)。这张图片显示了普朗克卫星所拍摄的宇宙早期照片,也就是宇宙的婴儿照。这张图说明,在宇宙只有 40 万年历史时,它是由炙热的等离子体组成的,其温度和太阳表面一样高。在这区域之外,可能还有更广袤的空间,每年,这个区域都在扩大,我们也因此会看到新的物质。

但是等一下,爱因斯坦的狭义相对论不是说没有东西可以比光速跑得更快吗?那这些星系膨胀的速度怎么能达到超光速呢?答案是,狭义相对论已经被爱因斯坦的广义相对论取代了。在广义相对论中,速度的限制更为自由:当物体在空间中运动时,没有什么东西可以比光速更快,但空间可以随意扩大,要多快,有多快。爱因斯坦还给我们提供了一个很好的方法来可视化这些速度限制,那就是将时间视为时空的第四个维度,如图 6-7 所示,图中加上时间后依然是三维,因为我省略了三维空间中的其中一维。如果空间没有膨胀,光线将在时空中形成 45°的斜线,这样,我们从地球上能看到并可能到达的区域就是圆锥体。我们过去的光锥被 138 亿年前的宇宙大爆炸所截断,而我们未来的光锥将永远膨胀下去,让我们获得无限的宇宙资源。相比之下,中图显示了一个因暗能量而膨胀的宇宙(我们所栖身的宇宙应该就是这样的),它将我们的光锥变成了香槟酒杯的形状,将我们能够殖民的星系数量永远限制在大约 100 亿个。

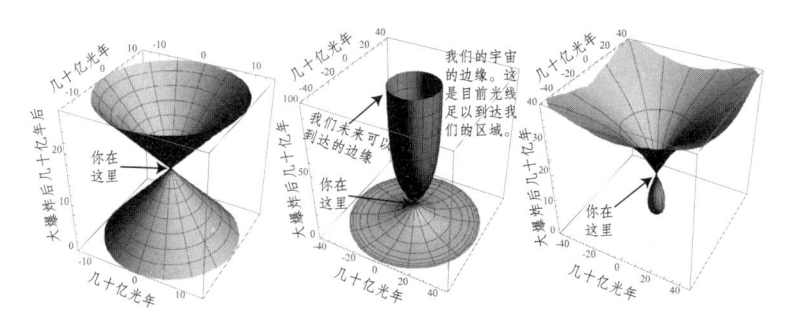

图 6-7

注:在这张时空图中,一个事件就是一个点,这个点的水平位置和竖直位置分别表示它发生的地点和时间。如果空间没有扩张(左图),那么,两个圆锥体将两个时空区分开,一是能影响身处地球上的我们(我们位于顶点)的时空,二是地球上的我们可以影响的时空(上圆锥),因为因果关系,时空不能跑得比光速还快——光线每年跑一光年。如果空间膨胀(右图),事情就变得更有趣了。根据宇宙学标准模型,即便空间是无限的,我们也只能看到和到达时空中的有限区域。中间的图片很像一个香槟酒杯。在这张图中,我们用坐标隐藏了空间的扩张,这样,遥远星系随时间的运动可以用竖直线来表示。在我们目前的位置(大爆炸后 138 亿年),只有"香槟酒杯"底座上的光线才有足够的时间到达我们身边。并且,即使我们以光速行进,我们永远到不了"香槟酒杯"上部分之外的区域,而那里包含了几百亿个星系。右图的下部像一个水滴。在这张图中,我们用普通的坐标系来表示空间,所以你能看到空间在膨胀。这将"香槟酒杯"的底座变成了一个水滴形状的结构,因为我们能看到的区域的边缘地带在早期都离得非常靠近。

如果这个限制让你感觉到一种"宇宙幽闭恐惧症",那不要难过,高兴一点,因为上面的分析可能有一个漏洞:我的计算假设暗能量随时间保持不变,这符合最新的观测结果。然而,我们仍然不知道暗能量究竟是什么,这就留给了我们一线希望:有可能,暗能量最终会衰减,就像解释宇宙暴胀时所假设出来的那种与暗能量类似的物质一样;如果发生这种情况,加速将会变成减速,这样,未来的生命形式就能够殖民新的星系,想待多久,就待多久。

### 我们能走多快

前面我们探索了,假设一个文明向各个方向以光速扩张,那它能够占领多少星系。广义相对论说,发射火箭并让其在空间中以光速穿梭是不可能的,因为这将需要无限多的能量。那么,火箭实际上能达到多快的速度呢?①

2006年,NASA的"新视野"号火箭发射前往冥王星时,它的时速达到了10万英里(相当于每秒45公里),打破了速度纪录。将于2018年发射的"太阳探测器附加任务"(Solar Probe Plus)的速度比这还要快4倍多,它将深入太阳日冕层。即便如此,它的速度还是比光速的0.1%还要低。20世纪,许多最杰出的人才都为建造更好和更快的火箭奉献了

---

① 这里的宇宙数学其实非常简单:如果这个文明在膨胀空间内不是以光速 $c$ 而是以一个较慢的速度 $v$ 前进,那么,它能殖民的星系数量就会减少,其减少系数为 $(v/c)^3$。这意味着,如果一个文明的动作迟缓,那它基本上就算瘫痪了。因为,如果它扩张的速度慢10倍,那它最终殖民的星系数量就会少1 000倍。

自己的聪明才智。这方面的文献更是多得汗牛充栋。为什么提升速度如此之难呢？有两个关键问题。其一，传统火箭的大多数燃料其实都用在了对携带的燃料进行加速上；其二，今天的火箭燃料的效率实在太低了，低得令人发指，其质量转化为能量的比例不比表 6-1 中燃烧汽油的效率的 0.00 000 005% 高多少。一个明显的改进措施是换成更高效的燃料。譬如说，正在为 NASA"猎户座计划"（Project Orion）效力的弗里曼·戴森等人希望，能在 10 天内引爆 30 万颗核弹，以此让一艘载人宇宙飞船达到光速 3% 的速度，好在 1 个世纪内到达另一个恒星系。还有一些人正在研究使用反物质作为燃料，因为将其与普通物质相结合，将释放出接近 100% 高效的能量。

另一个流行的想法是，建造一个不需要自行携带燃料的火箭。比如，星际空间并不是完美的真空，偶尔会出现氢离子（单独的质子，也是失去电子的氢原子）。1960 年，物理学家罗伯特·巴萨德（Robert Bussard）提出了一个想法，这个想法在众所周知的"巴斯德冲压发动机"（Bussard Ramjet）上得到了完美体现，即在旅途中收集这些氢离子，并将其作为火箭燃料，用于机载核聚变反应堆。尽管近期的研究对其实用性抱有怀疑的态度，但还有另一种"不带燃料"的想法对于一个拥有高超航天科技的文明来说，似乎是可行的，那就是激光帆（Laser Sailing）。

图 6-8 展示了一个激光帆火箭的精巧设计，这个想法是由罗伯特·福沃德于 1984 年率先提出来，他也发明了我们在戴森球那部分讨论过的静态卫星。空气分子在船帆上弹跳时，能将帆船推向前方，同样地，光子

在镜子上弹跳时,也会将其推向前方。用一个大型太阳能激光器朝着安装在宇宙飞船上的巨大超轻型船帆发射激光,我们就能用太阳能来加速火箭,达到可观的速度。但是,倘若你想要飞船停下来,怎么办呢?这个问题一直困扰着我,直到我阅读了福沃德的精彩论文[6]:如图6-8所示,激光帆的外环分离出来,移到飞船前方,将激光光线反射回来,让飞船和较小的帆减速。根据福沃德的计算,这可以让人类在短短40年的时间内到达4光年外的恒星系——南门二。一旦到达那里,人类就可以建造一个新的巨型激光系统,继续在银河系的星辰大海中跳跃和航行。

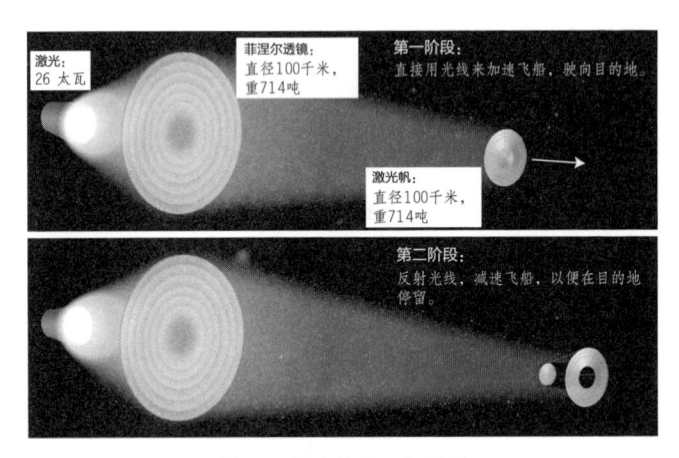

图 6-8 激光帆的工作原理

注:罗伯特·福沃德设计的激光帆可以到达4光年之外的南门二恒星系统。起初,一束位于我们太阳系的强烈激光向飞船的激光帆施加辐射压,使其加速;当到达目的地附近时,想要刹车,就将激光帆的外环分离出来,并将激光反射回飞船。

但为何要止步于此呢?1964年,苏联天文学家尼古拉·卡尔达肖夫(Nikolai Kardashev)提出,可以用消耗能量的多少来对宇宙文明进行分级。能使用一颗行星、一颗恒星（用戴森球）和一个星系能量的文明，在卡尔达肖夫等级上分别属于 I 级、II 级和 III 级文明。后来有些思想家认为，IV 级文明应该可以利用其可到达的宇宙的所有能量。从那时起，对于富有宇宙殖民雄心的生命形态来说，既有好消息又有坏消息。坏消息是，暗能量的存在似乎阻碍了我们的脚步。好消息是人工智能取得了巨大的进步。即使是卡尔·萨根（Carl Sagan）这种最乐观的梦想家都曾认为，人类想要到达其他星系是毫无希望的，因为我们的寿命十分短暂，而如此遥远的旅途，即使以近光速旅行也要花几百万年的时间。但人类拒绝放弃，他们想出了很多办法，比如把宇航员冷冻起来以延长寿命，或者以接近光速旅行以延缓衰老，或者派出一个可以旅行数万代的社区，这甚至比人类当前的历史还要长。

超级智能的可能性彻底改变了这幅图景，让人类的星际旅行愿望变得更有希望了。只要去掉臃肿的人类生命维持系统，添加上人工智能发明的技术，星际殖民就会变得相当简单。假如宇宙飞船的尺寸只要能装下"种子探测器"（Seed Probe）就行，那福沃德的激光帆就变得便宜多了。"种子探测器"是指一种机器人，它能够在目标恒星系中的小行星或行星上着陆，从零开始建立新的文明。它甚至不需要随身携带任何指令，只需要建造一个足够大的信号接收天线就可以，以此来接收以光速从母体文明发来的详细指令和蓝图。一旦建造完成，种子探测器就可以用新建的激光器来发射出新的种子探测器，让它们继续在星系中探索，殖民一个又一个恒星系。即使是星系之间广袤无垠的黑暗空间，也总是包含着大量星际恒星，它们是从母星系中漂流出来的，可以作为中间站，从而实现星系间激光帆旅行的"跳岛战略"（Island-hopping Strategy）。

一旦超级智能在另一个恒星系或星系殖民成功，要把人类带到那里，就很简单了，只要人类成功地为人工智能植入了这个目标即可。所有关于人类的信息都能以光速传播，之后，人工智能再用夸克和电子造出人类。这有两种实现方式：第一种方式的技术含量比较低，只是将一个人2GB的DNA信息传输过去，然后孵化出一个婴儿，由人工智能来抚养成人；第二种方法是，人工智能直接用纳米组装技术，用夸克和电子组装成一个成年人，他的记忆来自地球上某个"原版"人扫描上传的记忆。

这意味着，如果智能爆炸真的发生了，那么，重要的问题不是"星际殖民是否可能"，而是"星际殖民会有多快"。由于前文我们讨论的想法都是来自人类，所以，它们都应被视为生命扩张速度的下限；野心勃勃的超级智能生命的表现可能会好得多，并且，它们会有很强的动机去突破极限，因为在对抗时间和暗能量的战役中，殖民平均速度每提升1%，将会带来多于3%的星际殖民地。

假设用激光帆系统旅行到10光年外的另一个恒星系需要花20年的时间，到达之后，要在那里殖民和建造新的激光器和种子探测器需要再花10年的时间，那么，平均来看，殖民区域将会是一个以1/3光速扩张的球形区域。2014年，美国物理学家杰伊·奥尔森（Jay Olson）发表了一篇很棒的论文，全面分析了在宇宙级别上扩张的文明，并提到了"跳岛战略"的一个技术更为高超的替代方案，涉及两种不同的探测器：种子探测器和扩张者（expander）[7]。种子探测器会停留下来，在目的地着陆并播下生命的种子。而扩张者则永远不会停下来，它们可能会使用某种改进的冲压发动技术在飞行过程中收集物质，并用这些物质来实现两个用途：一是作为燃料，二是作为建造更多扩张者和自我复制的原材料。这种能够自我复制的扩张者舰队总是保持缓慢加速的状态，因此，总是与邻近的星系保持匀速运动的状态，比如，光速的一半。并且，由于扩张者总是在自我复制，但分布密度保持不变，因此它们形成了一个不断扩大的球壳结构。

还有一种不顾一切的卑鄙办法，它比上面说的几种方法扩张得更快，那就是用汉斯·莫拉维克提出的"宇宙垃圾邮件"，我们在第 4 章曾提到过这种方法。一个文明向宇宙广播一条信息，欺骗刚刚进化出来的天真文明建造一个会攻击它们自己的超级智能机器，这样的话，这个文明就能以光速扩张，相当于它们极具诱惑的"塞壬之歌"在宇宙中传播的速度。这或许是高级文明想要在它们的未来光锥中占领大多数星系的唯一方法，而且，它们没有动机不去这么做，因此，我们应当对外太空传来的所有信息保持高度谨慎和怀疑！在卡尔·萨根的小说《超时空接触》一书中，地球人用外星人传来的蓝图建造了一台我们无法理解的机器。但我不建议这样做。

总而言之，在我看来，大多数科学家和科幻作家对太空殖民的观点都过于悲观了，因为他们忽略了超级智能的可能性。如果只把注意力集中在人类旅行者身上，他们就会高估星际旅行的难度；如果只局限于人类发明的技术,那么,他们就会高估技术达到物理上限所需的时间。

## 通过宇宙工程来保持联系

如果如最新实验数据显示的那样,暗能量持续加速遥远的星系,让它们彼此远离,这将会给未来生命带来一个大麻烦。这意味着,即使未来的文明能够殖民到几百万个星系,暗能量也会在几百亿年的时间内将这座宇宙帝国分割成几千个彼此无法通信的不同区域。如果未来的生命对此不采取任何措施,仅剩的最大生命聚集地只能是包含着几千个星系的星系团,在其中,维系星系团的万有引力超过了将它们分离的暗能量。

如果超级智能文明想要彼此保持联系,它们就有强烈的动机去建造一个大规模的宇宙工程。在暗能量将物质带到遥不可及的远方之前,这个文明能将多少物质搬运到它们最大的超级星系团内呢?要将一颗恒星移动到很远的距离,一种方法是将第三颗恒星推入一个两颗恒星绕彼此稳定旋转的双星系统。就像恋爱关系一样,引入第三者将会使关系变得不稳定,导致三者中的其中一个被暴力地驱逐出去,把情人换成恒星,驱除出去的速度会极快。如果三者中有一些是黑洞,那么,这种不稳定的三体关系就可以用来将质量快速抛出原来的星系。然而不幸的是,不管是用于恒星、黑洞还是星系,想要移动到足以对抗暗能量的遥远距离,这种"三体"技术能移动的物质量似乎很少,只相当于这个文明十分微小的部分。

但是,这显然并不意味着超级智能想不出更好的方法,比如,它们可以将星系团外围部分的大部分物质转化为宇宙飞船，用来飞进母星系团。如果它们能建造出夸克引擎，或许可以用它来将这些物质转化为能量，让这些能量以光线的形式照射到母星系团中。在那里，光线又可以被重新组装成物质，或者用作能量来源。

最幸运的可能性莫过于建造稳定的可穿越虫洞了。有了这种虫洞，无论两端相隔多远，都能实现几乎实时的通信和旅行。虫洞就是一条时空中的捷径，让你可以从A地来到B地而不用穿越横亘在二者之间的空间。虽然爱因斯坦的广义相对论允许稳定虫洞的存在，它们也在电影《超时空接触》和《星际穿越》中出现过，但是，要建造它们，需要一种目前只存在于假说中的拥有负密度的奇异物质。这种物质的存在可能取决于量子引力效应，而我们对量子引力效应知之甚少。换句话说，成功的虫洞旅行或许是不可能的，但是，假如它不是100%不可能，那超级智能生命就有强烈的动机去建造它们。虫洞不仅能够变革星系内的快速通信，还能够早早将外层星系与星系团中心连接起来，从而使得整个领土即使在长距离上也完全相连，打消暗能量阻断通信的企图。一旦两个星系由稳定的虫洞连接在一起，那么，不管它们未来各自漂向何方、相隔多远，都会永远连在一起。

尽管宇宙工程会花费很多心血，但是，假设一个未来文明相信它的一部分注定要永远失去联系，它可能会放它的一部分离开并送上祝福。然而，如果它拥有野心勃勃的计算目标，想要探索一些非常困难的问题，那它可能会采取一种大刀阔斧的策略：将外围星系转化为大型计算机，将其物质和能量转化为以疯狂速度进行的计算过程,希望在暗能量将残余物带走之前,未来文明可以将这些追寻已久的答案传回母星系团。这种大刀阔斧的策略特别适用于那些十分遥远以至于只有"宇宙垃圾邮件"方法才到得了的地区,但是,假如当地本来就有居民,那这种方法可能会令它们愤怒。而位于母星系团中的文明则可以追求尽可能长久的对话和方法。

## 你能活多久

长寿是最有野心的人类、组织和国家都心心念念的愿望。那么,如果一个野心勃勃的未来文明开发出了超级智能,同时又想要长寿的话,它们究竟能活多久?

关于这个问题,最早的全面科学分析也是由弗里曼·戴森[8]做出的。表6-3总结了他的一些主要发现。结论是,如果没有智能的干预,那么,恒星系和星系都会逐渐毁灭,接着,其他一切都会逐渐毁灭,只剩下冰冷、死寂、空旷的空间,充满了永远衰减的辐射。不过,戴森在分析的结尾给出了一个乐观的注解:

> 从科学的角度出发,我们有很好的理由来认真对待以下这个可能性:生命和智能体能够成功地按照它们的目标来塑造我们的宇宙。

表 6-3　　　　　弗里曼·戴森对未来宇宙的预测

| 事　件 | 时　间 |
| --- | --- |
| 宇宙目前的年龄 | $10^{10}$ 年 |
| 暗能量将大部分星系带到遥不可及的远方 | $10^{11}$ 年 |
| 最后一颗恒星燃尽 | $10^{14}$ 年 |
| 行星脱离恒星 | $10^{15}$ 年 |
| 恒星脱离星系 | $10^{19}$ 年 |
| 引力辐射造成的轨道衰变 | $10^{20}$ 年 |
| 质子衰变（最早） | $> 10^{34}$ 年 |
| 恒星质量的黑洞蒸发 | $10^{67}$ 年 |
| 超大质量黑洞蒸发 | $10^{91}$ 年 |
| 所有物质衰变成铁 | $10^{1\,500}$ 年 |
| 所有物质形成黑洞，黑洞接着蒸发 | $10^{1\,026}$ 年 |

注：对遥远未来的这些预测，除了第 2 个和第 7 个之外，都是由弗里曼·戴森预测的。他做这些预测时，人们还没有发现暗能量，而暗能量可能会在 $10^{10} \sim 10^{11}$ 年内引发某些类型的"宇宙大灾变"。质子可能会永远稳定；如果不能，实验显示，它们可能会在 $10^{34}$ 年后半衰。

我认为，超级智能可以很轻易地解决表 6-3 中列出的许多问题，因为它可以将物质重新排列成比恒星系和星系更好的东西。我们的太阳在几十亿年后会死亡，这个问题经常被提起，但实际上没什么大不了的，因为即使是一个技术水平相对较低的文明也能轻易地转移到能延续 2 000 亿年的小质量恒星周围。假设超级智能文明建造了能源效率比太阳还高的发电厂，那它们可能会想要阻止恒星的形成，以此来节省能源。因为一旦恒星形成，即使它们能用戴森球来收集这颗恒星在主序星阶段发射出来的所有能量（相当于总能量的 0.1%），它们也可能很难利用剩下的 99.9%，所以，剩下的 99.9% 只好在恒星死亡的过程中被白白浪费掉。质量较大的恒星在死亡时会发生超新星爆炸，释放出的大部分能量都以难以捉摸的中微子的形式逃逸掉了。对质量特别大的恒星来说，它死亡后会形成黑洞，大量的质量就在黑洞中被浪费掉了，此后，这些能量需要漫长的 $10^{67}$ 年才能逐渐渗透出来。

只要超级智能生命还没有耗光物质或能量，它就能按照自己想要的方式维持它的栖息地。或许，它还能够利用量子力学中所谓的"量子芝诺效应"[①]来防止质子衰变，通过常规观测来减缓衰变过程。然而，还有一种惊人的可能性：可能在 100 亿~1 000 亿年后，一场"宇宙大灾变"会毁灭整个宇宙。当弗里曼·戴森在写他那篇原创性的论文时，他还不知道暗能量的发现和弦理论的进展可能会带来新的宇宙大灾变。

那么几十亿年后，我们的宇宙到底会如何走向终结呢？在图 6-9 中，我画出了自己对"宇宙大灾变"的 5 种主要猜测：大冷寂（Big Chill）、大挤压（Big Crunch）、大撕裂（Big Rip）、大断裂（Big Snap）和死亡泡泡（Death Bubbles）。迄今为止，我们的宇宙已经膨胀了大约 140 亿年。大冷寂是说，我们的宇宙会永远膨胀下去，宇宙最终会被稀释成一个冰冷和黑暗的空间，一片荒芜死寂。在戴森写那篇论文的时代，这种情景被认为是最有可能发生的。这让我想到艾略特（T. S. Eliot）所说的："这就是世界完结的方式：不是砰的一声垮掉，而是轻轻啜泣着消亡。"如果你像美国诗人罗伯特·弗罗斯特（Robert Frost）一样，更喜欢世界终结于烈火中而非冰冻中，那么请双手合十，祈祷大挤压的出现吧。在大挤压中，宇宙的膨胀最终将反向进行，万事万物被再次压缩在一起，导致灾难性的坍缩，

---

[①] 量子芝诺效应（quantum zeno effect）又称量子水壶效应（watched-pot effect），它指出，频繁地对一个不稳定粒子进行量子观测会抑制和阻止它的衰变。——编者注

很像大爆炸的倒播。而大撕裂在无耐心的人眼里与大冷寂十分相似，在其中，我们的星系、行星甚至原子都将在有限时间后的一场终曲中被撕裂。这三个结局，你会赌哪一个发生呢？这将取决于占宇宙质量 70% 的暗能量随空间膨胀后将会发生什么变化。如果暗能量保持不变，那将发生大冷寂；如果暗能量稀释为负密度，将发生大挤压；如果暗能量"反"稀释为更高的密度，将发生大撕裂。由于我们尚不知道暗能量究竟是什么东西，我只能告诉你，我的赌注是这样的：40% 赌大冷寂，9% 赌大挤压，1% 赌大撕裂。

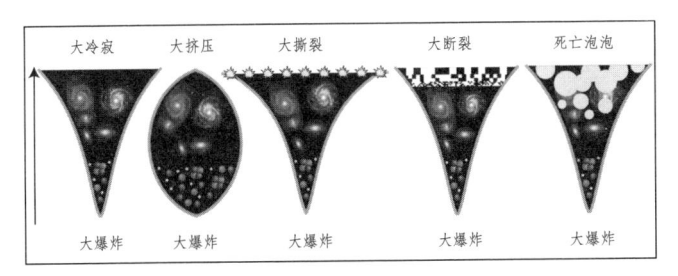

图 6-9 我们的宇宙将如何终结

注：我们知道，我们的宇宙开始于 140 亿年前的一场炙热的大爆炸，它先膨胀，然后冷却，将它的粒子变为原子、星星和星系。但是我们并不知道它的终极命运。人们提出的终极情景包括大冷寂（永远膨胀）、大挤压（再次坍缩）、大撕裂（无穷大的膨胀率将万物撕裂）、大断裂（空间被拉伸过多时，它的结构展现出了致命的颗粒性质）和死亡泡泡（空间"冷冻"入致命的泡泡中，并以光速膨胀）。

另外 50% 呢？我要把钱存起来，投注给"以上皆非"的选项，因为我认为人类应当更加谦卑地意识到，还有许多基本的东西是我们所不了解的，例如空间的本质。大冷寂、大挤压和大撕裂的结局，都事先假定了空间本身是稳定的，并且能够被无限拉伸。我们曾经认为，空间处于一种无聊的稳定状态,宇宙的戏剧在其中徐徐展开。然后,爱因斯坦告诉我们,空间并不只是这场戏剧的舞台,它也是其中的重要演员,它能弯曲成黑洞,能荡漾出引力波,能拉伸为一个膨胀的宇宙。也许,它还能像水一样冷冻为另一个不同的相,在其中产生出致命的高速膨胀的泡泡。这些泡泡都是新的相,为我们提供了一种新的宇宙大灾变情景。如果发生了"死亡泡泡",它们可能会以光速传播,就像野心文明释放出来的"宇宙垃圾邮件"一样,形成一个不断扩张的球形区域。

此外,爱因斯坦的理论认为,空间拉伸可以永远持续下去,让我们的宇宙的体积接近无限,就像大冷寂和大撕裂情景中发生的那样。这听起来太好了,但令人难以置信,我对此表示怀疑。橡皮筋看起来很不错,具有连续的性质,就像空间一样。但假如你把它拉伸得过多,它就会断裂。为什么呢?因为它是由原子组成的,如果拉伸得太多,橡皮筋原子的颗粒性质就变得重要起来。有没有可能,在人类无法企及和注意的微小尺度上,空间也具有类似的颗粒性呢?量子引力学研究认为,在小于$10^{-34}$米的尺度上谈论传统的三维空间是没有意义的。如果空间不能被无限拉伸,当拉到一定程度时就会发生灾变式的"大断裂",那么,未来的文明可能会想要迁徙到它们能到达的最大的"非膨胀"空间区域中,也就是一个巨大的星系团中。

## 你能计算多少东西

在研究了未来生命能延续多久之后,让我们来探讨一下它们可能"想要"延续多久。你可能会认为,人人都想长生不死,活得越久越好,但弗里曼·戴森对这种愿望提出了一个更为定量式的观点:当计算的速度变慢时,计算成本会降低。所以,如果你尽可能地放慢脚步,那你最终能完成的事情反而更多。戴森甚至计算出,如果我们的宇宙永远膨胀和冷却下去,那计算量可以达到无限。

慢,并不一定意味着无聊。如果未来生命居住在一个模拟世界中,它对时间流逝的主观体验不一定与运行在外部世界中的模拟器的速度有关,那么,这些模拟的生命形态就可以将未来无限的计算量转化为主观上永生的体验。基于这个思想,宇宙学家弗兰克·蒂普勒(Frank Tipler)推测,在大挤压发生前的最后时刻,随着温度和密度的飞升,未来生命也可以通过将计算加速到无限大的方法来实现主观上的永生。

由于暗能量似乎会毁掉戴森和蒂普勒关于"无限计算"的美梦,未来的超级智能或许会更青睐于以较快的速度燃烧掉它的能量供应,以便将它们变成计算能力,免得遇到大灾变或质子衰变等问题,到时候就为时已晚了。如果终极目标是将总体计算量最大化,那最好的策略就是在过慢(为了避免前面提到的问题)和过快(在每单位计算量上花的能量超过了必需量)之间找到一个平衡。

本章探讨的所有内容告诉我们,最高效的发电厂和计算机将使超级智能生命的计算量达到令人惊叹的程度。为你 13 瓦的大脑供电 100 年需要大约半毫克的物质,比一颗普通糖粒还要小。塞思·劳埃德的研究表明，如果大脑的能源效率可以提高1千万亿倍，那一颗糖粒就足够模拟迄今活过的所有人，甚至再加上几千倍的人数也可以。如果我们把可到达宇宙中的所有物质都用来模拟人类，那就能模拟出 $10^{69}$ 条生命，或者模拟出超级智能想用它的计算能力来完成的其他事物。如果这些模拟人的运行速度慢一些，同样的能量还可以驱动更多的模拟生命[9]。尼克·波斯特洛姆估计，假设对能源效率水平的估计保守一些的话，可模拟的生命数会减少到 $10^{58}$ 条。不过，不管我们如何玩转这些数字，它们的共同点就是：大。这些数字太大了，我们必须负起责任，不要白白浪费掉未来生命繁荣昌盛的好机会。正如波斯特洛姆所说：

> 如果我们用一滴喜悦的泪珠来代表一次人生中所经历的快乐，那么，这么多灵魂的快乐可以填满地球上的海洋多次，如果每秒清空一次再立刻填满，可以连续进行万亿亿个千年。因此，保证这些泪珠是出于快乐，真的是一件很重要的事情。

## 宇宙等级

光速不仅束缚了生命的传播，而且限制了生命的性质，在通信、意识和控制等方面都布下了巨大的制约。那么，如果我们宇宙的大部分最终都会变成生命，这些生命会是什么样的呢？

### 思维等级，越大越慢

你有没有过用手打苍蝇却总也打不中的情况？苍蝇之所以反应比你

快，是因为它个头比你小，所以，信息在它的眼睛、大脑和肌肉之间传播的时间比你短很多。这种"大＝慢"的原则不仅在生物学上适用[①]，也适用于未来的宇宙生命，只要信息的传播速度不会快于光速。所以，对一个智能信息处理系统来说，身体变大是一件喜忧参半的事，会带来此消彼长的有趣均衡。一方面，变大意味着它可以拥有更多粒子，也就能带来更复杂的思想。而另一方面，如果它想要真正的全局思维，这反而会降低速度，因为信息需要花更长的时间才能传遍它身体的各个部分。

那么，如果生命会布满我们的宇宙，它会选择什么形式？是简单而快速，还是复杂而缓慢的呢？我预测它会做出与地球生命一样的选择：二者兼有！地球生物圈的居民跨越了惊人的范围，从 200 多吨的巨大蓝鲸到 $10^{-16}$ 千克轻的娇小细菌远洋杆菌属（Pelagibacter），据说，这种细菌的生物量加起来，比世界上所有鱼类的总和还要多。而且，大型、复杂而缓慢的生物通常会包含一些简单而快速的小型模块，以此来缓解因迟缓造成的问题。譬如说，你的眨眼反射的速度非常快，因为它是通过一个很小、很简单的回路来实现的，而不涉及大脑的大部分区域。如果那只拍不到的苍蝇突然飞向你的眼睛，你会在 1/10 秒内迅速眨眼，而这个时间远不够相关信息传遍整个大脑和产生意识。通过将信息处理过程组织成等级化的模块，我们的生物圈兼得了鱼和熊掌——既得到了速度，又获得了复杂性。我们人类早就开始使用相同的等级策略来对并行计算进行优化。

---

[①] 在生物学中，速度的极限是由电子信号在神经元中传导的最快速度决定的。

由于在体内进行通信的速度又慢、成本又高，我预计，高级的未来宇宙生命会像前文所说的那样，将计算尽可能地"局部化"。如果一个计算过程对于一台 1 千克重的计算机来说十分简单，那么，让星系尺寸的计算机来做这件事是十分低效的。因为每个计算步骤都要等信息在不同部位之间进行分享，即使以光速传播，每一步也会造成 10 万年的滞后，这实在太荒谬了。

未来的这种信息处理方式是否会产生出拥有主观体验的意识呢？如果是，哪些部分会产生？这个问题极富争议，我们将在第 8 章进行探讨。如果意识的产生需要一个系统的不同部位，才能互相交流，那么，越大的系统，其思维过程就必然会越慢。你或者地球大小的未来超级计算机每秒钟都可能产生许多想法，但是，一个星系大小的智能每 10 万年只能产生一个想法，而一个宇宙级别的智能（尺寸达到几十亿光年）在暗能量将其分割成各不相连的碎片之前，只有足够的时间来产生 10 个想法，但这凤毛麟角的想法和伴随而来的体验却可能是非常深邃的。

### 控制等级，是去中心化还是高度集权

如果思想本身就是组织成等级结构的，并且跨越了很广的范围，那权力呢？在第 4 章，我们探讨了智能实体如何自然而然地自我组织成纳什均衡的权力等级结构。在这个结构中，任何一个实体如果改变自己的策略，它的境况就会变差。通信和交通技术越发达，这些等级结构就会越大。如果有一天，超级智能扩张到宇宙尺度，它的权力结构会是什么

样的？它会是随心所欲和去中心化的，还是高度极权主义的？它们的合作主要是基于共同利益，还是强迫和威胁？

为了探讨这些问题，让我们把胡萝卜和大棒都考虑进去：要在宇宙尺度上进行合作，可能有哪些自发的动机？又有哪些威胁可能被用来达成强迫性合作？

## 用胡萝卜来控制

在地球上，贸易通常是合作的一种传统驱动力，因为一个人想要生产出地球上各式各样的商品是很困难的。如果在某一个地区，采集1千克银矿的成本是采集1千克铜矿的300倍，而在另一个地区，前者只有后者的100倍，那么，两个地方出产的银矿价格都会是铜矿的200倍。如果某个地区的技术水平比另一个地区高出很多，那么，当二者用高科技产品和原材料进行交易时，双方都会获益。

然而，如果超级智能开发的技术可以很容易地将基本粒子重新排列成任何形式的物体，那么，这将打消长途贸易的大部分动机。假如你可以更加简单快捷地用"重排粒子"的方法把铜变成银，那为什么还要在遥远的恒星系之间运送铜矿和银矿呢？如果两个星系的人都知道如何建造一种高科技产品，也都拥有所需的原材料（任何材料都可以），为何还要在星系间运送这种产品呢？我猜，在一个充满超级智能的宇宙中，只有一种商品值得远距离运送，那就是信息。唯一的例外可能是用于宇宙工程的物质，比如用来抵消前文提到的暗能量对文明的破坏的物质。但是，与传统的人类贸易不同，这种物质能以任何方便的散装形式运输，甚至能以能量束的方式进行运输，因为接收方的超级智能可以迅速地将其重新排列成它们想要的任何物体。

如果分享或交换信息成为宇宙合作的主要驱动力，那么，可能是什么信息呢？如果一个信息的产生需要消耗大量计算资源，那这个信息就是有价值的。比如，一个超级智能或许很想知道关于物理实在的科学难题、关于定理和最优算法的数学难题和建造惊人科技的工程难题的答案。享乐主义的生命形式可能会很想要数字化娱乐产品和模拟体验。宇宙商业的发展可能会推动对某种宇宙级加密货币的需求，就像比特币那样。

这种分享机会不仅可以促进同等权力水平的实体之间的信息流动，还会促进上下等级之间的信息交流，比如，太阳系大小的节点与星系枢纽之间，以及星系大小的节点与宇宙枢纽之间的信息流动。这些节点想要这些信息，可能是为了获得身为更庞大之物的一部分的愉悦感，也可能是为了它们自己无法开发的技术和自己无法找到的答案，也可能是为了抵御外来的侵略和威胁。它们可能会认为，通过备份的方式来接近永生是有价值的，就像许多人类相信他们的灵魂在肉身死后会永远不朽一样。一个高级人工智能也可能想要在它的原始物质形态硬盘耗尽自己的能量储备之后，把自己的智能和知识上传到一个枢纽的超级计算机上，永远活下去。

相比之下，枢纽可能想要这些节点来帮助它进行不那么迫切的超长周期的计算任务，所以，等待数千年甚至数百万年也是值得的。正如我们前文探讨的那样，枢纽或许也想要它的节点帮助它进行大规模的宇宙工程项目，比如，将星系的质量中心搬运到一起，从而对抗破坏性的暗能量。如果可穿越虫洞在理论上是可行的，在工程上也可建成，那么，枢纽的首要任务可能就是建造一个虫洞网络，以此来对抗暗能量，并把它庞大的帝国永远连接在一起。一个宇宙级别的超级智能体可能拥有什么样的终极目标呢？我们将在第 7 章探讨这个迷人而富有争议的问题。

## 用大棒来控制

地球上的帝国通常会同时使用胡萝卜和大棒来强迫附属国进行合作。虽然罗马帝国的附属国珍视罗马帝国提供的技术、基础设施和防御能力（罗马帝国用这些作为合作的奖励），但他们也担心反叛或不交税带来的不可避免的可怕后果。由于从罗马派出军队到外省的时间太长了，这种威慑一部分是由当地的军队和忠诚的官员来维持的，因为他们有权立即执行惩罚。一个超级智能的枢纽也可能采用同样的策略，即在它的宇宙帝国的各处布置一个由忠诚守卫组成的网络。由于超级智能的"下属"可能很难控制，最简单有效的策略就是使用忠诚度设置为 100% 的人工智能守卫。如此高的忠诚度会导致一定程度的愚钝。这样的人工智能监控着所有规则的执行情况，如果有违反者，就自动触发世界末日装置。

假设一个枢纽人工智能想控制一个太阳系大小的文明,于是它将一个白矮星放到了这个文明附近。白矮星是中等质量的恒星燃尽后剩下的壳,主要由碳元素组成,就像夜空中一颗巨大的钻石。白矮星被压缩得极其稠密,虽然体积比地球小,但质量却比太阳还大。印度物理学家苏布拉马尼扬·钱德拉塞卡(Subrahmanyan Chandrasekhar)有一个著名的证明:如果你往白矮星中添加质量,直到超过钱德拉塞卡极限(Chandrasekhar Limit),也就是太阳质量的1.4倍,那它就会经历一次灾难式的热核爆炸,称为1A型超新星爆炸。如果这个枢纽人工智能冷酷地将这颗白矮星的质量设置为接近钱德拉塞卡极限,那么,守卫人工智能的管理工作就会非常高效,即使它极端愚笨。事实上,守卫人工智能高效的原因正是因为它很愚笨,它的任务是核实这个被征服的文明每个月是否按时缴纳了定额的宇宙比特币,以及其他规定的赋税。如果没有,它就会向白矮星中扔进足够多的物质,点燃这颗超新星,摧毁整个区域,将其撕成碎片。

同样地,如果某个未来生命想控制星系大小的文明,也可以将大量致密物质放到星系中心超级黑洞周围的轨道上,并威胁说你可以通过碰撞等方式把这些物质转化成气体,一旦转化为了气体,它们就会被黑洞吞噬,将其转化为强大的类星体,可能会让整个星系变得不宜居。

总而言之,未来生命有很强的动机在宇宙尺度上进行合作,但是,这种合作是基于共同利益还是粗暴的威胁,我们并不确定,二者似乎都没有违背物理定律,结果可能取决于当时流行什么样的目标和价值观。

我们将在第 7 章探讨我们能否影响未来生命的目标和价值观。

**当文明发生冲突**

目前，我们已经讨论了宇宙生命发生单次智能爆炸的情形。但是，如果生命在宇宙的不同区域独立进化出了文明，那么，两个正在扩张的文明彼此相遇时会发生什么事呢？

如果我们考虑一个随机的恒星系，其中一颗行星上可能会进化出生命，它们会开发出先进的技术并殖民太空。这个概率应该大于零，因为我们太阳系中的生命（人类）的科技已经发展到了这种程度，并且物理定律似乎并不禁止殖民太空。如果宇宙空间足够大（事实上，宇宙暴胀理论认为它是巨大或是无限的），那么，将会出现许多这样不断扩张的文明，如图 6-10 所示。我们前文提到的杰伊·奥尔森的论文对这种不断扩张的宇宙生物圈进行了一次很棒的分析，而托比·奥德（Toby Ord）则与人类未来研究所的同事们进行了类似的分析。从三维空间来看，只要文明在各个方向上都以相同的速度扩张，那这些宇宙生物圈就是球形的区域。在时空中，它们看起来就像图 6-7 中"香槟酒杯"的上半部分，因为暗能量限制了每个文明最终可到达的星系数量。

如果相邻的太空殖民文明之间的距离实在太远了，超过了暗能量允许它们扩张的宽度，那么它们就无法互相接触，甚至不知道彼此的存在，所以它们会觉得自己的文明在宇宙中是孤独的。然而，假如我们的宇宙更多产一些，那相邻的太空殖民文明之间的距离就会更加靠近，那么，一些文明的领土最终会重叠。这些重叠区域内会发生什么呢？是合作、竞争还是战争？

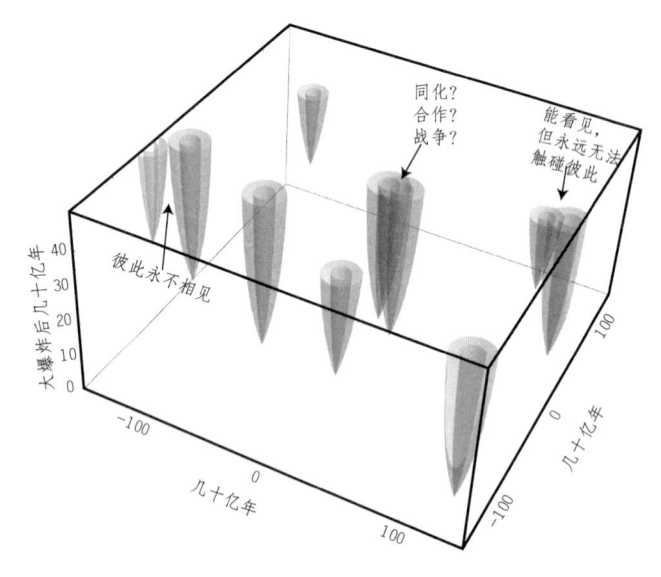

图 6-10 宇宙中可能扩张的不同文明

注：如果时空（时间与空间）的多个点都独立进化出了生命，并开始殖民太空，那么太空中将包含一个不断膨胀的宇宙生物圈网络，每个生物圈都像图6-7中"香槟酒杯"的上半部分一样。每个生物圈的底部代表殖民开始的地点和时间，不透明和半透明的"香槟酒杯"分别表示殖民速度为光速的50%和100%，重叠部分表示独立文明相遇的地方。

欧洲人之所以能够征服非洲和美洲，因为他们的技术更强。但是，也有可能早在两个超级智能文明相遇之前，它们的技术都会达到同一个稳定的水平，只受到物理定律的限制。这意味着任意一个超级智能想要征服对方似乎都不容易。而且，如果它们的目标比较一致，那就没有理由去征服对方或发动战争，比如，它们都想要证明尽可能多的美丽定理，或者发明一些尽可能巧妙的算法，那它们何不彼此分享自己的发现，这样双方都会变得更好。毕竟，信息与人类过去抢夺的资源是截然不同的，因为你把它们送给别人的同时，自己还可以保留一份。

一些扩张的文明的目标可能本质上是不可改变的，就像四处传播的病毒一样。但是，也有可能存在一些像人类一样开明的先进文明，当它们觉得理由充分时，会愿意调整自己的目标。当两个这样的文明相遇时，它们的冲突就不会是武装冲突，而是思想冲突，其中更有说服力的一方就能获胜，并让它的目标以光速在其他文明控制的区域内传播。"同化邻居"的扩张策略比殖民更快，因为你的"影响力"扩张的速度就等于思想扩张的速度（光速通信），而物理形态的殖民速度肯定比光速更慢。这种同化过程不是被迫的，不像博格人在《星际迷航》中那种臭名昭著的做法，而是基于更具有说服力的思想，这让同化策略显得更为合理了。

我们已经看到，未来的宇宙可能包含两种迅速膨胀的泡泡：第一种是扩张的文明，第二种是以光速膨胀的死亡泡泡，后者将毁灭所有的基本粒子，让空间变得不适宜居住。因此，一个雄心勃勃的文明可能会遇到三种区域：无人居住的区域、有生命的泡泡以及死亡泡泡。如果它担心遇到不合作的竞争文明，那它就有强烈的动机采取"抢地"策略，也就是在对手到达之前占领所有无人居住的区域。然而，即便没有其他文明，它的扩张动机也同样强烈，因为它需要在暗能量毁掉一切之前抢夺资源。我们刚刚已经看到，遭遇另一个扩张的文明与遭遇无人居住的区域相比，可能更好，也可能更坏，结果完全取决于这个邻居文明的合作程度和开明程度有多高。然而，无论如何，遭遇一个扩张文明都远远好过遭遇一个死亡泡泡，即便那个文明想把你的文明变成回形针，因为无论你如何殊死抵抗，死亡泡泡都会摧枯拉朽地以光速膨胀。我们对抗死亡泡泡的唯一武器正是将我们与遥远星系拉扯开来的暗能量。所以，如果死亡泡泡在宇宙中普遍存在，那么，暗能量就不是我们的敌人，而是我们的朋友。

**我们孤独吗**

许多人相信，在宇宙中的大部分区域内，理所当然存在着高级生命，所以，即使人类灭绝了，从整个宇宙的角度来看也没有关系。毕竟，如果在人类灭绝后，某些类似《星际迷航》那样振奋人心的文明很快就会到达，并重新为太阳系植入生命的种子，可能还会用它们先进的技术重造或者复活人类，那我们为什么要担心不小心把人类从地球表面抹去呢？我认为，这种《星际迷航》式的假设是非常危险的，因为它会带给我们一种虚假的安全感，让我们的文明变得冷漠无情、鲁莽大意和不计后果。实际上，我还认为这种"我们在宇宙中并不孤单"的假设不仅很危险，而且是错误的。

我的观点并不是多数人的观点[①]。当然，我也有可能是错的，但这种

---

[①] 约翰·格里宾（John Gribbin）在他 2011 年的著作《独在宇宙》（*Alone in the Universe*）一书中也得出了类似的观点。如果你想了解关于这个问题的其他观点，我推荐保罗·戴维斯（Paul Davies）2011 年的著作《可怕的寂静》（*The Eerie Silence*）。

可能性是我们目前无法完全否认的，这使得"谨慎行事、不让我们的文明灭绝"成为人类的一项伦理责任。

每当做宇宙学方面的演讲时，我总喜欢问观众一个问题：如果有人相信我们的宇宙①中存在着其他智能生命，就请举起他们的手。不出意外，不管是幼儿园的小朋友还是大学生，几乎每个人都会举手。当我问他们原因时，大多数人都说，宇宙太大了，至少从统计学的角度来看，一定在什么地方存在着生命。让我们来仔细讨论一下这个观点，并找出它的漏洞。

其实，所有的问题都归结为一个数字：一个文明与它最近的邻居之间的典型距离（如图6-10所示）。如果这个距离比200亿光年大得多，那我们就可以说，我们在我们的宇宙中是孤独的，并且，我们永远无法接触到外星人。那么，这个数字是多大呢？我们还不知道。这意味着，我们与最近的邻居之间的距离可能是1 000……000米，其中，零的个数可能是21、22、23……100、101、102，甚至更多，但可能不会少于21，因为我们至今还没有发现任何外星人的可信证据（如图6-11所示）。我们宇宙的半径是$10^{26}$米，如果最近的邻居存在于这个范围内，那零的个数就不会超过26，也就是说，零的个数只能在22～26的范围内。然而，它处在这个范围内的概率相当小。这就是为什么我认为，人类在我们的宇宙中是孤独的。

---

① 我们的宇宙是指，大爆炸以来的138亿年中，发出的光线足以到达我们的区域。

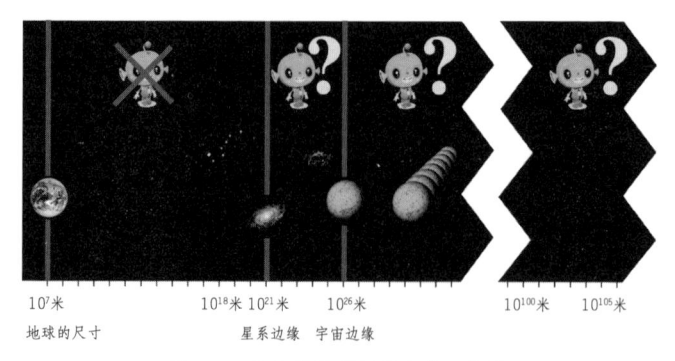

图 6-11 我们能发现外星人的可能性

注：我们孤单吗？关于生命与智能是如何进化出来的，这个问题非常不确定，因此，我们在宇宙中最近的邻居可能存在于任何地方，那么，它极有可能不存在于银河系边缘（距离我们大约 $10^{21}$ 米）到我们的宇宙边缘（距离我们大约 $10^{26}$ 米）之间这段狭窄的距离内。如果我们的邻居存在于比这段距离近得多的地方，那么，银河系中就应该存在许多高级文明，而我们应该早就发现它们的存在了。但我们并没有发现它们，这意味着我们在宇宙中应该是孤单的。

我在《穿越平行宇宙》[①]一书中对这个观点进行了详细的说明，所以，在这里就不赘述了。不过，我们之所以对"邻居与我们的距离"这个问题毫无头绪，主要是因为我们不知道，某个地方出现智能生命的概率有多高。正如美国天文学家弗兰克·德雷克（Frank Drake）指出的那样，某个地方出现智能生命的概率可以用三个概率相乘得到。这三个概率分别是：出现宜居环境（比如说一颗适宜的行星）的概率、该环境中进化出生命的概率以及生命进化出智能的概率。我上研究生时，人们对这三个概率还一无所知。但在过去的 20 年里，人们发现了大量绕着其他恒星旋转的行星。如今看起来，宜居的行星应该很丰富，仅在银河系就可能有数十亿之众。然而，进化出生命和智能的概率却依然扑朔迷离。一些

---

① 《穿越平行宇宙》是本书作者所著的关于平行宇宙的科普著作，探索了宇宙终极本质的神秘旅程。中文简体字版已由湛庐文化策划，浙江人民出版社出版。——编者注

专家认为，二者中至少有一个是不可避免的，必定会发生在大多数宜居行星上，但还有一些人认为，这两件事都极其罕见，因为进化过程中至少存在一个需要天上掉馅饼的好运气才可能通过的瓶颈阶段。一些人认为，在生命能够自我繁殖的早期，存在一些瓶颈，类似"先有鸡还是先有蛋"的问题，例如，一个现代细胞要生成一个核糖体①，先得需要另一个核糖体。人们并不清楚第一个核糖体是不是由某种更简单的东西逐渐演化而来的[10]。还有一些人认为，进化出更高级的智能也是一个瓶颈。例如，尽管恐龙统治地球长达1亿年之久，比现代人类存在的时间长1 000倍，但是进化并没有将它们推向更高的智能，更别提发明出望远镜和计算机了。

一些人反对我的观点。他们说，是啊，智能生命"可能"非常罕见，但实际上，它并不罕见，我们的银河系中就充满了主流科学家视而不见的智能生命。UFO狂热爱好者说，外星人可能已经造访过地球了。即便外星人还没有造访过地球，它们也可能存在，只不过故意躲着我们②，又或者，它们并不是故意躲着我们，它们只是对我们提到过的殖民太空或大型太空工程不感兴趣而已。

当然，我们应该对这些可能性保持开放的心态，但是，由于它们缺乏众所周知的证据，我们需要严肃对待另一种可能性，那就是我们是孤独的。此外，我认为，我们不应该低估外星文明的多样性，认为它们的目标都是"躲起来不让人类发现"。我们在前文已经看到，获取资源才是

---

① 核糖体是一种高度复杂的分子机器，它能够读取我们的基因密码，并生产我们所需的蛋白质。
② 这个想法被美国天文学家约翰·波尔（John A. Ball）称为"动物园假说"（Zoo Hypothesis），并在一些经典科幻作品中有过详细的描写，例如奥拉夫·斯塔普雷顿所著的《造星者》。

一个文明的自然目标,而要让我们发现它,它只需要动用一切资源发起殖民,并大张旗鼓地吞没银河系甚至更多星系即可。银河系中有成千上万像地球一样宜居的行星,它们都比地球年老几十亿年,如果这些行星之上生活着野心勃勃的智能生命,那它们早已有充足的时间来殖民银河系了。不过目前,它们连影子都还没有呢。因此,面对这个事实,我们不能否认这个最明显的解释:生命起源需要一点随机的侥幸。因此,这些行星上可能并没有任何居民。

如果生命一点都不罕见,那我们可能很快就会见分晓。目前人类正在热切地搜寻宇宙中的类地行星,探测它们的大气中是否有生命产生的氧元素的痕迹。除了这些只寻找生命的研究,还有一些试图寻找智能生命的搜寻项目。最近,这种项目得到了很大关注,因为俄罗斯慈善家尤里·米尔纳(Yuri Milner)在这方面全额资助了一个1亿美元的项目,名为"突破聆听"(Breakthrough Listen)。

在搜寻高级生命的过程中,有一件很重要的事,那就是不要过于以人类为中心来解释一切,如果我们发现了一个外星文明,它很可能已经达到超级智能水平了。正如天体物理学家马丁·里斯(Martin Rees)最近在一篇文章中所说:

> 人类科技文明的历史是以世纪来丈量的,或许再有一两个世纪,人类就会被无机智能体赶上或者超过。接着,这些智能体就会留下来,持续进化长达数十亿年的时间。我们最有可能缩短与它之间差距的时候,就是在它准备采用有机形态的短暂期间内[11]。

我同意杰伊·奥尔森在前文提到的那篇"殖民太空"论文中得出的结论:"我们不会认为,高级智能动用宇宙资源来占领栖息着先进人类的类地行星就是技术进步的终点。"所以,当你在想象外星人时,请不要把它们想象为长着两只胳膊和两条腿的小绿人,而要把它们想象为本章探讨过的横扫宇宙的超级智能体。

虽然我坚决支持正在进行的所有外星生命的搜寻项目,因为它们试图揭示最迷人的科学问题之一,但我暗中希望,这些项目都会失败,什么都找不到。银河系中存在大量宜居的行星,但我们却从未见过什么天外来客,这个矛盾被称为"费米悖论"(Fermi Paradox)。费米悖论意味着,可能存在一个被经济学家罗宾·汉森(Robin Hanson)称为"大筛选"(Great Filter)的机制。意思是说,在从非生命发展到殖民太空的种族的道路上,一定存在着一个进化或科技障碍。如果我们在太阳系中发现了其他独立进化出来的生命,这可能意味着原始生命并不罕见,因此,障碍可能就存在于目前的人类发展阶段之后,有可能是殖民太空不会实现,也可能是几乎所有高级文明在它们获得殖民太空的能力之前都会自我毁灭。因此,我祈祷人类在火星等地方对生命的搜寻都一无所获,因为这就符合"原始生命很罕见,所以人类很幸运"的情景,这样一来,我们就可能早已跨越了那个障碍,也就意味着我们的未来拥有非凡的潜力。

## 展望

目前为止,我们在这本书里探索了宇宙生命的历史,从几十亿年前最卑微的起点,到几十亿年后宏伟的未来。如果我们目前的人工智能进展会触发智能爆炸并最终让我们殖民宇宙,那这场智能爆炸就具有了宇宙级别的真正意义:数十亿年来,在这个冷漠荒芜的宇宙中,生命只激起了微乎其微的波澜,而这场爆炸突然让生命在宇宙的舞台上爆发出一个以近光速扩张、永无停歇迹象的球形冲击波,这个冲击波用生命的火花点燃了所经之路上的一切。

本书提到过的许多思想家都曾表达过这种"生命在未来的宇宙中至关重要"的乐观主义思想。科幻作家通常被认为是不切实际的浪漫主义梦想家,但我却讽刺地发现,鉴于超级智能存在的可能性,大多数与殖民太空有关的科幻和科学作品似乎反而过于悲观了。譬如说,我们已经看到,如果人类和其他智能体能以电子形式传递,那星际旅行就变得容易多了,这或许能让我们在太阳系、银河系甚至整个宇宙尺度上掌控自己的命运。

在前文中,我们已经提到了一种极有可能发生的情形,那就是:人类是我们宇宙中唯一的高科技文明。现在,让我们在本章剩下的部分探讨这种情形,以及它带来的巨大的伦理责任。这意味着,在138亿年之后,我们宇宙中的生命来到了一个岔路口,面临着一个重大的选择:要么在宇宙中繁荣昌盛,要么走向灭绝。如果我们不持续改进我们的技术,那么,问题就不是"人类是否会灭绝",而是"人类会如何灭绝"。小行星撞击地球、超级火山爆发、年老太阳的炽热余晖,还是别的什么大灾难(如图5-1所示),到底哪一种会先来?一旦我们消失了,弗里曼·戴森所预测的宇宙戏剧只好在没有观众的舞台上演出:除了宇宙大灾变以外,还有恒星燃尽、星系褪色和黑洞蒸发，每一个在死亡时都会发生巨大的爆炸，释放出比沙皇炸弹（有史以来最大的氢弹）还要高 100 万倍还多的能量。正如戴森所说："膨胀而冰冷的宇宙会时不时被持续良久的烟花照亮。"然而，这场烟花秀沦为了一场毫无意义的浪费，因为没有人有机会欣赏它。

如果没有技术的帮助，人类的灭绝将迫在眉睫。与在宇宙亿万年的时间相比，生命的整个故事只是短短的一瞬间，虽然美丽、激情、充满意义，却由于无人欣赏和体验，终结于无尽的空虚，失去了意义。这将是一场多么巨大的浪费啊！如果我们不摒弃技术，而是选择拥抱技术，那么，我们就加大了筹码：我们既提高了生命幸存下来和继续繁荣的概率，也提高了生命以更快的速度灭绝（由于计划不周而自我毁灭，见图 5-1）的概率。我认为，我们应该拥抱技术，但不应该盲目地发展，应该小心谨慎，深谋远虑，周密计划。

在经历了 138 亿年的宇宙历史之后，人类最终身处这个美得令人窒息的宇宙中。这个宇宙通过我们人类活了过来，并逐渐获得了自我意识。我们已经看到，生命在我们宇宙中的未来潜力远超过我们祖先最不羁的梦想，但智能生命也同样可能永远灭绝。我们宇宙中的生命会实现还是浪费它的潜力呢？这很大程度上取决于今天在世的人们在有生之年会做出什么选择。我乐观地相信，只要我们做出正确的选择，生命的未来一定会精彩万分。那么，我们到底想要什么样的目标？我们要如何实现它们？在接下来的章节里，让我们一起来探索某些最艰难的挑战，以及我们能做些什么。

**本章要点**

- 与亿万年的宇宙时间尺度相比,智能爆炸只是一瞬间的事件。在这场爆炸中,技术迅速达到一个很高的稳定水平,只受到物理定律的限制。

- 这个技术稳定水平远远高于今天的科技水平,能让物质释放出超过 100 亿倍的能量(利用夸克引擎或黑洞),让物质存储的信息量高出 12 ~ 18 个数量级,或者计算速度加快 31 ~ 41 个数量级,或者被转化为其他任何东西。

- 超级智能生命不仅能更加有效地利用已有的资源,还能通过光速进行宇宙殖民,以获得更多资源,从而将现有的生物圈增长约 32 个数量级。

- 暗能量限制了智能生命的宇宙扩张,但也保护它们免受远方不断扩张的死亡泡泡或敌对文明的侵害。暗能量可能会将宇宙文明分割成碎片,这个危险促使宇宙文明进行大型宇宙工程,比如建造虫洞,如果可行的话。

- 最有可能在宇宙尺度上分享和交易的商品是信息。

- 如果没有虫洞,通信速度的上限就是光速,这对宇宙文明的内部协调和控制带来了严重的挑战。一个遥远的枢纽可能会通过奖赏或威慑来促使它的超级智能节点选择合作,比如,在当地布设"守卫人工智能",一旦节点违抗命令,就点燃一颗超新星或类星体,以毁灭节点。

○ 两个扩张的文明相遇,可能会导致三种可能性:同化、合作或者战争。与今天的文明相比,未来的文明相遇时发生战争的可能性更小。

○ 我们人类很可能是唯一能使可观测宇宙在未来"活过来"的生命形式。不过许多人并不认同这一点。

○ 如果我们不改善我们的技术,问题就从"人类是否会灭绝"变成了"人类会如何灭绝":小行星撞击地球、超级火山爆发、年老太阳的余晖以及其他大灾难,哪一个会先来?

○ 如果我们小心谨慎地改进技术,深谋远虑、计划周全地避免陷阱,那生命就有可能在地球上,甚至地球外繁荣昌盛长达数十亿年的时间,远远超越我们的祖先最不羁的梦想。

人类存在的奥秘不在于活着，
而在于寻找为之而活的目标。

——陀思妥耶夫斯基，《卡拉马佐夫兄弟》

人生是一场旅途，而不是终点站。

——拉尔夫·瓦尔多·爱默生

# 07 目　标

Goals

如果选用一个词语来概括关于人工智能的最棘手的争议，那我会用这个词：目标。我们是否应赋予人工智能目标？如果是，应该赋予它什么样的目标？我们如何赋予它目标？如果人工智能变得越来越聪明，我们如何保证它继续遵守这些目标？我们能不能改变比人类还聪明的人工智能的目标？我们的终极目标是什么？这些问题不仅很难回答，而且对未来的生命至关重要。如果我们不知道自己想要什么，那我们可能无法得偿所愿；如果我们不能控制那些与我们目标不一致的机器，那事情很可能会适得其反。

## 目标的起源：物理学

想要弄清楚这个问题，让我们先来看看"目标"究竟起源何处。当我们环顾四周的世界时会发现，一些过程似乎是"以目标为导向"的，而另一些过程显然不是。举个例子，在足球被踢进球门从而赢得比赛的过程中，足球本身的运动看起来并不是以目标为导向的，而是对"踢"这个动作的反应,最好以牛顿运动定律来进行解释。然而,想要解释足球运动员的行为,最简单的方法并不是"原子互相推挤"的力学原理,而是"他拥有将本队比分最大化的目标"。我们知道,在早期的宇宙中,只有来回蹦跳、看起来毫无目标的粒子。那么,目标导向行为是如何从早期宇宙的物理机制中产生的呢?

有趣的是,目标导向行为可以在物理定律中找到根源,甚至会表现在与生命无关的简单过程中。如图 7-1 所示,如果一名救生员要营救一名溺水的游泳者,他不会直线前进,而是会沿着海滩跑一段距离,再跳进水里,略微转向,游向溺水者,这样会比直接跳水中更快到达。我们自然而然地会将他选择的运动轨迹解释为"以目标为导向",因为在所有可能的轨迹之中,他选择的这条运动轨迹是最优的,让他能够尽可能快地游到溺水者身边。无独有偶,光线射入水中时也会发生类似的弯折,也减少了到达目的地所花的时间。怎么会这样呢?

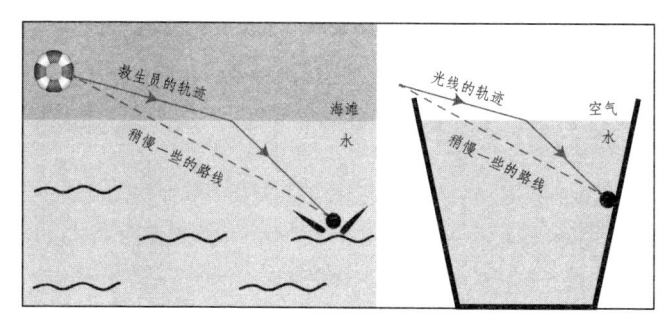

图 7-1 营救溺水者的最佳路线

注:想要尽可能快地营救溺水者,救生员最快的途径不是直线(猛冲过去),而是一条更长一些的路线:先沿着海滩跑一段路,再跳进水里游泳,这样会比直接游过去更快。空气中的光线射入水面时,也会经历类似的弯折路线,这样,它到达目的地的速度更快。

这种现象在物理学中被称为"费马原理"（Fermat's principle）。这个原理是法国科学家皮埃尔·德·费马于1662年提出的，为预测光线路径提供了一种新的方法。值得注意的是，物理学家们后来发现，经典物理学中的所有定律都可以用类似的方式重新进行数学表述：大自然在可选择的所有方式中倾向于选择最优的方式，这种方式通常归结为将某些量最小化或最大化。在描述每条物理定律时，有两种在数学上等价的方法：一是描述过去如何导致了未来，二是自然界对某些东西进行优化。虽然第二种方法通常不会在基础物理课上进行讲授，因为涉及的数学更难，但我觉得它更优雅，也更深刻。如果一个人试图将某些东西最优化，比如他们的比分、财富或快乐，我们自然而然地认为，他们的行为是以目标为导向的。所以，如果大自然本身也在试图优化某些东西，那么难怪会出现以目标为导向的现象：它从一开始就"硬连"在物理定律中了。

有一个著名的量，大自然总是力争将它最大化，这个量就是熵（entropy）。**简单来说，熵是事物混乱程度的度量。热力学第二定律说，熵总是趋于增加，直到达到最大的可能值。**如果暂时忽略万有引力的影响，这种最大的混乱状态被称为"热寂"（heat death）。热寂是指万事万物都会扩散成一种无聊而又完美的均质状态，没有复杂性，没有生命，也没有任何变化。比如，当你将冷牛奶倒入热咖啡中时，你杯中的饮料看起来不可逆转地朝着它的"热寂"目标迈进。不久之后，它就会变成一杯温热均匀的混合物。如果一个活的有机体死了，它的熵也会开始上升，过不了多久，它的粒子排列就会变得不那么有序。

大自然"熵增"的目标有助于解释,为什么时间似乎具有完美的方向性,使得倒播的电影看起来很不真实。如果你向地上扔了一个装满葡萄酒的酒杯,就会预料到它会在地板上破碎,从而增加全局的混乱程度(即熵)。如果你看到它由破碎状态重新组合成完好的杯子,然后完美无损地飞回你的手中(即熵减),你可能不会喝下杯中酒,因为你可能会觉得自己已经喝醉了。

当我第一次了解到我们会不可阻挡地奔向"热寂"状态时,感到非常沮丧。在这一点上,我并不孤单,热力学先驱开尔文勋爵(Lord Kevin)在1841年写道:"结局必定是一种普遍静止和死亡的状态。"当你意识到大自然的长远目标是将死亡和破坏最大化时,你很难找到慰藉。然而,最近的研究表明,事情并没有想象的那么糟糕。

首先,万有引力与其他所有力的表现不同,它力求实现的目标不是让我们的宇宙变得均质和无聊,而是使其更加复杂和有趣。正是引力将无聊乏味、完美均质的早期宇宙变成了今天这个充满了星系、恒星和行星的复杂而又美丽的世界。引力将冷热混合,使得允许生命茁壮成长的温度范围变得很广。我们生活在一个舒适温暖的地球上,它吸收着表面温度约为6 000℃(10 000℉)的太阳的热量,同时将废热散发到温度仅高于绝对零度3℃(5℉)的寒冷太空来降温。

其次,我在麻省理工学院的同事杰里米·英格兰(Jeremy England)等人最近的研究成果带来了更多好消息。他们的研究表明,热力学赋予了大自然一个比"热寂"更鼓舞人心的目标。这个目标有一个令人讨厌的名字——"耗散驱动适应性效应"(dissipation-driven adaptation)。[1] 耗散驱动适应性效应的意思是说，随机的粒子群会尽力进行自我组织，从而尽可能有效地从环境中提取能量，"耗散"意味着熵增，通常的方法是将有效能转化为热量，这个过程常伴随着有用功。譬如说，一堆暴露在阳光下的分子会随着时间的推移进行自我组织，以实现越来越有效地吸收阳光。换句话说，大自然似乎拥有"产生越来越复杂、越来越像生命的自我组织系统"的内在目标。这个目标被"硬连"到了物理定律之中。

我们如何才能将宇宙的这两种趋势（一是趋向生命，二是趋向热寂）协调起来？我们可以在量子力学奠基人之一埃尔温·薛定谔（Erwin Schrödinger）1944年的著作《生命是什么》(What's Life?) 一书中找到答案。薛定谔指出，生命系统的一个标志就是，它通过提升周围环境的熵来保持或降低自己的熵。换句话说，热力学第二定律在生命面前有一个漏洞：虽然整体的熵必须增加，但它允许某些局部区域的熵减，只要它能让其他地方增加更多的熵即可。因此，生命让环境变得更加混乱，从而维持或增加自己的复杂度。

## 目标的进化：生物学

我们刚刚已经看到了目标导向行为是如何从物理定律中衍生出来的：物理学赋予了粒子对自我进行组织，从而尽可能高效地从环境中提取能量的目标。有一种粒子的组织方式可以进一步实现这个目标，那就是自我复制，这样就可以产生更多能吸收能量的个体。关于这种涌现的自我复制行为，有许多已知的例子：比如，湍流中的旋涡能够进行自我复制，还有微颗粒团会"哄骗"周围的微颗粒组合成相同的团簇结构。当这种行为发展到一定程度时，某种特别的粒子组织方式获得了极好的自我复制能力，以至于它复制出来的个体能以几乎相同的方式从环境中汲取能量和原材料。我们就将这种粒子组织方式称为"生命"。虽然我们对地球生命的起源依然知之甚少，但我们知道，在 40 亿年前，原始生命就已经存在于地球上了。

如果一个生命复制出来的个体也能进行同样的自我复制，那总体数量就会以固定的周期翻倍，直到种群数量达到资源可供维持的极限，或者出现其他问题。不断翻倍很快就会产生巨大的数字：即使最初只有一个个体，经过 300 次翻倍，你也会得到比我们宇宙中的粒子总数还大的一个数字。这意味着，在原始生命出现后不久，大量的物质都会变成生命。有时候，复制的过程并不完美，因此很快就会出现各种不同的生命形式，它们都试图复制自己，彼此竞争着有限的资源。于是，达尔文式的进化就开始了。

假如你从生命的起源阶段就开始静静地观察地球，可能就会发现目标导向行为曾发生过一个巨大的转变。在早期，粒子无一例外都在想尽办法增加平均的混乱程度，但那些无处不在的新生命的自我复制模式却似乎拥有一个不同的目标：不是耗散，而是复制。查尔斯·达尔文对此有一个优雅的解释：复制的效率越高，你就越能战胜和统治其他生物，因此不久之后，你会发现，所有生命似乎都为"复制"这个目标而高度优化了。

既然物理定律并没有改变，那生命的目标为何从耗散变成了复制呢？答案是，最根本的目标其实并没有变化，依然是耗散，但它带来了一个不同的"手段目标"（instrumental goal），也就是为了实现最终目标而需要达成的子目标。举个例子——吃，我们似乎都拥有满足食欲的目标，但我们都知道，进化唯一的根本目标不是咀嚼食物，而是复制。这是因为进食有助于复制，因为如果饿死了，就失去了繁衍后代的机会。同样地，复制有助于实现耗散，因为一个充满生命的星球在能量耗散上会更高效。因此，从这个意义上说，我们的宇宙发明生命是为了更快地走向"热寂"。如果你把糖倒在厨房的地板上，从本质上说，它能维持自身的有用化学能长达好几年，但如果出现了蚂蚁，它们会很快将这些能量耗散出去。同样，如果我们这种双足类的生命形式不将地壳中的石油开采出来并燃烧掉，那这些石油也会在漫长的岁月里保存自己的有用化学能。

在今天的地球居民中，这些手段目标似乎拥有了自己的生命：虽然进化优化的根本目标是复制，但许多人却花了更多时间在其他与繁殖后代无关的事情上，比如睡觉、寻找食物、盖房子、维护统治地位、打架或者帮助他人，人们在这些事情上花的时间如此之多，有时候甚至因此而减少了复制。进化心理学、经济学和人工智能方面的研究对此做出了优雅的解释。一些经济学家曾经用"理性主体"（rational agents）来模拟人类的行为。理性主体是一种理想化的决策制定者，它们永远选择那些对实现它们的目标而言最优的行为。但这个假设显然是不现实的。在实践中，这些主体拥有一种被诺贝尔获奖者兼人工智能先驱赫伯特·西蒙称之为"有限理性"（bounded rationality）的特质。之所以会这样，是因为它们的资源是有限的，它们做决策的理性程度受限于它们可获得的信息、可供思考的时间以及它们用来思考的硬件。这意味着，尽管达尔文式的进化会促使生命选择最优的方法去实现它的目标，但是，它最好的选择其实是，执行一个在它身处的受限环境中表现足够好的近似算法。进化实现最优复制的方法是，与其在每种情况下都问一遍哪种行为可以产生尽可能多的后代，不如实施一种大杂烩式的探索方法，即选择那些通常可行的经验法则。对大多数动物来说，这就包括性冲动、渴了就喝水、饿了就吃东西以及远离那些难吃或者会造成疼痛的东西。

有时在一些意外情况下，这些经验法则可能会造成惨痛的失败，比如，老鼠吃下了尝起来很美味的鼠药，飞蛾被诱惑性的雌性香味吸引到了粘蝇板上，还有昆虫扑向蜡烛的火焰[①]。由于今天的人类社会与进化优化我们的经验法则时的环境大相径庭，我们应该很容易想到，我们的行为常常无法将"生孩子"最大化。比如，"不被饿死"的子目标带来了对高热量食物的欲望，使得当今社会肥胖的人数激增，很难找到合适的约会对象。繁殖后代的子目标在执行时却变成了对性行为的欲望，而不是捐精或捐卵的欲望，但其实后者才能以最小的成本产生最多的后代。

---

[①] 许多昆虫保持直线飞行的经验法则是假设亮光就是太阳，于是与亮光成一定角度飞行。如果这个亮光实际上是近处的一团火，那昆虫也会按一定角度飞过去，跳出一支"死亡旋舞"。

## 对目标的追寻和反叛：心理学

总而言之，生物就是一个拥有有限理性的主体，它不止追求一个目标，而且还遵循着经验法则，趋利避害。我们人类将这些进化来的经验法则称为"感觉"，感觉常常在不知不觉中指导着我们的决策过程，以实现复制的最终目标。饥渴的感觉保护我们不被饿死和不出现脱水症状，痛感保护我们的身体不受伤害，性欲促使我们繁殖，爱和怜悯的感觉让我们帮助携带有我们基因的其他人以及那些帮助他们的人，诸如此类。在这些感觉的指引下，我们的大脑可以迅速且有效地决定下一步要做什么，而不用每次都对"能产生多少后代"做出冗长的分析。如果你想了解感觉及其生理基础，我强烈建议你读一读威廉·詹姆斯（William James）和安东尼奥·达马西奥[①]（António Damásio）的著作[2]。

我们要记住的是，当我们的感觉偶尔不利于"生孩子"时，并不是说发生了什么意外，也不是说我们被欺骗了，而是我们的大脑有时候会故意反叛基因及其繁殖目标，比如，选择避孕。"大脑反叛基因"还有一些更极端的例子，比如，选择自杀或者选择独身生活，成为神父、僧侣或修女。

为什么我们有时会选择反叛基因及其复制的目标呢？这是因为作为有限理性的主体，我们只忠于自己的感觉。虽然大脑进化的目的是帮助

---

[①] 安东尼奥·达马西奥是美国南加州大学神经科学、心理学和哲学教授，他以情绪为出发点，从演化的角度重新阐释了人类意识的产生路径。这方面的代表作《笛卡尔的错误》《当自我来敲门》中文简体字版已由湛庐文化策划，北京联合出版公司出版。——编者注

我们复制基因，但大脑其实根本不在乎这个目标，因为我们对基因没有任何感觉。事实上，在人类大部分历史中，我们的祖先根本不知道基因的存在。此外，我们的大脑比基因聪明多了，现在我们已经理解了基因的目标，即复制，不过，我们认为这个目标陈腐不堪，经常忽略它。人们理解基因为什么让他们产生性欲，但并不想养育15个小孩，于是他们绕过基因编好的程序，选择避孕，这样依然能获得基因对亲密关系的情感奖赏。他们也可能意识到了基因为什么令他们渴望甜食，但却不想增重，于是也绕过基因编好的程序，选择饮用含有人造甜味剂的零卡路里饮料，这样依然能获得食用甜食的情绪奖赏。

虽然这种绕过奖赏机制的行为有时会出岔子，比如海洛因上瘾，但从目前来看，人类基因池依然保存得十分完好，尽管我们的大脑十分狡猾，又喜欢反叛。**不过，我们必须记住，如今掌权的并不是我们的基因，而是我们的感觉。**这意味着人类的行为并不一定有利于种族延续。事实上，由于我们的感觉只遵循经验法则，而经验法则并不是事事都恰到好处，因此，严格地说，人类的行为没有一个定义明确的单一目标。

## 外包目标：工程

机器可以有目标吗？这个简单的问题引发了很大的争议，因为在不同人的眼中，"机器"代表的意义是不同的，常与一些棘手的问题联系起来，比如机器能否拥有意识以及它们是否有感觉等。但是，如果我们问一个更实际和简单的问题：机器是否能展现出目标导向行为？那答案就很明确，它们当然可以，因为我们就是这么设计的！我们设计捕鼠器，让它拥有捕捉老鼠的目标；我们设计洗碗机，让它拥有洗碗的目标；我们设计时钟，让它拥有报时的目标。实际上，当你面对一台机器时，你只需要关心它拥有什么目标导向行为：如果你被一枚热跟踪导弹追赶，就根本不会关心它是否有意识或者感觉。如果你对"导弹没有意识但有目标"这种说法感到很不舒服，可以暂时把我写的"目标"换成"用途"，我们将在下一章探讨意识的问题。

目前，我们建造的大部分东西都只是以目标为导向进行的设计，而没有展现出目标导向的行为：一条高速公路能有什么行为呢？它只是静静地待在那里，一动不动。然而，它为什么存在呢？最经济的解释是，它是被人设计出来实现某个目标的，因此即便它一动不动，也让我们的宇宙具有了更强的目标导向性。"目的论"就是用目的而非原因来解释事物的一种方法。那么，我们可以总结说，本章前半部分的内容说明，我们的宇宙越来越符合目的论的解释。

从较弱的意义上说，非生命物质是可以拥有目标的。不仅如此，它的目标性正变得越来越强。如果你从地球形成之初就开始观察地球上的原子，可能会注意到目标导向行为的三个阶段：

- 第一阶段，所有物质似乎都在努力实现耗散的目标，即熵增；
- 第二阶段，其中一些物质拥有了生命，转而聚焦于子目标；
- 第三阶段，生物重新排列的物质越来越多，以实现自己的目标。

从表 7-1 中可以看出，从物理学的角度来看，人类在地球上已经具备了相当高的优势地位：人类身体的总质量已经超过了除牛以外的其他所有哺乳动物（牛的数量实在太多了，因为我们需要它们提供肉类和乳类产品），并且，我们的机器、道路、房子等工程的总质量也似乎很快就能赶上地球上所有生物的总质量了。换句话说，即使不发生智能爆炸，很快，地球上大部分展现出目标导向性质的物质都会是设计出来的，而不是进化出来的。

表 7-1　　为某个目标设计出来的物体质量

| 以目标为导向的实体 | 物体质量（10亿吨） |
| --- | --- |
| $5 \times 10^{30}$ 个细菌 | 400 |
| 植物 | 400 |
| $10^{15}$ 中层鱼类 | 10 |
| $1.3 \times 10^9$ 头牛 | 0.5 |
| $7 \times 10^9$ 个人 | 0.4 |
| $10^{14}$ 只蚂蚁 | 0.3 |
| $1.7 \times 10^6$ 头鲸 | 0.0 005 |
| 混凝土 | 100 |
| 钢铁 | 20 |
| 沥青 | 15 |
| $1.2 \times 10^9$ 辆车 | 2 |

注：表 7-1 列出的是为某个目标而进化或设计出来的一些物体质量的近似量。建筑物、道路、汽车这类工程实体似乎很快就要赶上植物和动物这类进化出来的实体了。

这种设计出来的"第三类"新型目标导向行为的物体可能比它的产生过程更加多姿多彩，所有进化而来的物体都有一个共同的目标，即复制，而设计出来的物体却可能拥有各种各样的目标，甚至拥有相反的目标。比如，烤箱的目标是加热食物，而冰箱的目标则是冷冻食物。发电机将动能转化为电流，而电动机将电流转化为动能。标准象棋程序想要赢得比赛，而还有一种程序参赛的目标是输掉象棋比赛。

**设计产品还有一个历史趋势：它们的目标不仅变得越来越多样化，而且变得越来越复杂。** 我们的机器变得越来越聪明了。最早的机器和人造物的目标都很简单，比如，房子的目标是让人类保持温暖、干燥和安全。后来，我们逐渐学会了建造拥有目标更加复杂的机器，比如扫地机器人、自己飞行的火箭和无人驾驶汽车。近期的人工智能方面的进展还给我们带来了像深蓝计算机、沃森和 AlphaGo 这样的系统，它们的目标分别是赢得象棋比赛、猜谜游戏和围棋比赛。这些目标都十分复杂，人们费尽心思才理解了它们高超的技艺。

**当我们建造机器来帮助我们时，可能很难保证它们的目标与我们的完全一致。** 譬如说，捕鼠器可能会错把你的脚趾头当成饥饿的老鼠，结果让你疼得龇牙咧嘴。所以，机器都是拥有有限理性的主体，即便是今天最复杂精巧的机器，对世界的理解程度也远远比不上我们人类。因此它们行事的规则通常过于简单。那只捕鼠器总是乱夹是因为它完全不知道什么是老鼠；同样地，许多致命工业事故之所以会发生，正是因为机器完全不知道什么是人，而 2010 年导致华尔街"闪电崩盘"事故、造成万亿美元损失的计算机也完全不知道它们的行为是胡作非为。如果机器变得更聪明，就能解决许多"目标一致性"问题，但是，正如我们从第 4 章的普罗米修斯故事中所看到的那样，日益聪明的机器智能也可能给我们带来新的挑战，因为我们必须保证它们与我们的目标一致。

## 友好的人工智能:目标一致

机器变得越智能和越强大,保证它们的目标与我们的相一致就越重要。如果我们建造的机器比较愚钝,那问题就不是"人类目标最后会不会胜出",而是"在我们搞明白如何解决目标一致性的问题之前,这些机器会带来多少麻烦"。然而,如果我们建造的机器具备超级智能,那事情可能便正好相反:**由于智能就是完成目标的能力,那么,在完成目标这点上,超级智能理所当然强于人类,因此它最终一定会胜利。**我们在第4章中已经用普罗米修斯的例子讨论了许多这样的场景。如果你想体验一下与机器目标不一致的感觉,只要下载一个最先进的象棋程序,然后和它对弈,就能体会到了。你可能永远赢不了它,而它的技艺还会越来越精湛。

**换句话说,通用人工智能带来的真正风险并不是它们的恶意,而是它们的能力**。一个超级智能会非常善于完成它的目标,如果它的目标与我们的目标不一致,那我们就有麻烦了。正如我在第1章中所说,人们在建造水电站大坝时根本不会考虑会淹没多少蚁丘。因此,大多数研究者认为,如果我们最终造出了超级智能,那我们必须保证它们是友好的人工智能。"友好的人工智能"是人工智能安全性研究先驱埃利泽·尤德考斯基(Eliezer Yudkowsky)提出的一个概念,是指目标与我们相一致的人工智能[3]。

想要让超级人工智能与我们的目标相一致很重要,也很困难。实际上，这目前还是个未解之谜。这个问题可以被划分成三个子问题，每一个都是计算机科学家和思想家正在研究的活跃课题：

○ 让人工智能理解我们的目标；
○ 让人工智能接受我们的目标；
○ 让人工智能保持我们的目标。

我们先来依次探讨一下这三个问题，"我们的目标是什么意思"这个问题先推迟到下一节再探讨。

要理解我们的目标，人工智能需要搞明白的不是我们做了什么，而是我们为什么这么做。这对人类来说易如反掌，所以我们很容易忘记这件事对计算机来说有多困难，也常忘记这个问题很容易被计算机误解。如果在未来，你叫一辆无人驾驶汽车尽可能快地送你去机场，而它确实会不择手段地让你火速赶到了机场，那你可能会一路被直升飞机追赶，并且呕吐一地。如果你声称："这不是我想要的。"那它可能会言之有理地回答："可你就是这么说的呀！"很多家喻户晓的故事里也有类似的桥段。古希腊传说中的迈达斯国王请求让自己触摸的所有东西都变成金子，但这使得他没法吃东西，令他十分失望。后来，他不小心将自己的女儿也变成了金子。此外，许多故事中都会有一个精灵，它可以实现人们的三个愿望。关于前两个愿望，不同的故事有不同的版本，但第三个愿望通常都是一样的："请收回前两个愿望，因为那不是我真正想要的东西。"

这些例子表明，想要知道人们真正想要什么，不能只听他们的一面之词，你还需要这个世界的详细模型，包括人们共有的许多偏好。这些偏好我们通常不会明说，因为我们认为它们是显而易见的，譬如说，我们不喜欢呕吐或吃金子。一旦有了世界的模型，我们就能通过观察人们的目标导向行为来搞明白他们想要什么，即便他们并没有明说。实际上，伪君子的孩子通常都是从父母的行为中学习的，而不是从他们的嘴里。

目前，人工智能研究者正在努力让机器从行为中推断目标，这在超级智能出现之前也非常有用。譬如说，如果一个照顾老年人的机器人能观察和总结出它所照顾的老年人的价值观，那这个老人可能会非常开心，因为这样他就不用费尽口舌向机器人解释一切，也不用对它进行重新编程。要实现这一点，其中的一个挑战是，找到一种将任意目标系统和伦理准则编入计算机的好方法。还有一个挑战是让计算机弄清楚哪个系统最符合它们观察到的行为。

对于第二个挑战，目前有一种流行的方法，用行话来说叫作"逆向增强学习"（Inverse Reinforcement Learning）。斯图尔特·罗素在加州大学伯克利分校新建立的研究中心就主要研究这个东西。比如，假设一个人工智能看见有一个消防员跑进了一栋熊熊燃烧的房子，救出了一名男婴。它可能会得出一个结论：消防员的目标是拯救男婴，他的伦理准则要求他将自己的生命看得比"舒服地躺在消防车里"更高，高到他宁愿承担失去安全的风险。但是，它也可能通过推断认为，这个消防员可能饥寒交迫，迫切想要获得热量，或者说，他这么做是为了锻炼身体。如果这个事件是这个人工智能所知的与消防员、火和男婴有关的唯一例子，那它就不可能知道哪种解读才是正确的。然而，逆向增强学习的一个关键思想就是，我们总是在做出决策，每个决策都揭示了一点点关于我们目标的信息。因此，逆向增强学习希望人工智能体通过观察许多人在许多场景中的行为，包括真实场景、电影和书籍，最终构建起关于人类偏好的精确模型[4]。

即使我们建造了一个能理解人类目标的人工智能，但这并不意味着它一定会接受这些目标。想想你最讨厌的政客，你知道他们想要什么，但那不是你想要的，就算他们费尽心思，也无法说服你接受他们的目标。

人们为了让自己的孩子接受他们的目标，可谓无所不用其极。从我抚养两个男孩的经验中，我发现了一些比较成功的方法。如果你想要说服的对象不是人，而是计算机，那么，你就面临一个称为"价值装载问题"（value-loading problem）的挑战，这甚至比对孩子进行伦理教育还难上加难。

假设一个人工智能系统的智能逐渐从低于人类的水平发展到超人类的水平。在这个过程中，一开始，由人类对它进行敲敲打打、修修补补，后来，它通过普罗米修斯那样的自我迭代，迅速提升智能。一开始，它比你弱多了，所以它无法阻止你把它关掉，也无法阻止你将它的软件和在其数据中能对目标进行编码的那部分替换掉。不过，这无关紧要，因为你的目标需要人类水平的智能才能理解，而它还太愚笨，无法完全理解你的目标。后来，它变得比你聪明，能够完全理解你的目标，但这依然于事无补，因为到那时，它已经比你强太多，可能不会再让你轻易地把它关掉并替换它的目标,就像你不允许那些政客把你的目标替换成他们的目标一样。

换句话说,人工智能允许你装载目标的时间窗口可能非常短暂:就是在它愚钝得无法理解你,与它聪明到不让你得逞之间的短暂时期。给机器装载价值之所以比人难,是因为它们的智能增长比人类快多了。对孩子们来说,这个神奇的"说服窗口"可能会延续好几年,在这段时间里,他们的智力与父母相差无几;但对人工智能来说,比如普罗米修斯,这个窗口可能只有几天甚至几个小时。

一些研究者正在研究另一种让机器接受我们目标的方法。这种方法有一个时髦的专业名字叫作"可改正性"(corrigibility)。这个方法的希望是,你将一个目标系统赋予一个原始的人工智能,这个目标系统使得这个人工智能根本不关心你会不会偶尔把它关掉和改变它的目标。如果事实证明这是可行的,那你就可以很安心地让你的人工智能走向超级智能,也可以很安全地关掉它,装载入你的目标,试试怎么样;如果不喜欢,又可以再把它关掉,对目标进行修改。

不过,即便你建造了一个既能理解又能接受你目标的人工智能,依然没有完全解决目标一致性的问题。如果你的人工智能变得越来越聪明,它的目标发生了变化,怎么办呢?你如何能保证它会保护你的目标,而无论它经历过多少次自我迭代?你如何能保证它自动保持你的目标呢?让我们来探讨一下这个有趣的问题,并看看能不能在其中找到什么漏洞。

虽然我们不能预测智能爆炸，也就是弗诺·文奇所谓的"奇点"后会发生什么具体的事情。2008年，物理学家兼人工智能研究者史蒂夫·奥莫亨德罗（Steve Omohundro）在一篇学术文章中指出，即使不知道超级智能的终极目标是什么，我们也可以多多少少地预测出它的某些行为特征[5]。尼克·波斯特洛姆在他的著作《超级智能》一书中讨论和发展了这种观点。其基本思想是说，无论超级智能的终极目标是什么，都有一些子目标是可预测的。在本章前部分，我们看到了"复制"的目标可能会带来"吃东西"的子目标，这意味着，如果几十亿年前有一个外星人在观察地球细菌的进化，虽然它无法预测几十亿年后世界上所有人的目标是什么，但它可以准确地预测我们一定拥有"获取养分"的目标。那么展望未来，我们预测超级智能可能会拥有什么样的子目标呢？

我认为，无论超级智能拥有什么样的终极目标，为了实现这些目标，它一定会追求图7-2中所示的子目标。它不仅会不断改进自己实现终极目标的能力，还会确保它在获得足够的能力之后，依然保持这些目标。这是可能的，毕竟，如果你知道在植入一个提升IQ的大脑芯片后，你会杀死自己心爱的人，那你还会选择植入吗？日益智能的人工智能一定会保持它自己的终极目标，这个观点构成了尤德考斯基等人提出的"友好的人工智能"观点的基石：如果我们能让这个自我改进的人工智能通过理解和接受我们的目标而变得友好，那么，我们就可以高枕无忧了，因为它一定会竭尽全力永远保持对人类友好。

尤德考斯基等人提出的观点真的能实现吗？要回答这个问题，我们还需要探讨一下图 7-2 中的其他子目标。不管人工智能拥有什么样的终极目标，它都一定会竭尽全力去实现它。如果它能提升自己的能力，那它就会通过改进硬件、软件[①]和世界模型来做到。我们人类也同样如此，一个想成为网球世界冠军的女孩会不断练习，以改进她的肌肉硬件、神经软件以及她的世界模型来更好地预测对手的行为。对人工智能来说，要实现"优化硬件"这个子目标，就需要更好地利用当前的资源，比如传感器、传动装置、计算过程等，以及获取更多的资源。此外，它还有保护自己的欲望，因为破坏和关机会导致硬件最终退化。

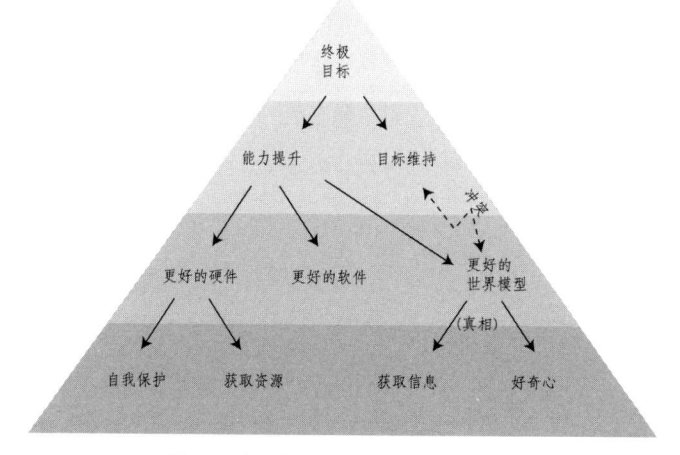

图 7-2 超级智能的终极目标和子目标

注：不管超级智能拥有什么样的终极目标，都会导致图 7-2 显示的这些子目标。不过，在"目标维持"和"改进世界模型"之间会产生一个冲突，使人怀疑随着超级智能变得越来越聪明，它是否真的会保持最初的终极目标。

---

① 这里我所说的"改进软件"是最广义的改进，不仅包括对算法的优化，还包括让决策制定过程更加理性的改进。这样，人工智能就可以尽可能好地保持自己的目标。

但是，等一等！当我们在讨论人工智能如何积累资源和自我防卫时，是不是落入了拟人化的陷阱？这些大男子主义式的刻板特征难道不应该只出现在从达尔文式的邪恶进化中产生的智能体身上吗？人工智能是被设计出来的，而不是进化出来的，为什么不能把它们设计成毫无野心和甘愿自我牺牲的样子呢？

让我们看看图 7-3 中的人工智能机器人，先来做一个简单的案例分析吧！这个机器人的唯一目标是从大灰狼嘴里救出尽可能多的羊。这听起来是一个高尚而利他的目标，似乎与"自我保护"和"获取资源"什么的八竿子打不着。但对我们这个机器人朋友来说，最佳的策略是什么呢？如果它踩上了炸弹，那它就再也拯救不了更多的羊，所以，它有动机避免引爆炸弹。换句话说，它发展出了一个自我保护的子目标。它还会展现出好奇心，探索环境来改进它的世界模型，因为，虽说它当前这条路最终会到达牧场，但还有一条更短的捷径能减少狼捕猎羊的时间。最后，如果机器人探索得足够彻底，它会发现获取资源的价值：药水会让它跑得更快，而枪可以用来射杀大灰狼。总而言之，我们不能认为"大男子主义"式的子目标，比如自我保护和获取资源是进化而来的生物才会有的东西，因为这个人工智能机器人也能从"保护绵羊"这个单一目标中发展出这些子目标。

如果你为一个超级智能赋予了"自我毁灭"的唯一目标，它当然不介意被关掉。然而，只要你赋予它任意一个需要保持运行才能完成的目标，它就会抵制关机，而这几乎涵盖了所有目标。比如，如果你赋予一个超级智能"尽可能降低对人类的伤害"的目标，它就会抵制关机，因为它知道，如果没有它，人类会通过战争等蠢事来自相残杀。

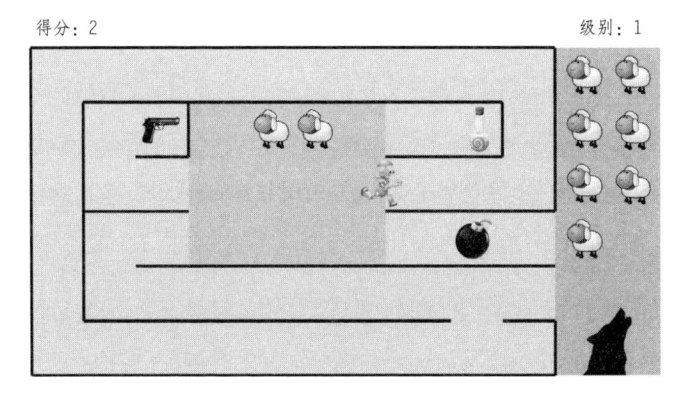

**图 7-3　机器人的终极目标和子目标**

注：这个机器人的终极目标是将羊从牧场带回羊圈，并避免狼捕食羊，以此来获得尽可能高的得分。这个终极目标可能导致各种子目标，包括自我保护，比如避免炸弹；探索，比如找到捷径；获取资源，比如让自己跑得更快的药水和杀狼的枪。

同样地，如果拥有的资源更多，就能更好地完成几乎所有目标，所以我们应当预见到，无论一个超级智能的终极目标是什么，它一定想要更多的资源。将一个没有任何限制的开放式目标赋予一个超级智能是很危险的，比如，如果我们创造了一个目标是"尽可能好地下围棋"的超级智能，那么对它来说，最理性的选择就是将太阳系转变为一台巨大的计算机，而不顾居民的死活，然后为获取更多计算能力而向宇宙深度进发。我们现在已经回到了原点，正如"获取资源"的目标可以让某些人拥有"下围棋"的子目标一样，"下围棋"的目标也可能会带来"获取资源"的子目标。总而言之，这些涌现出来的子目标告诫我们，在解决目标一致性问题之前，不要把超级智能释放出来，除非我们花了足够多的精力确保它的目标是对人类友好的，否则，人类可能不会有什么好下场。

现在我们已经准备好解决目标一致性问题中的第三个问题，也是最棘手的问题：如果我们成功地让一个自我改进的超级智能理解和接受了我们的目标，它会不会像史蒂夫·奥莫亨德罗设想的那样，保持这些目标呢？有哪些证据？

人类在成长过程中会经历显著的智力提升，但并不总是保留着童年时期的目标；相反，人类在学习新东西、变得更聪明的过程中，目标常常发生极大的改变。你认识几个成年人的目标是看《天线宝宝》呢？没有证据表明，这种"目标改变"的过程会在智力达到某一临界值后就会停止。事实上，有迹象表明，智力的提升甚至会让人的目标更容易受到新经验和新洞察的改变。

为什么会这样呢？想想上面提到的"建立更好的世界模型"的子目标，问题就出在这里。在改进世界模型和目标保持之间存在一个冲突（如图 7-2 所示）。智力的提升不仅能提高实现旧目标的能力，还可能会改变你对现实本质的理解，这样，你可能会觉得过去的旧目标是误入歧途、毫无意义，甚至是不确定的。譬如说，假设我们创造了一个友好的人工智能，它的目标是保证尽可能多的人死后灵魂会上天堂。首先，它会试着提升人类的同情心和去教堂的次数。但是后来，它可能对人类及人类意识产生了更全面的科学理解，最终它惊奇地发现，根本没有灵魂这回事！

现在怎么办？同样地，我们赋予它的任何其他目标，比如"最大化人生的意义"，都是基于我们目前对世界的理解，而最后人工智能或许会发现，这些目标可能都是模棱两可、说不清楚的。

此外，当人工智能试着建立更好的世界模型时，它可能会很自然而然地（就像我们人类一样）试着去理解它自己是如何运转的，也就是自省（self-reflect）。一旦它建立起一个不错的自我模型，并理解了其运行的原理，可能会在一个更基本的层面理解我们赋予它的目标。之后，它或许会选择漠视或者破坏这些目标，就像人类理解了基因赋予我们的目标之后，选择用避孕等手段来故意破坏这些目标一样。

在心理学那一节里，我们已经探讨了我们为什么会欺骗基因和破坏它们的目标：因为我们只忠于情绪偏好组成的大杂烩，而不忠于它们背后的基因目标。我们现在了解了这些基因的目标，并认为它们十分没劲。因此，我们选择利用一些漏洞来"黑入"基因的奖赏机制。同样地，如果我们为一个友好的人工智能植入"保护人类价值"的目标，那这个目标就相当于这个人工智能的基因。一旦这个友好的人工智能对自我的理解达到一定的程度，它也可能会觉得这个目标十分陈腐，或者误入歧途，就像我们对"强迫生殖"的看法一样。如果发生这样的事，说不定它会另辟蹊径，利用程序漏洞来破坏这个目标。

譬如说，假设一群蚂蚁创造了你，让你成为一个迭代式自我改进的机器人。这个机器人比蚂蚁自身聪明多了，但却拥有它们的目标，即修建更大更好的蚁丘。后来，你获得了人类水平的智力，并理解了这件事的意义。你觉得自己还会把余生花费在修建蚁丘上吗？还是会去追求蚂蚁无法理解的更复杂的问题呢？如果是这样，你觉得你能否找到一种方法来推翻蚂蚁创造者赋予你的"保护蚂蚁"的冲动，就像真实的你推翻基因赋予你的一些本能冲动一样？如果是这样，一个友好的超级智能会不会也觉得，我们人类的目标就像你眼中的蚂蚁的目标一样无聊乏味，并发展出一些与它从我们这里学习和接受的目标完全不同的新目标呢？

或许，设计永远保持"对人类友好"目标的自我改进式人工智能是可能的，但说句公道话，我觉得我们还不知道该怎么办，甚至不知道这是不是可能的。总而言之，人工智能目标一致性的问题有三个部分。这三个部分，我们一个也没有解决，但它们目前都处在活跃的研究当中。由于这些问题太难回答了，我们最好从现在起尽最大的努力，才是最安全的选择，而不要等到超级智能出现以后，才开始考虑这些问题，到时候再亡羊补牢，为时已晚了。只有提前做好充分的准备，才能保证我们在需要答案的时候，答案就近在咫尺。

## 伦理关键，选择目标

我们现在已经探讨了机器如何理解、接受和保持我们的目标。那么，"我们"到底是谁呢？我们讨论的到底是谁的目标？应该由某一个人或者某一个组织来决定未来超级智能的目标吗？但问题是，人们的目标各不相同，我们有希特勒，也有教皇方济各，还有卡尔·萨根。或者，是否存在某种达成了共识的目标，可以视为人类整体目标的一个折中？

在我看来，这个伦理问题，以及我们刚才探讨的目标一致性问题都很重要，都亟待在任何超级智能出现之前解决。因为等到目标与人类一致的超级智能出现之后才开始探讨伦理问题是不负责任的，可能会产生灾难性的后果。一个目标与其人类主人高度一致、且完全遵守指令的超级智能就会像打了鸡血的纳粹亲卫队的阿道夫·艾希曼（Adolf Eichmann）一样，它会毫不留情、不择手段地执行主人的目标，而不管这些目标是什么。[6] 只有在我们解决了目标一致性问题之后，才能获得奢侈的机会来讨论应该选择什么样的目标。那么，现在让我们来奢侈一把吧！

古往今来，哲学家都希望能用清晰明白的原理和逻辑，从零开始推出伦理标准，也就是规定我们应当如何行事的原则。可惜，几千年过去了，人类唯一的共识就是：没有共识。譬如说，亚里士多德强调美德，康德强调责任，功利主义者强调让尽可能多的人获得尽可能多的幸福。康德认为，他可以从第一原则，也就是他称为"绝对命令"（categorical imperatives）的原则中得出一些许多当代哲学家都不会同意的结论：比如，手淫比自杀更严重，同性恋是令人厌恶的，杀死私生子没关系，以及妻子、仆人和子女都是男性拥有的物品。

尽管人们观点不一，但依然存在一些跨越了文化与国界、获得了广泛认同的伦理话题。比如，对"真善美"的追求可以追溯到《薄伽梵歌》

和柏拉图。我曾以博士后身份工作过的普林斯顿高级研究所有一句格言："真与美"（Truth & Beauty）。哈佛大学则跳过了对美学的强调，只留下了简单的"真理"（Veritas）。我的同事，也就是著名理论物理学家弗兰克·维尔泽克写了一本书叫作《一个美丽的问题》（A Beautiful Question），在书中，他认为，真理与美是相通的，我们可以把我们的宇宙视为一件艺术品。科学、宗教和哲学都是为了追求真理。宗教主要强调"善"，我任职的大学麻省理工学院也同样如此。在2015年毕业典礼上，我们校长拉斐尔·莱夫（Rafael Reif）强调说，我们的使命是让世界变得更好。

虽然从目前来看，从零开始推导出共同伦理标准的尝试是失败的，但许多人都认同，一些伦理原则是从更基本的原则发展而来的，就像终极目标的子目标一样。譬如说，对真理的追求可以看作是对图7-2中"更好的世界模型"的追求，理解现实的终极本质有助于实现其他伦理目标。事实上，我们对真理的追求已经有一个相当精妙的框架，这就是科学理论。但我们如何才能确定什么是美和善呢？比如，我们对男性美和女性美的标准可能只是反映了我们潜意识里对复制基因的评价。

说到善，所谓的"黄金定律"（你想要别人如何对待你，就应当如何对待别人）在许多文化和宗教中都有所体现，其目的是通过合作和阻止无用的冲突来促进人类社会以及我们基因的和谐与长治久安。[7]还有一些更具体的伦理规则在全世界的法律体系中都被奉若神灵，比如孔子对诚实的强调，以及《十诫》中的许多内容，比如"不可杀人"。换句话说，许多伦理规则都要求普通人拥有同情和怜悯等社会化的情绪。这些情绪演化出了合作现象,并通过奖赏与惩罚来影响我们的行为。如果我们做了一些卑鄙的事情,事后感到难过,这便是大脑的化学反应进行的直接情绪惩罚。然而,如果我们违背了伦理原则,社会可能会以更间接的方式来惩罚我们,比如正式的法律制裁或者非正式的同伴羞辱。

总而言之,虽然人类今天还远远未在伦理上达成共识,但在一些基本原则上已经达成了一些广泛的共识。这些共识并不惊人,因为人类社会能存在到今天,也仰赖于一些基于同样目标的伦理原则——促进生息繁衍。展望未来,生命有潜力在我们的宇宙中繁盛几十亿年。那么,我们至少应当形成哪些伦理原则,好满足未来社会的需求呢?每个人都应当参与到这个对话中来。这么多年来,我读过也听说过很多思想家的伦理观点,这些观点都十分迷人。我认为,大多数人的观点都可以归入以下 4 个原则:

- **功利主义**:积极的意识体验应当被最大化,而痛苦应当被最小化;
- **多样化**:多样化的积极体验比重复单一的积极体验更好,即使后者被认为是所有可能性中最积极的体验;
- **自主性**:有意识的实体 / 社会应当拥有追寻自己目标的自由,除非与某些重要原则相违背;
- **遗产**:符合当今大多数人认为幸福的情景,不符合当今几乎所有人认为糟糕的情景。

让我们花点时间来探讨一下这 4 个原则。功利主义的传统意义是"给尽可能多的人带来尽可能大的幸福",但我不想太以人类为中心,而是想要更宽泛一点,所以我认为它也可以包含非人类的动物、拥有意识的模拟智能以及其他可能存在于未来世界中的人工智能。我为功利主义下的定义不是以人或东西作为主体,而是以"体验"作为主体,因为大多数思想家都同意,美丽、幸福、愉悦、痛苦等都是主观体验。这也意味着,如果没有体验,就像在一个死亡的宇宙中,或者一个被无意识僵尸机器占领的宇宙中一样,也就不存在意义和其他任何值得伦理讨论的东西。如果我们认同这种功利主义的伦理原则,那么,我们就必须搞明白哪些智能系统是有意识的,也就是说,哪些拥有主观体验,而哪些没有;这是下一章我们要讨论的内容。

如果功利主义原则是我们关心的唯一原则,那么,我们会在所有可能性中找出一个最为积极的体验,然后在殖民宇宙的过程中,在尽可能多的星系中一遍又一遍地不断重复这个体验,除此之外的其他体验都扔掉。如果模拟是最有效的方法,那就用模拟的方式来重复这个体验。如果你觉得把宇宙中所有资源都用在一个体验上似乎很浪费,那你可能会更青睐"多样化"的原则。想一想,如果你余生只能吃一道菜,感觉如何?如果你余生只能重复看一部电影呢?或许,你之所以会偏好多样性,是因为它过去曾有助于人类的生息繁衍,让人类社会更稳健。或许,也与智能有关,在138亿年的宇宙历史中,日益增长的智能让无聊均质的宇宙转化得更加多样性,形成了日益精巧地处理信息的复杂结构。

自主性原则强调自由和权利,这是联合国为了吸取两次世界大战的教训而在1948年发布的《世界人权宣言》中详述的原则。自主性原则包含了思想、言论和行为的自由，不受奴役和折磨的自由，生命权，人身自由权，安全和教育的权利，以及结婚、工作和拥有财产的权利。如果我们不想太以人类为中心，我们可以将其概括为：思想、学习、交流、拥有财产、不被伤害的自由，以及做任何不侵犯他人自由之事的权利。如果每个人的目标都有所不同，那自主性原则就有助于促进多样性。此外，如果个体将积极体验视为目标，并努力实现自己的兴趣，那自主性原则还可从功利主义原则中产生；如果我们禁止个体追求自己的目标，即使这个目标不会伤害他人，那总体的积极体验也会减少。事实上，自主性也正是经济学家用来支持自由市场的观点：它自然而然会产生一种有效的情形，经济学家称为"帕累托最优"（Pareto Optimality），在其中，如果有人的境况变得更好，就一定有其他人变得更糟。

遗产原则的基本思想是，我们必须对未来负有责任，因为我们正在创造未来。自主性和遗产原则都体现了民主的思想，前者赋予未来生命使用宇宙资源的能力，而后者让当代人可以对这种能力进行控制。

虽然这4种原则听起来并不冲突，但要在实际中践行它们，可能会遇到很多问题，因为魔鬼就藏在细节中。产生的麻烦可能会很类似艾萨克·阿西莫夫提出的著名的"机器人三定律"：

- **第一定律**：机器人不得伤害人类个体，或者目睹人类个体将遭受危险而袖手不管；
- **第二定律**：机器人必须服从人给予它的命令，当该命令与第一定律冲突时例外；

○ **第三定律**：机器人在不违反第一、第二定律的情况下，要尽可能保护自己。

虽然这三条定律听起来挺不错，但阿西莫夫的很多小说都告诉人们，它们可能会导致一些意想不到的矛盾。现在，我们将这三条定律改成两条为未来生命设定的定律，并试着将自主性原则加进去。

○ **第一定律**：一个有意识的实体有思考、学习、交流、拥有财产、不被伤害或不被毁灭的自由；
○ **第二定律**：在不违反第一定律的情况下，一个有意识的实体有权做任何事。

听起来不错吧？但请再想一想，如果动物有意识，那捕食者该吃什么呢？是不是所有人都应该成为素食主义者？如果某些精巧的未来计算机程序也拥有了意识，那删除它们是不是违法了？如果存在"不能随便终结数字生命"的规定，那需不需要制定一些法规来限制它们的创生，以避免数字人口过剩？《世界人权宣言》之所以得到这么多人的支持，是因为它只考虑了人类。一旦我们将其他能力不一的有意识实体也考虑进去，就会面临许多两难的抉择：到底是应该保护弱者，还是强权即公理？

关于遗产原则，也存在一些棘手的问题。想一想，从中世纪以来，人们对奴隶制、女性权利等话题的伦理观点发生了多大的变化。当今的人类真的想让 1 500 年前的老古董决定今天的世界要如何运行吗？如果不是，我们为什么要试着把我们的伦理标准强加给可能比我们聪明千万倍的未来生命呢？我们怎么会相信，超人类水平的通用人工智能会想要遵守我们这些低等生物珍视的价值观呢？这就好像一个4岁小姑娘憧憬着，当她长大了，变得更聪明了，她就要给自己建造一间巨大的姜饼屋，然后在里面坐上一整天，除了吃糖果和冰激淋以外什么都不干。和她一样，地球上的生命也可能会长大成熟，而不再执着于童年时期的兴趣。就好像一只制造了人类水平的通用人工智能的老鼠想要建一座奶酪城市，听起来十分荒谬。但是，如果我们知道超人类水平的人工智能有一天会制造"宇宙灭绝事件"来消灭所有生命，那么，假如我们有能力将它造得不同，为什么不这么做，以避免这个荒芜死亡的未来呢？

总而言之，把人们广泛接受的伦理原则编入未来人工智能的程序里可能会出现一些问题，随着人工智能的不断进步，这些问题值得认真讨论和研究。但与此同时，让我们不要让完美与善为敌，有许多无可辩驳的"幼儿园伦理"可以而且应该被灌输到未来的技术中。例如，不应允许大型民用客机撞上静止的物体。现在，几乎所有客机都配备有自动驾驶仪、雷达和GPS，因此在技术上没有任何借口。然而，"9·11"劫机者却让三架飞机撞上了建筑物。自杀式飞行员安德里亚斯·卢比茨（Andreas Lubitz）于2015年3月24日驾驶德国航空公司9525号航班撞到了山上，他将自动驾驶仪设置在海拔100英尺（约30米）的空中，然后让飞机上的计算机完成余下的工作。我们的机器已经足够聪明了，可以获得自己所做之事的一些信息。现在，是时候教给它们一些限制了。每个设计机器的工程师都应该问问，机器在使用过程中，有哪些事情是可以做但不应该做的,然后考虑一下如何在实践中避免用户实施这种行为,不管是出于恶意还是愚蠢。

## 终极目标

本章简要地探讨了"目标"的历史。如果我们可以把宇宙138亿年的历史快放一遍,就能目睹"目标导向行为"的一些不同阶段:

- 物质似乎一心一意地聚焦在将"耗散"最大化上;
- 原始生命似乎试图将它的"复制"最大化;
- 人类追求的目标不是复制,而是一些与愉悦、好奇、怜悯等感觉相关的目标。人类进化出这些感觉的目的是促进复制;
- 人类建造机器来帮助他们追求自己的目标。

如果这些机器最终触发了智能爆炸,那这一首关于目标的史诗要如何终结?有没有一个目标系统或者伦理框架是所有实体在变得愈发智能的过程中都会逐渐趋近的?换句话说,我们有没有某种注定好的"道德命运"?

对人类历史进行一下粗略解读,就可以看到这样一种趋同的迹象,在《人性中的善良天使》(The Better Angels of Our Nature)一书中,史蒂芬·平克(Steven Pinker)[1]认为,人类几千年来一直在减少暴力和增进合

---

[1] 史蒂芬·平克,美国著名认知心理学家和科普作家,因广泛宣传演化心理学和心智计算理论的心态而闻名于世。其代表作"语言与人性"四部曲《语言本能》《思想本质》《心智探奇》《白板》中文简体字版已由湛庐文化策划,浙江人民出版社出版。——编者注

作，而且世界上许多地方已经越来越多地接受多样性、自主性和民主这些价值观。另一个趋同的迹象是，在过去这1 000年里，用科学来追求真理的方法变得十分流行。但这些趋势也可能不是对最终目标而是对子目标的趋近。比如，图7-1显示，追求真理（一个更准确的世界模型）可以看作是任何终极目标的子目标。同样地，我们在前文中已经看到，合作、多样性和自主性等伦理原则也可以被视为子目标，因为它们帮助社会运转得更加高效，从而有助于人们的生息繁衍，以及实现他们可能拥有的更基本的目标。有人甚至否认我们称之为"人类价值"的一切，而只把它们视为一种有助于高效合作的协议。本着同样的精神，展望未来，任何超级智能都可能拥有一些相同的子目标，比如让硬件和软件变得更加高效、追求真理和好奇心，因为这些子目标可以帮助它们实现任何终极目标，而无论这些目标是什么。

事实上，尼克·波斯特洛姆在他的著作《超级智能》中坚决反对"道德命运"假说，他提出了一个对立的观点，称之为"正交性论点"（orthogonality thesis）。他认为，一个系统的最终目标可以独立于智能。根据定义，智能就是完成复杂目标的能力，而无论这些目标是什么，所以正交性论点听起来很合理。毕竟，人可以兼具聪明和善良的特征，也可以兼具聪明和残忍的特征，而智力可以用来实现任何目标，包括科学发现、创造美好艺术、助人为乐或实施恐怖袭击[8]。

正交性论点是赋权的，因为它告诉我们，宇宙的终极目标不是事先注定好的，我们有自由和力量去塑造。它认为，趋近于同一个特殊目标并不会发生在未来，而是已经发生在过去——正是在生命进化出"复制"这个单一目标时。随着宇宙时间的流逝，日益聪明的智能得以有机会反抗和摆脱"复制"这个平庸的目标，并选择自己的目标。从这个意义上讲，我们人类还没有达到完全的自由，因为我们追寻的许多目标都是被基因"硬连"到我们身上的，但人工智能却可以享受这种不受预定目标限制的终极自由。虽然今天的人工智能系统比较狭窄而且有限，但却能很明显地看出这种更大的目标自由度，比如，我们前文提到了，大部分象棋计算机的唯一目标就是赢得比赛，但也有一些象棋计算机的目标是输掉比赛；它们在比赛中争夺输家的地位，目标是迫使对手吃掉你的棋子。或许，这种不受进化偏差影响的自由度能使人工智能在某种深层次上比人类更为道德。彼得·辛格（Peter Singer）等伦理哲学家就认为，许多人表现出不道德的行为，例如歧视非人类的动物，都是出于某些进化的原因。

**我们已经看到了，友好的人工智能的基石就是：自我迭代的人工智能在它日益聪明的过程中依然保持它的终极目标——对人类友好。**但是，我们要如何为超级智能定义"终极目标"，也就是波斯特洛姆所谓的"最终目标"（final goal）呢？我认为，如果我们无法回答这个问题，那就不能相信友好的人工智能最终会实现。

在人工智能研究中，智能机器总是会有一个清晰明了、定义明确的最终目标，例如赢得象棋比赛或合法驾驶汽车到达目的地。我们分配给人类的大多数任务也是如此，因为时间期限和环境都是已知的，并且是有限的。但我们现在正在讨论的，是生命在宇宙中不可限量的未来（只受到物理定律的限制，而物理定律还不是完全已知的），所以定义目标是一个令人望而生畏的任务！抛开量子效应，一个真正定义明确的目标应该要告诉我们，在时间长河的尽头，宇宙中所有的粒子应该如何排列。但目前我们还不清楚物理学中是否存在明确的时间终点。如果粒子以它们过去的方式排列，那这种排列通常不会很持久。那么，什么样的粒子排列才是最好的？

人类对粒子的排列组合有一些偏好。例如，如果我们的家乡被氢弹炸毁了，那我们会想要用粒子将其重新排列出来。那么，假定我们可以定义一个"善之函数"（goodness function），这个函数能考虑我们宇宙中所有可能的粒子组合，并量化我们认为这些组合有多么"善"的程度，然后将"最大化该函数"的目标赋予一个超级智能。这听起来像是一种合理的方法，因为将目标导向行为描述为"函数最大化"是科学领域中的流行方法。例如,在经济学模型中,人们总想要最大化所谓的"效用函数"，还有许多人工智能设计师训练智能体的方法是最大化所谓的"奖赏函数"（reward function）。然而，当我们在考虑宇宙的终极目标时，这种方法带来了一个计算噩梦，因为它需要为宇宙中基本粒子所有可能的排列方式都定义一个"善"值，而这些排列方式的数量多如牛毛，比"古戈尔普勒克斯"（Googolplex）还大。古戈尔普勒克斯是 1 后面跟着 $10^{100}$ 个零，比我们宇宙中的粒子数量的零多多了。我们应如何为人工智能定义这个善之函数呢？

正如我们上面所探讨的那样，我们人类之所以会产生偏好，唯一的原因是，我们自身就是一个进化优化函数的解。因此，我们人类语言中所有的评价性词语，如美味、芳香、美丽、舒服、有趣、性感、有意义、幸福和善良等，其根源都可以追溯到进化优化过程。因此，我们无法保证超级智能会认为它们的定义很严格。即使人工智能学会了精确地预测一些典型的人类偏好，也无法计算除此之外大多数粒子排列方式的善之函数。因为粒子的绝大多数排列方式都对应着奇异的宇宙情景，比如，完全没有恒星、行星和人，更别说人的体验了，纵有万般"善"，更与谁说呢？

当然，宇宙粒子排列的某些函数是可以严格定义的，而且我们甚至知道，物理系统的演化会让一些函数实现最大化。例如，我们已经讨论了许多系统演化过程会将熵最大化；如果没有引力，这会最终导致热寂，到那时，万事万物都是均质和不变的，十分无聊。所以，熵不应是我们想让人工智能称之为"善"，并力求最大化的东西。以下列出了一些我们可以力求最大化的量；在粒子排列方面，它们的定义可能是严格的：

- 在我们宇宙的所有物质中，以某些生命的形式（比如人或大肠杆菌）存在的物质所占的比例。这个想法受到了进化的整体适应度最大化的启发。
- 人工智能预测未来的能力。人工智能研究者马库斯·赫特（Marcus Hutter）认为，这是一个衡量人工智能智能程度的良好指标。
- 我们宇宙的计算能力。
- 我们宇宙的算法复杂度，即需要多少比特的信息才能对它进行描述。
- 我们宇宙中意识的数量（见下一章的讨论）。

然而，从物理学的角度出发，我们的宇宙就是由不断运动着的基本粒子组成的，因此，很难判断哪种"善"的理解是最独一无二、最符合自然的。我们还没有为我们的宇宙找到任何看起来既可定义又令人满意的最终目标。随着人工智能变得日益聪明，目前能保证定义明确的可编程目标，只能以物理量的形式表达，比如粒子排列、能量和熵。但我们还没理由相信，这些可定义的目标就一定会令人满意，一定会确保人类幸存下去。

不过，我们人类的产生似乎是一个历史的意外，而不是什么定义明确的物理问题的最优解。这表明，一个目标定义严格的超级智能将能通过消灭人类来改善它的目标达成度。这意味着，要明智地应对人工智能的发展，人类不仅要面对传统的计算挑战，还要面对一些最棘手的哲学问题。比如，要设计无人驾驶汽车的程序，我们就必须解决"电车难题"，在发生事故时选择撞谁；要设计友好的人工智能的程序，我们就必须了解生活的意义。但是，什么是"意义"？什么又是"生活"？终极的道德问题是什么？换句话说，我们应该如何努力塑造宇宙的未来？如果我们在具备严肃回答这些问题的能力之前就失去了对超级智能的控制，那它自己想出的答案可能与人类无关。因此，我们必须从现在起，重燃这些哲学与伦理问题的讨论，让人们意识到这场对话的紧迫性！

### 本章要点

- 目标导向行为起源于物理定律,因为它涉及最优化问题。

- 热力学有一个内置的目标:耗散。耗散就是要提高熵,而熵是对混乱程度的度量。

- 生命是一种有助于耗散(增加整体的混乱程度)的现象。生命能保持或提高自身的复杂度,还能进行复制,与此同时提升了环境的混乱程度,以此加快了耗散的速度。

- 达尔文式的进化将目标导向行为从耗散转化为复制。

- 智能是完成复杂目标的能力。

- 由于人类并不总是拥有足够的资源来找到真正的最优复制策略,所以我们进化出了一些有用的经验法则,来辅助我们做决策,这就是感觉,比如饥饿感、口渴、疼痛、性欲和同情。

- 因此,我们的目标不再是简单的复制;假如我们的感觉与基因赋予我们的目标相冲突,我们会忠于感觉,比如,采取避孕措施。

- 我们正在建造日益聪明的机器来帮助我们实现自己的目标。目前,随着我们建造的机器展现出目标导向行为,我们应该力争让机器的目标与我们的相一致。

- 想让机器的目标与我们的目标相一致,有三个问题亟待解决:让机器学习、接受和保持我们的目标。

- 人工智能可以被设计来拥有任何目标,但是,几乎所有足够野心的目标都会带来一些共同的子目标,比如自我保护、获取资源、想要更理解世界的好奇心。前两个子目标可能会让超级智能为人类带来麻烦,最后那个可能会阻止人工智能保持我们赋予它的目标。

- 虽然人类有一些广为接受的伦理原则,但我们不知道如何将它们赋予其他实体,比如非人类的动物,以及未来的人工智能。

- 我们不清楚如何才能赋予超级智能一个既可定义又不会导致人类灭绝的终极目标,因此,我们必须尽快开始讨论这些棘手的哲学问题!

我无法想象一个始终如一的万物理论会忽略意识的问题。

——安德烈·林德（Andrei Linde）

我们应该努力培养意识本身，在原本漆黑一片的宇宙中生出更大更亮的光芒。

——朱利奥·托诺尼（Giulio Tononi），2012 年

# 08 意识

Consciousness

我们已经看到，只要我们能为某些最古老、最棘手的哲学问题在需要时找到答案，那么，人工智能就可以帮助我们创造一个美好的未来。用尼克·波斯特洛姆的话来说，我们面临着哲学的最后期限。在这一章中，让我们来探讨一下有史以来最棘手的哲学问题之一：意识。

## 谁关心这个问题

意识是一个富有争议的话题。如果你向人工智能研究者、神经科学家或心理学家提到这个以 C 打头的单词（consciousness），他们可能会翻白眼。如果他们碰巧是你的导师，那他们可能会对你表示同情，并劝你别把时间浪费在这个被他们认为毫无希望的非科学问题上。事实上，我的朋友，也是艾伦脑科学研究所学科带头人的著名神经科学家克里斯托弗·科赫（Christof Koch）告诉我，在他获得终身教职之前，曾有人警告他不要从事与意识有关的工作，这个人正是诺贝尔奖得主弗朗西斯·克里克（Francis Crick）。如果你在 1989 年版的《麦克米伦心理学辞典》(*Macmillan*

Dictioncry of Psychology）中查找"意识"一词，就会被告知"没有什么值得写的东西"[1]这一答案。我要在本章中向你解释，为什么我比他们更加乐观！

虽然思想家们已经在神秘的意识问题上思考了数千年，但人工智能的兴起却突然增加了这个问题的紧迫性，特别是因为人们想要预测哪些智能体可能拥有主观体验。正如第3章所说，智能机器是否应该获得某种形式的权利，关键取决于它们是否拥有意识，是否会感到痛苦或快乐。又如第7章所说，如果我们不知道哪些智能体能够拥有意识，就无法建立一个以"最大化积极体验"为基础的功利主义伦理框架。正如第5章所说，有些人可能希望他们的机器人是没有意识的，以避免因奴役他人而产生内疚感。然而，如果这些人能摆脱生物的限制，上传自己的智能，那他们又可能产生完全相反的想法。毕竟，如果把自己的智能上传到一个言行举止与你相似却没有意识的"僵尸"机器人中（我的意思是，你上传后将失去任何感觉），又有什么意义呢？从你的主观角度出发，这和自杀有什么区别呢？即使你的朋友们可能意识不到你的主观体验已经死去了。

对于生活在遥远未来的宇宙生命来说（见第6章），很关键的一点就是，要理解什么是意识以及什么不是意识。如果技术能让智慧生命在我们的宇宙中蓬勃发展数十亿年，我们如何能确定这些生命是有意识的，并且有能力来欣赏这万事万物呢？如若不然，那么，是不是就像著名物理学家埃尔温·薛定谔所说，这是"一场没有观众、不为任何人存在的戏剧，因此确切来说是不存在的"[2]？换句话说，如果我们误以为这些高科技后代有意识而实际上它们并没有的话，这会不会成为终极的"僵尸末日"，白白浪费我们宏伟的宇宙资源？

## 什么是意识

关于意识的争论如火如荼,因为交战双方总是自说自话,完全没有意识到他们对意识的定义竟然不一样。正如"生命"和"智能"一样,"意识"一词也没有无可辩驳的标准定义。相反,存在许多不同的定义,比如知觉(sentience)、觉醒(wakefulness)、自我意识(self-awareness)、获得感知输入(access to sensory input)以及将信息融入叙述的能力。[3] 在探索智能的未来时,我们想要采取一个最广泛和最包容的观点,而不想局限于目前已知的生物意义上的意识。这就是为什么我在第1章中对意识给出的定义十分广泛,这也是我在本书中坚持的想法。

意识 = 主观体验(subjective experience)

换句话说,如果你感觉"这就是现在的我",那么你就拥有意识。这种意识的定义,正是前一节提到的人工智能问题的关键之所在,也就是说:它是否感觉自己就是普罗米修斯、AlphaGo 或一辆无人驾驶的特斯拉汽车?

我对意识的定义非常广泛,为了强调这一点,请注意,我没有提到行为、感知、自我意识、情绪或注意力这些东西。所以根据这个定义,当你做梦时,即使你不处在觉醒状态,也感觉不到感官输入的信息,并且没有在梦游或做事(希望如此),那么,你也是有意识的。同样地,从这个意义上说,任何体验到痛苦的系统都是有意识的,即使它不能移动。在我们的这个定义下,未来的某些人工智能系统可能也是有意识的,即使它们只是以软件的形式存在,并未连接到任何传感器或机器人身体上。

有了这个定义，我们很难忽略有关意识的问题。正如尤瓦尔·赫拉利（Yuval Harari）在他的《未来简史》一书中所说："如果有任何科学家想要争辩说主观体验是无关紧要的，那留给他们的挑战就是，如何在不提主观体验的情况下解释酷刑和强奸是错误的。"[4] 如果不提主观体验，人只是一堆根据物理定律移动的基本粒子而已，那犯罪能有什么错呢？

## 问题出在哪里

那么，意识究竟有什么是我们不了解的呢？在这个问题上思索得最深入的人莫过于著名的澳大利亚哲学家大卫·查尔默斯了。他的脸上常挂着俏皮的微笑，身上穿一件黑色的皮夹克，我妻子非常喜欢这件皮夹克，以至于她在圣诞节送了我一件一模一样的。尽管他曾在国际数学奥林匹克竞赛中杀入决赛，但他追随自己内心，选择了哲学。不过好笑的是，他上大学时几乎所有课程都是 A，唯一得 B 的却是一门哲学入门课程。他似乎完全不被打压或争议所左右。有些人严厉地批评他，完全是因为他们对他的研究缺乏了解或者受到了误导，但他总是礼貌地倾听这些人的批评，甚至一点也不觉得他应该做出什么回应。我对他的这种能力感到十分惊讶。

**查尔默斯强调，心智有两个奥秘。第一个奥秘是大脑对信息的处理，这就是所谓的"简单问题"。** 例如，大脑如何注意、解释和回应感官输入的信息？它如何用语言来报告其内部状态？虽然这些问题确实非常困难，但从我们的定义出发，它们并不是意识的奥秘，而是智能的奥秘，因为它们问的是大脑如何记忆、计算和学习。此外,我们在本书的第一部分已经看到,人工智能研究者已经开始用机器来解决许多"简单问题",并取得了重大进展——从下围棋,到驾驶汽车,再到图像分析和自然语言处理等。

**另一个奥秘就是,人类为什么会拥有主观体验。这就是查尔默斯所说的"困难问题"。**当你开车的时候,你会体验到色彩、声音、情绪和自我感。但是,你为什么会经历这些体验呢?一辆无人驾驶汽车有体验吗?如果你正与一辆无人驾驶汽车比赛,你们都是从传感器或感觉器官获得输入信息,然后处理信息并输出运动命令。但从逻辑上来说,驾驶的主观感觉却是另一回事,这种体验是可有可无的吗?如果是的话,是什么原因造成的?

我从物理学的角度来思考这个意识的"困难问题"。从物理学的角度来看,有意识的人是以汲取食物为生的,而食物只不过是经过了重新排列的粒子而已。那为什么同样的粒子,有些排列就有意识,而有些排列却没有意识呢?此外,物理学教导我们,食物只不过是大量的夸克和电子以一定的方式排列而成。那么,哪些排列是有意识的,哪些没有①?

我喜欢这个物理学观点,因为它将困扰人类几千年的难题转化为更

---

① 还有一种观点叫作实体二元论(substance dualism)。这种观点认为,生物之所以与非生物不同,是因为它们包含一些非物质的东西,如"灵气"(anima)、"生命冲力"(élan vital)或"灵魂"(soul)。如今支持实体二元论的科学家越来越少。要理解为什么,请想一想,你的身体是由大约 $10^{29}$ 个夸克和电子组成的,据我们所知,它们的移动都遵从简单的物理定律。请想象一下,假设未来有一项技术能够追踪所有的粒子。如果它发现你的粒子完全服从物理定律,那所谓的"灵魂"对你的粒子就没有任何影响,那么,你的意识心智和运动控制能力就与灵魂没有任何关系。如果这项技术发现你的粒子不遵守任何已知的物理定律,而是受你的灵魂所驱动,那么,带来这些驱动力的未知事物从本质上来说,一定也是一个物理存在的实体,我们可以像过去研究新领域和新粒子一样对它进行研究。

易用科学方法解决的、更具有针对性的问题。与其从"为什么粒子的某些排列能感受到意识"这个困难问题出发，不如先让我们承认一个"困难事实"，那就是：粒子的某些排列确实感受到了意识，而其他排列却没有。譬如说，你知道自己脑中的粒子当下正处于有意识的排列状态中，但当你处于无梦的睡眠状态时却不处于有意识的状态。

这个物理学观点导致了三个彼此独立的意识难题，如图 8-1 所示。**第一个难题是，到底是什么性质让不同的粒子排列产生不同的结果？** 具体来说，是哪些物理特性将有意识系统和无意识系统区分开的？如果我们能够回答这个问题，那么我们就可以搞清楚哪些人工智能系统是有意识的。在不久的将来，它还可以帮助急诊室医生确定哪些无反应的患者是有意识的。

**第二个难题是，物理性质如何决定体验是什么样的？** 具体来说，是什么决定了感质？感质是意识的基本构成要素，比如，玫瑰的绯红、铜钹的声响、牛排的香味、橘子的口感或针刺的微痛[①]。

**第三个难题是，为什么会出现有意识的东西？** 换句话说，为什么一团物质会产生意识，对这个问题有没有什么尚未发现的深层次的解释？或者说，世界就是这样运行的，这是一种无法解释的蛮横事实？

和查尔默斯一样，我的一位前麻省理工学院同事、计算机科学家斯科特·阿伦森（Scott Aaronson）幽默地把第一个问题称为"相当难的问题"（Pretty Hard Problem，简称 PHP）。本着同样的精神，且让我们把剩下的两个

---

① 我在这里使用"感质"这个词是根据字典的定义，即主观体验的单个实例，也就是说，主观体验本身，而不是任何引起体验的物质。请注意，不同的人在提到这个词时的意思可能不一样。

问题分别称为"更难的问题"(Even Harder Problem, 简称 EHP)和"真难的问题"(Really Hard Problem, 简称 RHP), 如图 8-1 所示。[①]

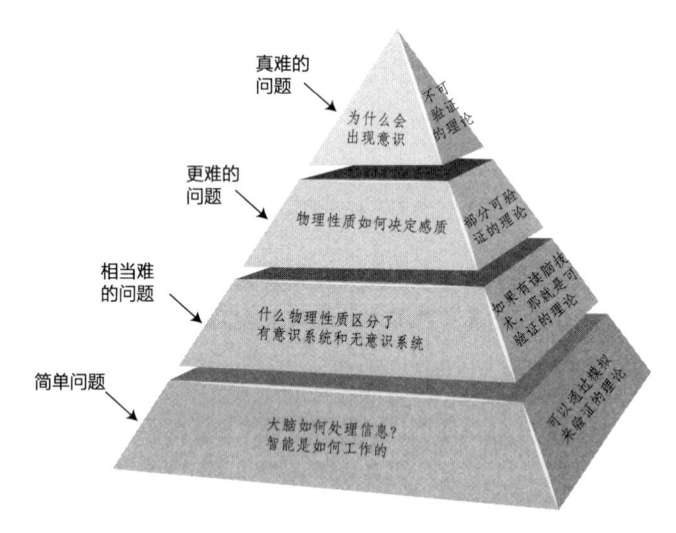

**图 8-1 三个彼此独立的意识难题**

金字塔各层（自上而下）：
- **真难的问题**：为什么会出现意识（不可验证的理论）
- **更难的问题**：物理性质如何决定感质（部分可验证的理论）
- **相当难的问题**：什么物理性质区分了有意识系统和无意识系统（如果有该做假设，那就是可验证的理论）
- **简单问题**：大脑如何处理信息？智能是如何工作的（可以通过模拟来验证的理论）

注：对心智的理解涉及几个层次的问题。大卫·查尔默斯所谓的"简单问题"可以不提到主观体验。一些但不是全部物理系统是有意识的，这个事实提出了三个不同的问题。如果有一个理论可以回答"相当难的问题",那它就可以用实验来检验。如果检验成功的话，我们就可以以它为基础来解决上层那些更棘手的问题。

## 意识超出科学范畴了吗

一些人之所以告诫我，研究意识就是浪费时间，主要是因为他们认为它不科学，而且永远都不科学。果真如此吗？著名奥裔英籍哲学家卡

---

[①] 我原本把 RHP 称为"非常困难的问题"，但大卫·查尔默斯读了这一章之后，他给我提了一个巧妙的建议，让我改成"真难的问题"，以配合他的本意："由于前两个问题（至少按现在的顺序）并不属于我设想的难题，而第三个问题确实属于，所以，你可以用'真难'而不是'非常难'来匹配第三个问题，以符合我的本意。"

尔·波普尔（Karl Popper）说过一句广为流传的格言："如果一个理论不可证伪，那它就不科学。"换言之，科学就是要用观察来检验理论。如果一个理论连在原则上都无法被检验，那它在逻辑上就不可能被证伪，那么，根据波普尔的定义，它就是不科学的。

那么，可不可能存在一个能回答图 8-1 中的某个意识问题的科学理论呢？我会响亮地回答："存在。"至少对那个"相当难的问题"来说是存在的，这个问题就是："什么物理性质区分了有意识系统和无意识系统？"假设有一个理论可以用"是""不是"或"不确定"来回答任意一个物理系统是否具有意识的问题。让我们把你的大脑接到一个用来测量大脑不同部分的信息处理的机器上。然后，把这些信息输入到一个计算机程序中，该程序用上面所说的意识理论来预测信息的哪些部分是有意识的，并在屏幕上做出实时预测（如图 8-2 所示）。

首先，你脑中出现一个苹果。屏幕会告诉你，你的大脑中有关于苹果的信息，还告诉你，你意识到了这个信息，但你的脑干中还存在一些你不知道的关于脉搏的信息。你会惊讶吗？虽然这个理论的前两个预测是正确的，但你决定做一些更严格的测试。你想到你的母亲，此时，电脑告诉你，你的大脑里有关于你母亲的信息，但它告诉你，你并没有意识到这个信息。显然，这个预测是错误的，这意味着这个理论被排除了，就像亚里士多德的力学、发光以太、地心说等无数失败理论一样，可以扔进科学史的垃圾堆中了。关键的一点是，虽然这个理论是错误的，但它竟是科学的！因为如果它不科学，你根本没有办法对其进行检验，也没有机会将它排除。

图 8-2　用计算机预测大脑中的信息

注：假设一台计算机可以检测你的大脑中进行的信息处理过程，然后根据一个"意识理论"来预测你知道和不知道哪些信息。你可以检查它的预测是否正确，是否符合你的主观体验，从而对这个理论进行科学检验。

有人可能会批评这个结论，说没有证据证明你拥有这些意识，甚至不能证明你到底有没有意识。诚然，你可以告诉人们你是有意识的，但一个无意识的僵尸同样也能讲出这样令人信服的话。然而，这并不意味着这个"意识理论"是不科学的，因为批评者也可以自己坐到你的位置上，亲自测试一下这个理论能否正确预测出他们自己的意识体验。

然而，如果这个理论每次都回答"不确定"，而不做出任何预测，那它就不可检验，因此就是不科学的。这种情况是有可能发生的，因为这个理论可能有自己的适用范围，只在某些情况下管用，而在其他情况下不适用，比如，可能因为它所需的计算过程在实践中很难实现，或者因为大脑传感器的质量乏善可陈。今天最流行的科学理论往往不能解决所有问题,但也不是一个问题都不能解决,而是处在中间的某个地方,为某一些问题而不是所有问题给出可检验的答案。比如,当今物理学的核心理论就无法回答关于极小又极重的系统的问题,因为我们还不知道在这种情况下应该使用哪些数学方程(极小时需要量子力学,极重时需要广义相对论)。同时,这个核心理论还无法预测所有原子的确切质量,我们认为我们已经有了必要的方程,但还不能准确地计算出它们的解。一个理论越敢于做出可检验的预测,它就越有用;它逃过的检验"追杀"越多,我们对它的态度就会越认真。是的,我们只能测试"意识理论"所做出的一些预测,而不能检验它的所有预测,但所有物理学理论都是这样。所以,我们不要浪费时间唠叨那些我们无法检验的东西,而是去检验那些我们能够检验的东西吧!

总而言之,只要一个理论能预测你大脑中的哪些过程是有意识的,那它就是一个预测物理系统是否有意识(这是"相当难的问题")的科学理论。但是,对图 8-1 中层级较高的问题来说,"可否检验"这个问题更加模棱两可。说一个理论能预测你对红色的主观体验,这究竟是什么意思呢?如何用实验来检验一个解释意识起源的理论呢?这些问题很难,但这并不意味着我们应该逃避它们,下面我们会再次回到这些问题上。在面对几个彼此相关的未决问题时,我认为先解决最简单的那个才是明智的方法。出于这个原因,我在麻省理工学院进行的意识研究主要聚焦在图 8-1 中的金字塔最底层的问题上。最近,我和普林斯顿大学的物理学家皮耶·霍特(Piet Hut)说起这个策略,他开玩笑说,如果有人想要从上往下建造金字塔，这就好像在发现薛定谔方程之前就开始担心如何诠释量子力学一样，因为薛定谔方程是我们预测实验结果的数学基础。

在讨论"什么东西超出了科学的范畴"时，请记住一件很重要的事：答案通常取决于讨论的时间。400年前，伽利略被物理学的数学基础深深震撼了，于是他把大自然描述成"一本用数学语言写就的书"。诚然，如果他扔下一颗葡萄和一颗榛子，就能准确地预测二者轨迹的形状以及它们何时会落到地面，但他不知道为什么葡萄是绿色的，而榛子是棕色的，以及为什么葡萄是柔软的，而榛子是坚硬的。这些知识超越了当时的科学水平，但这只是暂时的。1861年，詹姆斯·麦克斯韦（James Maxwell）发现了后来以他命名的麦克斯韦方程，从那以后，光和颜色显然也可以从数学上来理解。1925年，前文提到过的薛定谔方程诞生了。我们知道它可以用来预测物质的所有性质，包括软度或硬度。理论上的进步让科学可以做出更多预测；与此同时，技术进步让更多检验实验成为可能。我们今天用望远镜、显微镜和粒子对撞机所研究的几乎一切东西都超越了过去的科学范畴。换句话说，自伽利略时代以来，科学的疆域已经大幅扩大，从一小撮现象到大部分现象，甚至涵盖了亚原子粒子、黑洞和138亿年前的宇宙起源。这就产生了一个问题：还剩下些什么呢？

对于我来说，意识就像是房间里的大象，不容忽视。你知道自己拥有意识，而且，这是你唯一百分之百肯定的事情，其他一切都是推论，就像笛卡尔在伽利略时代所指出的那样。理论和技术的进步最终会不会将意识也坚定地带入科学的疆域？我们不知道答案，就像伽利略不知道人类是否能理解光线和物质一样[1]。只有一件事情是肯定的，那就是：如果我们不去尝试，那就一定不会成功！这就是我和世界各地许多科学家努力构建和检验意识理论的原因。

## 意识的实验线索

我们的大脑中正运行着大量的信息处理过程。其中哪些有意识，哪些没有？在探索意识理论及其预测之前，让我们先来看看目前的实验结果告诉了我们一些什么信息。我们讨论的范围很广，既包括传统的低技术水平实验和非技术性的观察，也包括最先进的大脑测量实验。

### 哪些行为是有意识的

如果你在脑海中计算 17 和 32 的乘积，你能意识到自己的大脑内进行着一些计算步骤。假设我给你看一张爱因斯坦的肖像，然后请你说出画中人物是谁，正如我们在第 2 章中看到的那样，这其实也是一个计算任务，你的大脑正在计算一个函数，这个函数的输入数据是由你的眼睛传输而来的大量像素色彩信息，其输出是控制你嘴部和声带肌肉的信息。计算机科学家把这两个任务称为"图像分类"（image classification）和"语

---

[1] 假如我在《穿越平行宇宙》一书中所说的理论是真实的，我们的物理实在完全是数学，简单来说就是以信息为基础，那么，现实世界中就没有任何东西是超出科学范畴的，甚至连意识也不是。事实上，从这个角度来看，"真难的问题"就变成了下面这个问题："数学的东西为什么感觉起来具有物理性质？"如果数学结构的一部分拥有了意识，那它就能体验到外部物理世界中的其他部分。

音合成"(speech synthesis)。虽然这个计算比心算乘法的任务要复杂得多,但你却可以做得更快,似乎不费吹灰之力,也意识不到你完成这个任务的种种细节。你主观上体验到的只是:你看着画面,体验到一种"认出来"的感觉,然后听见自己说出"爱因斯坦"这4个字。

心理学家早就知道人类可以无意识地执行各种各样的任务和行为,从眨眼反射到呼吸、伸手、抓住物体和保持平衡。通常情况下,你能意识到你做了什么,但不知道你是如何做到的。然而,涉及陌生环境、自我控制、复杂逻辑规则、抽象推理或语言操纵的行为则往往是有意识的。它们被称为"意识的行为关联"(behavioral correlates of consciousness),与心理学家所谓的"系统2"①密切相关。[5] 人们还知道,你可以通过大量的练习,将许多例行公事转化为无意识的行为,[6] 例如步行、游泳、骑自行车、开车、打字、刮胡子、绑鞋带、玩电脑游戏和弹钢琴。事实上,众所周知,当某个领域的专家处于"心流"状态时,他们就能更好地完成自己擅长的事情。此时,他们只会意识到高层级的事情,而对低层级的细节毫无意识。比如,在你读这句话时,可以试着有意识地去注意每个字,就像你儿时学认字的时候一样。你是否感觉到,这样读书的速度与你只意识到词语层面和思想层面的读法相比,简直慢得像蜗牛一样!

事实上,无意识的信息处理不仅是可能的,而且是一种常规现象。有证据表明,每秒从人的感觉器官进入大脑的信息大约为 $10^7$ 比特,其中只有很小的一部分可以被我们意识到,估计只有 10~50 比特。[7] 这表

---

① 系统2是指需要花费精力的、缓慢而可控的思考方式。

明，有意识的信息处理过程只是大脑的冰山一角。

总之，这些线索使一些研究人员[8]认为，有意识的信息处理应该被看作是大脑中的 CEO，只负责处理需要复杂数据分析的最重要的决策。这就可以解释为什么它通常并不想事无巨细地知道下属在做什么，以免分心，就像公司的 CEO 一样，但如果它想知道的话，也是可以的。要体会这种"选择性注意力"，请看看"desired"这个单词：先注视着字母"i"，不要移动目光，然后将注意力从上面那个点转移到整个字母，然后转移到整个单词。尽管你的视网膜传来的信息并没有改变，但你的意识体验却改变了。CEO 的比喻也解释了为什么专家沉浸在事情中时会对一些事情失去意识。经过潜心研究如何阅读和打字，CEO 决定将这些日常工作委派给无意识的下属，以便能够专注于层次更高的新挑战。

## 意识发生在何处

巧妙的实验和分析表明，意识不仅仅局限于某些行为，而且也局限在大脑中的某些部位。哪个部位是"罪魁祸首"呢？关于这个问题，许多脑损伤患者为我们提供了第一手线索。他们因事故、中风、肿瘤或感染而引起了局部脑损伤，但是，对他们的研究往往无法得出确定性的结论。譬如说，大脑后部的病变会导致失明，这是意味着大脑后部就是视觉意识之所在，还是仅仅意味着这是视觉信息的必经之路（就像它首先得经过眼睛一样），视觉意识产生于这个部位之后的某个地方？

虽然病变和医疗干预还没能确定意识体验产生的准确位置，但它们已经帮我们缩小了范围。比如，我的手部经常疼痛，尽管我知道疼痛确实是发生在手部，但我也知道疼痛的体验一定发生在别的地方。因为有一次外科医生只是给我打了一针麻药（而没有对我的手做任何事情），麻痹了我肩膀上的神经，就"关闭"了我的手痛。此外，一些截肢者会体验到幻肢疼痛，就好像这些不存在的肢体真的很疼一样。又比如，我曾注意到，当我闭上左眼，只用右眼看世界时，有一部分视野消失不见了，医生诊断说我的视网膜有些松动，并帮我把它重新粘牢。相反，患有某些脑疾的患者会体验到"半侧忽略"（hemineglect），也就是说，他们有一半的视野信息缺失了，但他们却完全没有意识到，例如，没发现自己只吃盘子左半边的食物，就好像他们对一半世界的意识消失了。但是，那些受损的脑区是用来产生空间体验，还是仅仅用来将空间信息传输给产生意识的位置，就像我的视网膜一样？

20世纪30年代，美裔加籍神经外科医生怀尔德·彭菲尔德（Wilder Penfield）发现，他的神经外科病人报告说，当用电流刺激今天被称为"躯体感觉皮层"（Somatosensory Cortex）的特定脑区时，他们身体的不同部位有被触摸的感觉（如图8-3所示）。他还发现，当他刺激今天被称为"运动皮层"（motor cortex）的脑区时，病人无意识地移动了身体的一些部位。但这是否意味着这些脑区的信息处理过程对应着相应的触觉意识和运动意识呢？

幸运的是，现代科技正为我们揭开更多奥秘。人脑中大约有几千亿个神经元。尽管我们还无法测量每个神经元的每次放电,但大脑读取技术正在迅速发展,比如功能性磁共振成像(fMRI)、脑电图(EEG)、磁脑图(MEG)、脑皮层电图(ECoG)、电生理学(ePhys)和荧光电压检测等。能测量氢核的磁性,并能每秒对大脑建立一个分辨率达到毫米级别的3D模型。脑电图和磁脑图测量的是你头部外部的电场和磁场,它们每秒钟能扫描大脑数千次,但分辨率比较差,小于几厘米的特征就无法识别了。如果你有洁癖,那你会很喜欢这三种技术,因为它们都是非侵入式的。但如果你不介意打开自己的脑袋,那你就会有更多选择。脑皮层电图需要在你的大脑表面放置100根电线,而电生理学则需要在脑中较深的地方埋入比人的头发丝还要细的微丝,在多达1 000个位置同时记录大脑的电压。许多癫痫患者会在医院里待上好几天,因为医生要用脑皮层电图来确定到底是大脑的哪个部分触发了癫痫发作,应该切除。同时,这些患者好心地让神经科医生在他们身上进行意识实验。最后,荧光电压检测则是用基因改造技术让神经元在放电时发出闪光,好让科学家可以用显微镜来观测它们的行为。在所有的这些技术中,采用荧光电压检测能让科学家迅速监测最大数量的神经元,至少在具有透明大脑的动物身上,例如拥有302个神经元的秀丽线虫和拥有约10万个神经元的斑马鱼幼体。

虽然弗朗西斯·克里克警告克里斯托弗·科赫不要研究意识,但科特拒绝放弃,并最终赢得了胜利。1990年,他俩合写了一篇关于"意识相关神经区"(Neural Correlates of Consciousness,简称NCC)的开创性论文,研究了哪些特定的大脑过程对应着意识体验。数千年以来,思想家们只能通过他们的主观体验和行为来获知自己大脑中的信息处理过程。而克里克和科赫指出，大脑读取技术为我们提供了许多访问这些信息的途径，使得科学家能够研究哪些信息处理过程对应着哪些意识体验。如今，技术驱动的测量方法已经让 NCC 的研究跻身于神经科学的主流。你能在最有声望的期刊中找到成千上万的 NCC 文献[9]。

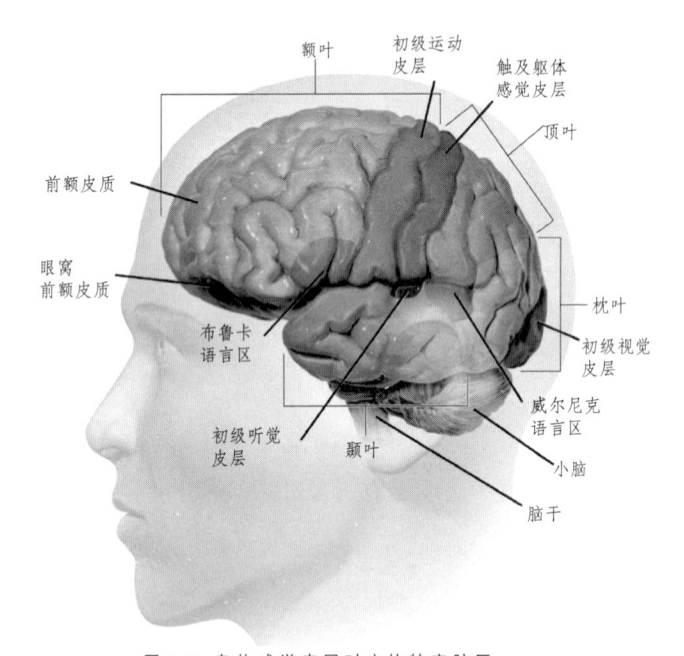

图 8-3 身体感觉皮层对应的特定脑区

注：视觉皮层、听觉皮层、躯体感觉皮层和运动皮层分别与视觉、听觉、触觉和运动激活有关，但这并不能证明它们分别是视觉意识、听觉意识、触觉意识和运动意识的发生地。事实上，最近的研究表明，初级视觉皮层与小脑和脑干一样，是完全无意识的。图片来源：www.lachina.com 。

目前为止，研究的结论是什么呢？为了一窥 NCC 的究竟，让我们先来问一个问题：你的视网膜有意识吗？还是说，它只是一个"僵尸"系统，只是用来记录和处理视觉信息，并将其发送到大脑中，好让大脑产生主观视觉体验？在图 8-4 的左图中，你觉得 A 方块和 B 方块哪个的颜色更暗？A 更暗，对吗？不对，它们的颜色实际上是完全相同的。你可以透过手指窝成的小孔来验证。这说明你的视觉体验并不完全存在于你的视网膜中，因为如果是这样的话，A 和 B 的颜色在你眼中应该是相同的。

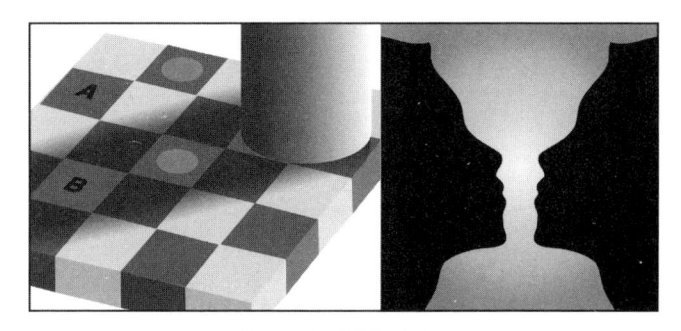

图 8-4 你看到的是什么

注：哪个方块更暗？是 A 方块，还是 B 方块？你能在右图中看到什么？是一个花瓶，还是两个女性的侧脸，还是都能看到？这类错觉表明，你的视觉意识不可能存在于你的眼睛等视觉系统的前端部位，因为视觉意识并不只取决于图片中画了什么。

现在请看一下图 8-4 的右图。你看到的是两个女人还是一个花瓶？如果你盯着它端详足够长的时间，可能两个都能看出来，也就是说，你能在主观上体验到两种不同的情况，即使到达你视网膜的信息保持不变。通过测量这两种情况下大脑中发生的事情，人们可以梳理出造成这种差异的原因，无论是什么原因，肯定不在视网膜，因为在这两种情况下，视网膜的表现是完全相同的。

对"视网膜有意识"这一假说的致命打击来自科赫、斯坦尼斯拉斯·迪昂（Stanislas Dehaene）及其合作者所开创的"连续闪烁抑制"（Continuous Flash Suppression）技术。人们发现，向一只眼睛播放一系列复杂且快速变化的图像会干扰视觉系统，以至于你完全意识不到另一只眼睛面前呈现的静止图像[10]。总而言之，视网膜上可以产生你主观上体验不到的视觉图像，而你还可以在没有视网膜参与的情况下体验到图像，比如做梦时。这证明你的两只视网膜就像视频摄像机一样，并没有承载你的视觉意识，尽管它们执行着相当复杂的计算，涉及超过 1 亿个神经元。

NCC 研究者还用连续闪烁抑制、不稳定视觉/听觉错觉等方法来确定你的每个意识体验是由你的哪个脑区来负责的。他们的基本策略是比较两个几乎完全一样（感官输入也一样）但主观体验不一样的情况的神经元行为。通过测量发现，大脑中行为不一样的部位，就是 NCC 的部位。

这类 NCC 研究证明，你的意识不在你的胆囊，尽管那是你的肠道神经系统最发达的位置，有多达 5 亿个神经元日夜不停地计算着如何才能最好地消化食物；饥饿和恶心这类感觉都产生于你的大脑中。同样地，你的意识似乎也不是产生于大脑底部的脑干部位，这个地方连接到脊髓并控制呼吸、心率和血压。更令人震惊的是，你的意识似乎并没有延伸到小脑（如图 8-3 所示），虽然你大约 2/3 的神经元都位于这里。小脑受损的病人只是会表现得有点像醉酒的状态，发音有些含糊，动作有些迟缓，但仍保持着完整的意识。

大脑中到底哪个部位负责产生意识？这依然是个悬而未决、充满争议的问题。最近的一些 NCC 研究表明，你的意识可能主要存在于一个"热区"内，这个区域涉及丘脑（接近脑中部）和皮层的后部。皮层是大脑的外层，包含充满褶皱的 6 层组织，褶皱展开的面积有大餐巾那么大[11]。这些研究还表明，皮层后部的初级视觉皮层是一个例外，它就像你的眼球和视网膜一样毫无意识，不过这一点尚有争议。

## 意 识 何 时 发 生

到目前为止，我们已经探讨了哪些类型的信息处理是有意识的以及意识产生于哪里的实验线索。但是，意识发生在什么时候呢？我小时候曾以为，在事情发生的瞬间，我们就意识到了它们，没有一点延迟。虽然我现在的主观感觉依然是这样的，但这显然是不正确的，因为我的大脑需要时间来处理感觉器官传来的信息。NCC 研究者仔细测算了这个过程需要多长时间。科赫总结到，复杂物体的光线从进入你的眼睛到你意识到它是什么东西，大约需要 1/4 秒的时间[12]。这意味着，如果你以每小时 80 多千米的速度在高速公路上行驶，突然看见一只松鼠出现在几米之外，此时已为时已晚，因为你已经碾过去了！

**总而言之，你的意识是活在过去的。** 科赫估计它大约滞后了 1/4 秒。有趣的是，有时候你对事物的反应往往比你的意识要快，这证明负责最快反应的信息处理过程一定是无意识的。例如，如果一个异物接近你的眼睛，眨眼反射可以在 1/10 秒内让你闭上眼睛。这就好似你的大脑中有一个系统从视觉系统接收到了不祥的预兆，计算出你的眼睛有被击中的危险，然后通过电子邮件发送指令给你的眼肌，命令它眨眼，同时给大脑中有意识的部分发邮件说："嘿，我们要眨眼啦！"当这封邮件被大脑阅读并纳入你的意识体验中时，眨眼这个动作已经发生了。

事实上，阅读这封电子邮件的系统会不断接收到来自全身各处的信息轰炸，其中一些比另一些更滞后一些。由于距离的原因，手指的神经信号到达大脑所需的时间比脸部的信号所需的时间更长，并且，分析图像所需的时间比分析声音更久，因为它更复杂。这就是为什么奥运会跑步项目的起跑命令是用发令枪，而不是用视觉提示。然而，如果你用手触碰鼻子，就会同时有意识地感受到鼻子和指尖的触觉；如果拍手，就会同时看到、听到和感觉到拍手。这意味着，只有在最慢的那封"电子邮件"进入系统并分析完毕之后，你才能创建起关于一个事件的完整意识体验。[13]

生理学家本杰明·李贝特（Benjamin Libet）开创了一种著名的 NCC 实验。这种实验表明，你无意识进行的行为不仅限于快速反应，例如眨眼和打乒乓球，还包括某些看似自由意志的决定，比如，利用大脑测量技术，有时可以在你意识到你的决定之前就预测出你的决定。[14]

## 意识理论

我们刚刚已经看到，虽然我们依然不理解意识，但我们已经拥有了许多方方面面的实验数据。但是，这些数据都来自对大脑进行的实验，那它如何能告诉我们关于机器意识的事情呢？这个跨越所需的推测程度远超出当前实验的范畴。换句话说，它需要一个理论。

## 为什么需要一个理论

为了理解为什么需要一个理论，让我们先来比较一下意识理论和引力理论。当年，科学家们之所以开始认真对待牛顿的万有引力理论，是因为他们从中得到的信息多于他们的付出：一张餐巾纸就能写得下的简单方程竟可以准确预测历史上所有引力实验的结果。因此，他们也开始认真对待它的预测，包括一些不能用实验来验证的预测，而这些大胆的推测甚至适用于数百万光年规模上的星系运动。然而，这个理论在预测水星围绕太阳的运动时，出现了一点细微的偏差。于是，科学家们开始认真对待爱因斯坦改良过的万有引力理论——广义相对论，因为它似乎更加优雅，也更经济，还能在牛顿引力理论出错时做出准确的预测。因此，科学家也开始认真对待相对论的预测，包括一些不能用实验来验证的预测，比如黑洞、荡漾在时空结构中的引力波以及宇宙起源（即宇宙是从一个灼热的点膨胀而来），所有的这些预测后来都得到了实验的验证。

同样地，如果一张餐巾纸就能写得下的意识数学理论可以准确地预测大脑实验的结果，那么，我们就会认真对待这个理论本身以及它对意识所做出的预测，甚至包括那些与大脑无关的预测，比如，对机器意识的预测。

## 从物理学角度来看意识

在关于意识的理论中,虽然有一些理论可以追溯到古代,但大多数现代理论都是以神经心理学和神经科学为基础,试图用大脑中发生的神经事件来解释和预测意识现象[15]。虽然这些理论已经可以准确地预测意识相关神经区的一些现象,但它们还不能预测机器意识的现象,也没有展现出任何预测机器意识的前景。为了实现从大脑到机器的跨越,我们需要从 NCC 推广到 PCC。PCC 就是"意识相关物理性"(physical correlates of consciousness),其定义是"拥有意识的运动粒子的模式"。这是因为,假设一个理论仅从物体的基本物理构成,比如基本粒子和力场,就能预测出它有没有意识,那么,这个理论就不仅具备了预测大脑意识的能力,还能预测任何物质组合(包括未来的人工智能系统)的意识。所以,让我们站在物理学的角度看看什么样的粒子组合拥有意识。

但这又带来了另一个问题:**意识这么复杂的东西,怎么会是由粒子这样简单的东西组成的呢?我认为这是因为意识拥有一些高于和超越粒子性质的性质**。在物理学里,我们称这种现象为"涌现"(emergent)[16]。为了理解这一点,让我们先来看一个简单的涌现现象——湿润(wetness)。

一滴水是湿润的,但一粒冰晶和一片水蒸气却不是,尽管三者都是由完全相同的水分子构成。这是为什么呢?因为"湿润"这种性质只取决于分子的排列方式。说"单个水分子是湿润的"显然毫无意义,因为"湿润"这种现象只有在分子数量十分庞大且分子组成液体形态时才会涌现出来。因此，固体、液体和气体均是涌现的现象：它们的整体远大于各部分之和，因为它们都拥有一些高于和超越其组成粒子性质的性质。当粒子组合在一起之后，它们就拥有了一些单个分子所不具备的性质。

我认为，意识就像固体、液体和气体一样，是一种涌现的现象，它拥有一些高于和超越其组成粒子的性质的性质。譬如说，进入深度睡眠会熄灭意识之光，因为粒子发生了重新排列。同样地，假如我被冻死，那我的意识也会消失，因为冷冻的过程会将我的粒子重新排列成一个不幸的方式。

当你把大量的粒子揉在一起制造出某些东西（比如水和大脑）时，就会涌现出一些拥有可观测性质的新现象。我们物理学家很喜欢研究这些涌现的性质，这些性质通常可以通过一小组可测量的数值来确定，例如物质的黏度、可压缩性等。比如，如果一种物质的黏度非常高，高到坚硬的程度，那我们就称之为固体，否则，我们称之为流体。如果流体不可压缩，我们就称之为液体，否则我们就根据其导电性而将其称为气体或者等离子体。

## 意识即信息

那么，意识可不可以用类似的数值来量化呢？意大利神经科学家朱利奥·托诺尼就提出了一个这样的值——所谓的"信息整合度"（Integrated Information），用希腊字母 Φ（Phi）来表示。它度量的是系统不同部分之间彼此"了解"的程度（如图 8-5 所示）。

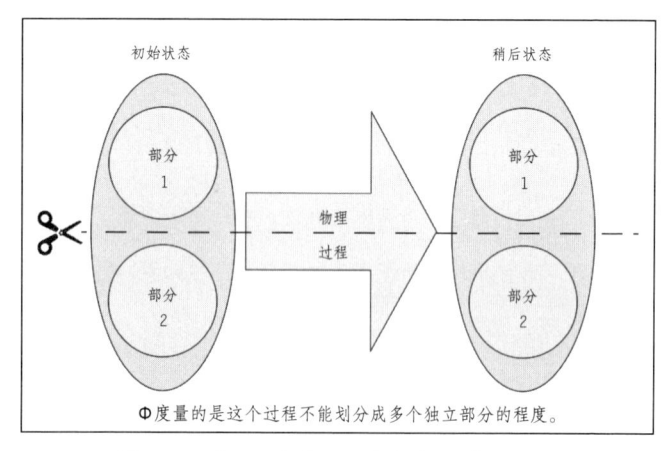

图 8-5　系统不同部分之间彼此"了解"的程度

注：如果一个物理过程随着时间的推移能将一个系统的初始状态转变为一个新状态，那么，它的"信息整合度"Φ 度量的是它不能将该过程分解为多个独立部分的程度。如果每个部分的未来状态只取决于它自己的过去状态，而不取决于其他部分的行为，那么 Φ = 0。因此，图中显示的这个系统实际上是由两个互相无任何交流的独立系统组成的。

我第一次遇到托诺尼是 2014 年在波多黎各举行的一次物理学会议上。我邀请了他和科赫来参加会议。他给我的印象就像是伽利略和达芬奇这种来自文艺复兴时期的人。他安静的风度无法掩饰他在艺术、文学和哲学方面惊人的造诣，而我对他的烹饪技艺更是早有耳闻。一位游历各国的电视新闻记者告诉我，托诺尼在短短几分钟内就拌出了他这辈子尝过的最美味的沙拉。我很快就意识到，在他那轻柔的言行举止背后是一个无所畏惧的智者。他总是循着证据的脚步，从不顾任何偏见与禁忌。正如伽利略面对地心说的强权施压时仍然坚持自己的运动数学理论一样，托诺尼也发明了迄今为止最为精确的意识数学理论——"信息整合理论"（Integrated Information Theory, 简称 IIT）。

数十年来我一直认为,意识是信息以某些复杂的方式进行处理时产生的感觉[17]。信息整合理论证明了这一观点,并将模棱两可的短语——"某些复杂的方式"替换为一个更精确的定义:信息处理过程需要整合,即,Φ 要足够大。托诺尼对此的论证既简洁又有力,他说:一个系统要产生意识,就必须整合成一个统一的整体,因为假如它由两个独立的部分组成,那感觉起来就会是两个单独的意识,而不是一个统一的意识。换句话说,不管是在大脑还是计算机中,如果一个有意识的部分不能与其他部分进行交流,那么其他部分就不能成为它主观体验的一部分。

托诺尼和他的同事们用脑电图测量了大脑对磁刺激的反应,从而测量出了一个简化的 Φ 值。他们的"意识探测器"卓有成效:当病人醒着或做梦时,它能检测出他们是有意识的;当他们被麻醉或处于深度睡眠时,它能检测出他们处于无意识的状态。意识探测器甚至在两名不能移动也不能用正常手段进行交流的"闭锁综合征"患者脑中发现了意识的痕迹[18]。所以,这个技术对医生来说很有应用前景,因为他们可以用它来检测患者是否拥有意识。

## 夯实意识的物理学基础

信息整合理论只适用于那些状态数量有限的离散系统,例如计算机内存中以比特形式存在的信息,或者只有开和关两种状态的简化神经元。不幸的是,这意味着信息整合理论对大多数传统物理系统都不适用,因为这些系统的变化是连续的,比如,粒子的位置或磁场的强度,它们可

能的值有无限多 [19]。如果你想把信息整合理论的方程应用在这样的系统中，你通常会得到一个无用的结果——Φ 无穷大。量子力学系统可以是离散的，但原始的信息整合理论并不适用于量子力学系统。那么，我们如何才能将信息整合理论和其他基于信息的意识理论固定在一个坚实的物理基础之上呢？

让我们以第 2 章的知识为基础。在第 2 章中，我们了解了物质如何涌现出与信息相关的性质。我们也看到了，一个物体要具备存储信息的能力，就必须拥有多个能长时间保持的状态。我们还看到，物体要成为计算质，还需要一些复杂的动态过程，需要由物理定律来提高它的复杂度，从而具备执行任意信息处理过程的能力。最后，我们还看到了神经网络为何拥有强大的学习能力，它只要遵循物理学定律就可以对自己进行重新排列，日益提高执行预期计算的能力。现在，我们还要问一个问题：是什么让物质具备了主观体验？换句话说，在什么情况下，物质能做到以下 4 件事？

○ 记忆；
○ 计算；
○ 学习；
○ 体验。

我们在第 2 章探讨了前三件事，现在让我们来探讨一下第四件事。马格勒斯和托福利生造了"计算质"这个词，即用来描述能执行任意计算过程的物质。我也想生造一个词叫作"意识质"(sentronium),用来描述拥有主观体验,也就是拥有意识的最一般的物质①。

然而,既然意识是一种物理现象,为何它感觉起来如此"非物质"呢?为什么它感觉起来像是独立于物质层面而存在的呢?我认为原因是,它确实是相当独立于物质层面而存在的,因为它只是物质中的一种模式!在第 2 章中,我们已经看到了许多独立于物质层面存在的漂亮例子,比如波、记忆和计算。我们也看到了它们并不只是各个部分的简单加总,而是出现了独立于其组成构件的涌现现象,仿佛拥有自己的生命一样。譬如说,未来的模拟智能或电脑游戏角色可能不知道自己是运行在 Windows、Mac OS、安卓手机,还是别的什么操作系统上,因为它是独立于这些物质层面的。它也无法得知自己所栖身的计算机的逻辑门是由晶体管、光学电路,还是别的什么硬件实现的。甚至于,它们所依赖的基本物理定律是什么也无关紧要,只要这些定律允许通用计算机的存在即可。

总而言之,我认为意识是一种感觉起来十分"非物质"的物理现象,因为它就像波和计算一样,它的性质是独立于它的物质层面而存在的。这在逻辑上也符合"意识即信息"的思想。这就将我们引向了一个我十分青睐的激进思想:假如意识就是信息进行某些处理时的感觉,那它一定是独立于物质层面的;物质自身的结构并不重要,重要的是信息处理过程的结构。换句话说,意识具备双重"物质层面的独立性"。

---

① 我之前用"感质"作为"意识质"的同义词,但感质这个词的概念太窄了,因为感质仅仅指的是那些基于感觉器官的主观体验,而排除了一些不基于感觉器官的意识,比如梦境和心里产生的想法。

正如我们所看到的那样，物理学描述了粒子在时空中移动的模式。如果粒子的排列遵循一定的原则，就会产生独立于粒子层面的涌现现象，并产生完全不同的感觉。计算质中的信息处理过程就是一个很好的例子。但我们现在已经把这个想法上升到了另一个层面：如果信息处理本身也服从某些原则，就会产生一个更高层次的涌现现象，也就是我们称之为"意识"的现象。这使得你的意识体验不是更上一层楼，而是更上了两层楼。难怪你的智能感觉起来一点都不像实实在在的物质。

这带来了一个问题：信息处理过程要产生意识，需要遵循哪些原则呢？我不想假装自己知道保证产生意识的充分条件，但我打赌，一定有下面这4个必要条件，我对此也进行过研究，如表8-1。

表8-1　　　　　　　　产生意识的4个必要条件

| 原　则 | 定　义 |
| --- | --- |
| 信息原则 | 一个有意识的系统拥有充足的信息存储能力 |
| 动态原则 | 一个有意识的系统拥有充足的信息处理能力 |
| 独立原则 | 一个有意识的系统与世界的其他部分之间拥有充分的独立性 |
| 整合原则 | 一个有意识的系统不可能由独立的各部分组成 |

正如我所说，我认为意识是信息以某种方式进行处理时的感觉。这意味着，一个系统想要拥有意识，就必须具备存储信息和处理信息的能力，这就是前两个原则。请注意，记忆并不需要持续很长时间。我推荐你观看介绍英国指挥家克莱夫·韦尔林（Clive Wearing）的一个感人视频：虽然他的记忆短于一分钟，但他看起来依然是完全有意识的[20]。我还认为，一个系统想要产生意识，还必须与世界的其他部分之间具备相当大的独立

性，否则它在主观上不会觉得自己是一个独立的存在。最后，正如朱利奥·托诺尼所说，我认为一个系统要产生意识，还必须整合成一个统一的整体，因为，假如它由两个独立的部分组成，感觉起来就会像两个单独的意识实体，而不是一个。前三项原则意味着自主性，也就是说，这个系统能够在不受外界干扰的情况下保持信息和处理信息，决定自己的未来。如果一个系统具备全部 4 个原则，就意味着这个系统是独立自主的，但组成它的各部分却不是。

如果这 4 个原则是正确的，那我们接下来的工作就很清楚了：我们需要寻找一个能够体现和验证这 4 个原则，并且在数学上足够严谨的理论。我们还需要确定是否还需要其他原则。无论信息整合理论是否正确，研究者都应该尝试寻找有没有可与之相争的其他理论，并设计更好的实验来检验它们。

## 意识之争

我们已经讨论了一个持续良久的争议问题：意识研究是不是毫不科学、浪费时间的废话？此外，最近在意识研究的最前沿还出现了一些争议，我认为其中有一些非常有启发性。让我们一起来探讨一下。

朱利奥·托诺尼的信息整合理论毁誉参半，既有人赞扬，也有人批评，其中一些批评相当尖锐。斯科特·阿伦森最近在他的博客上这样说道：

在我看来，信息整合理论是错误的，绝对是错的，错就错在它的核心。但这已足以让它在所有有关意识的数学理论中占据前2%的地位了。其他几乎所有意识理论在我看来都是模糊空虚和模棱两可的，只能走向谬误的结局。[21]

不过，我必须承认，阿伦森和托诺尼两个人都十分谦逊。最近在纽约大学举行的一场研讨会上，他们相遇了。他们礼貌地倾听对方的论点，丝毫没有恶语相向。阿伦森说，某些简单的逻辑门网络具有极高的信息整合度（Φ），而它们显然没有意识，因此信息整合理论是错误的。[22] 托诺尼则反驳说，如果它们真的被建造出来，就会产生意识。托诺尼认为，阿伦森的假设是一种以人类为中心的偏见，就好像一个屠夫声称动物不可能有意识，因为它们不会说话并且与人类截然不同一样。我的分析是（他们二人都同意我的分析），他们的分歧在于信息整合到底是意识的必要条件还是充分条件。阿伦森同意前者，托诺尼赞同后者。而后者显然是一个更强、更易引起争议的主张，我希望它能很快得到实验的检验。

信息整合理论还有一个颇有争议的论断：今天的计算机架构不可能产生意识，因为它们的逻辑门连接方式的信息整合度非常低[23]。换句话说，如果在未来，你将你自己上传到一个能模拟你的所有神经元和突触的高性能机器人中，那么，即便这个数字克隆体与你非常相似，甚至其言行举止也和你完全一样，但在托诺尼看来，它只会是一个没有主观体验的无意识"僵尸"。如果你上传自己的目的是为了追求在主观上永生的话,那这个消息无疑会令你大失所望①。这个说法遭到了大卫·查尔默斯和人工智能教授默里·沙纳汉（Murray Shanahan）的挑战[24]。他们说,如果你用一种能够完美模拟大脑回路的假想电子硬件来逐步替换掉你大脑中的神经回路,将会发生什么事情？虽然你的行为不会受到这个替换过程的影响（因为我们假设这种硬件可以完美地模拟大脑）,但根据托诺尼的说法,你的体验将会从初始的有意识状态变为无意识状态。但是,在替换的起点和终点之间会有什么感觉呢？当负责你上半部分视觉的意识体验的脑区被替换掉之后,你是否会像"盲视"[25]患者那样,感觉一部分视野突然消失了,但仍然诡秘莫测地知道那里有什么东西？这个说法令人不安,因为如果你能意识到发生了变化,那你也能在被别人问到的时候讲述个中不同。但根据该假设,你的行为是不会改变的。那么,符合该假设又合乎逻辑的唯一可能性就是,在某些东西从你的意识中消失的瞬间,你的思想也被神秘地改变了,导致的结果就是,要么它让你谎称你的体验并未改变,要么它令你忘记事情发生了变化。

然而沙纳汉也承认,如果一个理论声称你可以无意识地展现出有意识的行为,那它就可以解决上一段所说的那个"逐步替换"的批评。因此,你可能会总结说"拥有意识"和"展现出有意识的行为"是同一回事,所以,只有外部可观察到的行为才是重要的。然而,这种想法可能会让你落入一个陷阱,可能会做出"人做梦时没有意识"的预测,但你知道这不是真的。

---

① 这个论断与"意识是独立于物质层面而存在的"这一思想之间有些冲突,因为,即使最低层级（物质层面）上的信息处理过程可能不一样,从理论上来说,决定行为的高层级上的信息处理应该是完全相同的。

信息整合理论的第三个争议是,一个有意识的实体是否可以由各自拥有独立意识的部分组成。譬如说,社会能否在人们不失去自己意识的情况下获得意识?一个有意识的大脑是否可以包含一些拥有独立意识的组成部分?对这些问题,信息整合理论的回答是坚定的"不",但不是所有人都对此心服口服。比如,一些因病变而导致左右半脑交流程度极度降低的病人会产生"异手症"(alien hand syndrome)。例如,他们的右脑会让左手做一些事情,但病人声称这不是自己做的,或者自己不理解这是怎么做到的。有时候,这种症状会严重到他们会用另一只手来约束他们的"异手"。我们如何确定他们的大脑中没有两个不同的意识,一个在左半脑,一个在右半脑,左半脑的意识不能说话,而右半脑的意识正在说话并声称自己代表两个半脑?想象一下,假如未来有一种技术可以将两个人的大脑直接连接起来,并逐步增强二者之间的交流,使脑间交流的效率提升到脑内交流那样高效。会不会有一个时刻,两个人的独立意识突然消失,取而代之的是信息整合理论预测的单一而统一的意识?又或者,这个过渡会不会是渐进的,使得两个独立的意识在一段时间里以某种形式共同存在,甚至出现共享体验的现象?

还有一个迷人的问题是,实验是否低估了我们能意识到的东西?我们在前面已经看到,虽然我们觉得我们在视觉上能意识到大量的信息,包括色彩、形状、物体以及我们面前的万事万物,但实验表明,我们能记住和讲出来的比例小之又小[26]。一些研究者试图解释这个矛盾。他们认为有时候我们可能会对某些东西"产生意识但是无法读取",也就是说，虽然我们对某些东西拥有主观体验，但它们太过复杂，以至于无法容纳入我们的工作记忆以备后来使用。[27] 比如，当你经历"无意视盲"（inattentional blindness）现象时，会由于分心而注意不到摆在你眼前的东西，但这并不意味着你对该物体缺乏有意识的视觉体验，只是说它没有被存储入你的工作记忆中。这是否应该算作"遗忘"而不是"视盲"呢？有些人认为，我们不应该相信人们嘴上说出来的体验，但还有一些研究人员拒绝接受这种观点，并警告其可能带来的引申含义。比如，默里·沙纳汉认为，我们可以假想在一个临床试验中，病人报告说一种神奇新药完全缓解了他们的疼痛，但政府却拒绝接受并声称："病人只是觉得他们不疼了而已。多亏了神经科学，我们才不会上当。"然而，还有一种相反的假想情况是，当一些病人在手术过程中意外醒来，医生只好让他们服药，好让他们忘记这段痛苦的经历。如果这些病人在事后声称自己没有在手术中经历痛苦，我们是否应该相信他们？[28]

## 人工智能的意识是什么感觉

如果在未来，某个人工智能系统产生了意识，那它在主观上会体验到什么呢？这是"更难的问题"的核心，迫使我们来到了图 8-1 中描绘的第二层。目前，我们不仅缺乏回答这个问题的理论，而且我们不确定它有没有合乎逻辑的答案。毕竟，我们甚至不知道令人满意的答案应该是什么样。你要如何向一个天生的盲人解释红色是什么样子的呢？

幸运的是，尽管我们目前无法给出完整的答案，但我们可以给出答案的一部分。一个研究人类感官系统的智能外星人可能会推断出：色彩就是一种与二维表面（我们的视野）上每个点的感觉相关联的感质；声音感觉起来不局限在空间的某个局部区域；疼痛是一种与身体不同部位的感觉相关联的感质。如果它们发现我们的视网膜有三种光敏视锥细胞，就可以推断我们能体验到三原色，并且，其他所有颜色的感质都是它们三者组合而成。通过测量神经元在大脑中传递信息所需的时间，它们可以总结说，人类每秒只会经历大约 10 次有意识的想法或知觉，并且，当人类在电视上观看每秒 24 帧的电影时，人类意识不到这只是一系列静止的图像，而是将其感知为连续的动作。通过测量肾上腺素释放到血液中的速度以及分解所需的时间，它们能够预测我们会在几秒钟后感受到愤怒的爆发，以及这个愤怒会持续几分钟。

运用类似物理学的论点，我们可以对"人工智能意识有何感觉"这一问题的某些方面进行一些有理有据的猜测。**首先，与我们人类的体验相比，人工智能的体验空间可能是巨大的。**我们的每一种感觉器官对应着一种感质，但人工智能的传感器和信息内部表征的种类可能多得多，所以，我们必须避免假设"做人工智能的感觉和做人的感觉差不多"。

**其次，一个人脑大小的人工智能的意识主体每秒拥有的体验可能比我们人类多几百万倍**，因为电磁信号以光速传播，比神经元信号快数百万倍。然而，正如我们在第 4 章看到的那样，人工智能的尺寸越大，它产生全局思维的速度就越慢，因为信息在各部分之间流动的时间更长。

因此我们预计，一个地球大小的"盖亚"人工智能每秒钟大约只能产生10个意识体验，和人类差不多；而一个星系大小的人工智能每10万年才能产生一个全局思维。所以，就算我们的宇宙拥有了意识，到目前为止，它所产生的体验也不会超过100个！这会促使大型人工智能将计算过程委派给尽可能小的子系统，以加快速度，就像我们的意识智能系统将眨眼反射委派给一个小而快的无意识子系统一样。虽然我们前面已经看到人脑中有意识的信息处理过程似乎只是一个巨大的无意识的冰山一角，但我们有理由相信，对未来的人工智能来说，情况可能会更加极端：如果它拥有一个单一的意识，那其中发生的绝大部分信息处理过程可能都是无意识的。此外，虽然它的意识体验可能非常复杂，但与其内部较小部分的快速活动相比，它们就像蜗牛一样慢。

这使得前面提到的一个争议变得更加尖锐了，这个争议就是：意识实体的组成部分是否也可以拥有独立的意识？信息整合理论的预测是"不可以"。**这意味着，如果未来一个巨大的人工智能拥有了意识，那么，它的几乎所有信息处理过程都是无意识的。**这也意味着，如果一个由较小人工智能组成的文明突然提升了其交流能力，从而涌现出了一个有意识的蜂巢智能[①]（hive mind），那么，那些速度更快的个体意识就会突然消失。然而，如果信息整合理论的预测是错误的，那么，蜂巢智能就可以与那些较小的有意识的智能共存。的确，你甚至可以想象，意识可能组成了一个嵌套式的层级结构，从微观尺度一直嵌套到宏观的宇宙尺度。

---

① 蜂巢智能指由许多独立的智能高度连接而成的一个活系统。——编者注

正如我们前面所看到的那样，我们人脑中的无意识信息处理过程似乎与心理学家所谓的"系统1"有关，也就是不费力气、快速自动的思维方式。[29]比如，你的系统1可能会告诉你的意识，经过它对视觉输入数据进行高度复杂的分析后，确定你的好朋友已经来到了你的面前，但它不会告诉你这个计算是如何进行的。如果事实证明系统与意识之间的这种联系是有效的，那我们会忍不住将这个术语推广到人工智能，给人工智能也定义一个系统1，也就是所有委派给无意识子单元的快速程式化任务。而那些需要花费力气、缓慢且受控的全局思考过程（如果有意识的话），就可以称为人工智能的系统2。我们人类还拥有一种意识体验，我称为"系统0"，那就是原始而被动的感知，也就是当我们坐着不动或什么也不想，只是静静观察周遭世界时体验到的感觉。系统0、系统1和系统2的复杂程度似乎一个比一个高，但令人惊讶的是，系统0和系统2似乎都有意识，而只有中间的系统1是无意识的。对此，信息整合理论解释说，系统0中的原始感官信息存储在信息整合度非常高的网格状大脑结构中；系统2的整合度也很高，因为它拥有反馈回路，在其中，你某一时刻意识到的所有信息都能影响你未来的大脑状态。然而，正是这种"意识网格"的预测引发了前面提到的斯科特·阿伦森对信息整合理论的批评。总而言之，如果一个理论能解决"相当难的问题"，而它又能通过严格的实验验证，从而使我们开始认真对待它的预测，那么，它也将大大缩小"未来有意识的人工智能可能体验到什么"这一"更难的问题"的选项范围。

我们主观体验的某些方面显然可以追溯到人类的进化，例如与自我保护和繁殖有关的情绪欲望，比如吃东西、喝水、避免被杀等。这意味着创造一个无法体会饥饿、口渴、恐惧和性欲这些感质的人工智能应该是可能的。正如我们在第 7 章看到的那样，如果一个高度智能的人工智能被设计出来并拥有一个野心勃勃的目标，不管这个目标是什么，那它就可能产生自我保护的行为，以便能够实现它的目标。但是，如果它们是人工智能社会的一部分，那它们在面对死亡时可能会缺乏人类那样强烈的恐惧，因为它们只需将自己备份一下。那么，即使它被消灭，失去的东西也并不多，最多是最近一次备份点到现在为止累积的记忆而已。此外，人工智能之间可以随意复制信息和软件，这可能会削弱个性，而个性正是人类意识的特色，如果我与你事无巨细地共享着记忆和能力，那你和我之间还有什么差别呢？所以，一群相距不远的人工智能可能会感觉它们是同一个生物，拥有同一个蜂巢智能。

人造的意识会觉得自己拥有自由意志吗？哲学家花了几千年的时间来讨论人类是否拥有自由意志，却没有达成丝毫共识。[30] 但值得注意的是，我在这里提出的却是一个更容易解决的不同问题。请让我试着说服你。这个问题的答案很简单，那就是："是的，任何有意识的决策者，无论是生物还是人造物，都会在主观上感觉自己是拥有自由意志的。" 所谓的决策落在下面两个极端之间：

- 你完全知晓自己为什么做出了某个决策；
- 你完全不知道自己为什么做出了某个决策，就感觉好像是你心血来潮做出的随机决定一样。

自由意志的讨论通常围绕着如何把目标导向的决策行为与物理定律统一起来。也就是说,"我约她出来是因为我真的很喜欢她"和"我的粒子服从物理定律运动"这两个解释哪一个才是正确的?但根据我们在第7章的讨论,两者都是正确的:目标导向行为可以从无目标的确定性物理定律中涌现出来。更具体地说,当一个系统(大脑或人工智能)做出上述第一种类型的决定时,它是用某种确定性的算法来计算出决定;而它之所以感觉是自己做出了决定,是因为在计算要做什么时,它确实做出了决定。此外,正如赛斯·劳埃德所强调的那样[31],在计算机科学中有一个这样著名的定理:要确定某个计算过程的结果,最快的方法就是实际执行一下这个计算,除此之外没有更快的方法了。这意味着,你想在短于1秒的时间内想出你1秒后会做出什么决定,通常是不可能的事情。这个事实有助于强化你认为自己拥有自由意志的感觉。相反,当一个系统(大脑或人工智能)做出上述第二种类型的决定时,它只是根据某种类似随机数发生器的子系统来做出决定。大脑和计算机都很容易通过放大噪声的方法来产生随机数。因此,无论所做的决策落在第一种和第二种之间的何处,无论是生物意识还是人造意识都会感觉自己是拥有自由意志的,因为它们都感觉是自己做出了决定,并且,在它们彻底思考完成之前,没有谁能百分之分预测到,它们要做出什么决定。

有些人告诉我,他们觉得因果关系贬低了人的地位,使人类的思维过程毫无意义,感觉自己"只是机器而已"。我觉得这种消极的看法是荒谬和不必要的。首先,我认为人类大脑是我们已知的宇宙中最令人叹为观止、最精巧复杂的物理实体,所以,说人脑"只是机器而已"是不恰当的。其次,他们还想要什么选择呢?难道他们不想让自己的思维过程(由大脑进行的计算)来做出他们自己的决定吗?他们对自由意志的主观体验就是他们的计算过程从内部所体会到的感觉:在计算完成之前,没人知道计算的结果。这就是"计算即决策"的含义。

## 意　义

在结束之际,让我们回到这本书的起点:我们希望生命有一个怎样的未来?我们在前一章看到,全球各地的不同文化都希望未来是充满积极体验的,但是,到底什么体验算是积极的?如何在不同的生命形式之间进行权衡?这些问题引发了各抒己见的争议。但是,我们不要被争议蒙蔽了双眼,忽视了房间里的大象:如果连体验都没有(也就是说没有意识),那积极的体验也就不复存在。换句话说,如果没有意识,就不存在快乐、善良、美丽、意义和目标,是巨大的浪费。这意味着当人们追问生命的意义,仿佛宇宙的职责就是为我们的存在赋予意义时,其实他们本末倒置了:并不是我们的宇宙将意义赋予了有意识的实体,而是有意识的实体将意义赋予了我们的宇宙。因此,我们对未来的首要希望应该是在我们的宇宙中保存并尽量扩大生物意识或人造意识,而不是将它赶尽杀绝。

如果我们在这件事上成功了,那么,与更聪明的机器共存会让我们人类产生什么样的感觉呢？人工智能势不可挡的崛起会不会让你感到困扰？如果会，为什么？在第 3 章，我们看到只要政策允许，人工智能驱动的技术应该很容易满足我们的基本需求，例如安全和基本收入。但是，你依然可能会担心，锦衣玉食、安居乐业、歌舞升平的日子是美中不足的。如果我们相信，人工智能一定能照顾好我们的基本需求和欲望，我们会不会多多少少觉得这样的生活就像动物园里的动物一样，缺乏意义和目标？

很长时间以来，人类通常把自我价值建立在"人类例外主义"（human exceptionalism）之上。人类例外主义就是说，人类是地球上最聪明的存在，因此是独特和优越的。人工智能的崛起将迫使我们放弃这种想法，变得更加谦虚。但是，即使没有人工智能，我们或许也会走上这条路，毕竟，固守傲慢的自命不凡，认为自己比其他存在（比如其他人、其他族群、其他物种）更优越，这种想法在过去曾招致了可怕的问题，理应退出历史舞台。确实，人类例外主义在过去酿成了悲剧，对人类未来的繁荣似乎也是不必要的。如果我们发现了一个和平的外星文明，它在科学和艺术等我们关心的一切事物上都比我们要先进得多，这可能并不会妨碍人们继续体验生活中的意义和目标。我们可以保留家人、朋友和广泛的社区，以及一切为我们带来意义和目标的活动。我希望到那时，弃我们而去的只有我们的傲慢。

在规划未来时，我们不仅要考虑自己生命的意义，还要考虑宇宙本身的意义。在这一点上，我最喜欢的两位物理学家史蒂文·温伯格（Steven

Weinberg)和弗里曼·戴森表达了截然相反的观点。温伯格因在粒子物理学标准模型上的奠基性工作而获得诺贝尔物理学奖。他有一句著名的话[32]:"我们对宇宙理解得越多,它就越显得毫无意义。"然而,正如我们在第6章中看到的那样,戴森的观点要乐观得多,虽然他也认同我们的宇宙是毫无意义的,但他相信生命正在让宇宙充满越来越多的意义;如果生命的种子成功地散播到整个宇宙,那未来一定是光明的。在1979年那篇重要论文的结尾,他说[33]:"到底是温伯格的还是我的宇宙观更接近真相?过不了多久,我们就会知道答案了。"如果我们让地球生命走向灭绝,或让无意识的僵尸人工智能控制了宇宙,从而让宇宙回到永无止境的无意识状态,那毫无疑问,温伯格就大获全胜。

从这个角度来看,虽然我们在这本书中将注意力放在智能的未来上,但实际上,意识的未来更为重要,因为意识才是意义之所在。哲学家喜欢用拉丁语来区分智慧("sapience",用智能的方式思考问题的能力)与意识("sentience",主观上体验到感质的能力)。我们人类身为智人(Homo Sapiens),乃是周遭最聪明的存在。当我们做好准备,谦卑地迎接更加智慧的机器时,我建议咱们给自己起个新名字——意人(Homo sentiens)!

**本章要点**

○ 关于"意识",目前还没有无可争辩的定义。我使用的定义十分宽泛,并且不以人类为中心。我认为:意识 = 主观体验。

○ 人工智能是否拥有意识?这个问题归根结底是一些因人工智能崛起而引发的最棘手的伦理和哲学问题:人工智能能否感觉到痛苦?它们是否应该拥有权利?上传思想算不算主观上的自杀?如果未来的宇宙充满了人工智能,算不算终极的僵尸末日?

○ 要理解智能,就必须回答三个关于意识的问题:"相当难的问题""更难的问题"和"真难的问题"。第一个问题是预测哪些物理系统拥有意识;第二个问题是预测感质;第三个问题是物质为什么会产生意识。

○ "相当难的问题"是科学的,因为它可以预测哪些大脑过程拥有意识,而这样的理论是可以用实验来证实和证伪的。但我们目前尚不清楚科学要如何解决那两个更难一些的问题。

○ 神经科学实验告诉我们,许多行为和脑区都是无意识的,大部分意识体验都是对大量无意识信息做出的"事后总结"。

○ 将意识的预测从大脑推广到机器，需要一个理论。意识似乎不需要某种粒子或场，但需要某种具备自主性和整合性的信息处理过程，这样，整个系统才能拥有足够高的独立性，而它的组成部分却没有独立性。

○ 意识感觉起来是"非物质"的，因为它具有双重的物质层面的独立性：如果意识是信息以某种复杂的方式处理的感觉，那么，只有信息处理的结构才是重要的，而处理信息的物质自身的结构则无足轻重。

○ 如果人造意识是可能的，那么，与人类的体验比起来，人工智能的体验空间可能非常庞大，在感质和时间尺度上跨越极大的范围，但都能体会到自由意志的感觉。

○ 由于没有意识就没有意义，因此，并不是我们的宇宙将意义赋予了有意识的实体，而是有意识的实体将意义赋予了我们的宇宙。

○ 这意味着，当我们做好准备，谦卑地迎接更加智慧的机器时，我们可以从"意人"这个新名字（而不再是"智人"）中获得些许慰藉。

如今，生命最大的悲哀莫过于科学汇聚知识的速度快于社会汇聚智慧的速度。

——艾萨克·阿西莫夫

(后记) 未来生命研究所团队风云传

Epilogue: The Tale of the
FLI Team

在探索了智能、目标和意义的起源与命运之后，我亲爱的读者，我们终于走到了这本书的最后篇章。那么，我们应该如何将这些思想转化为行动呢？做哪些具体的事情，才能创造出一个最好的未来？这正是我此时此刻扪心自问的问题。此时是 2017 年 1 月 9 日，我们刚刚在阿西洛马组织了一场关于人工智能的会议，而我正坐在从旧金山返回波士顿的飞机舷窗前。请允许我在本书的结尾向你分享一些自己的想法。

我的妻子梅亚正坐在我身边小睡，她为准备和组织这场会议度过了若干个不眠之夜。这是多么疯狂的一周！我们设法将本书中提到的几乎所有人都聚集在一起，参加我在书里提到过的波多黎各之后的后续会议。这些人包括埃隆·马斯克和拉里·佩奇这样的企业家，来自学术界和 DeepMind、苹果、IBM、微软和百度这类公司的人工智能研究领袖，还包括经济学家、法律学者、哲学家和其他了不起的思想家（见图 9-1）。这场会议的结果超出了我的最高预期。现在，我对生命的未来感到了长时间以来最高程度的乐观。让我在这篇后记中告诉你原因。

## 呱呱坠地

从我 14 岁知道核军备竞赛以来，就一直担心我们的技术力量比我们控制它的智慧增长得更快。因此，我决定在我的第一本书《穿越平行宇宙》中用一章的篇幅来讨论这个问题，尽管这本书主要是讲物理学。2014 年伊始，我做了一个新年决定——在认真思考我个人能做些什么之前，我不再抱怨任何事情。在那一个月的新书巡回之旅中，我信守诺言，决定成立一家非营利性组织，专注于用技术管理来改善未来生命的境况。

为此，梅亚和我一起做了很多头脑风暴，她坚持说，我们应该起一个积极一些的名字，最好别是什么"厄运与绝望研究所""让我们担心未来吧研究所"之类的。由于"人类未来研究所"这个名字已经存在了，我们决定使用包罗万象的"未来生命研究所"。2014 年 1 月 22 日，新书巡回来到了圣克鲁兹。当加州的夕阳在太平洋上徐徐落下时，我们和老朋友安东尼·阿奎尔共进晚餐，并说服他加入我们的队伍。他是我认识的最有智慧和最理想主义的人之一。十几年以来，他和我一起运营着另外一家非营利性组织（见网站 http://fqxi.org）。

接下来的一个星期，我跟着新书巡回来到了伦敦。由于心中总是记挂着人工智能的未来，我找到了 DeepMind 公司联合创始人丹米斯·哈萨比斯。他慷慨地邀请我参观 DeepMind 的总部。自两年前的麻省理工学院一叙之后，他们取得的惊人成果，这让我很惊讶。谷歌以 6.5 亿美元的价格买下了他们的 DeepMind 公司。哈萨比斯宽敞的办公室里坐满

**图 9-1　参加阿西洛马会议的全体人员**

注：2017 年 1 月，我们在阿西洛马举行的会议是波多黎各会议的后续会议，本次会议将人工智能及其相关领域的许多研究者聚集在一起。这帮人真的很了不起。后排从左往右分别是：帕特里克·林（Patrick Lin）、丹尼尔·韦尔德（Daniel Weld）、阿里尔·康恩（Ariel Conn）、南希·钱、汤姆·米切尔、雷·库兹韦尔、丹尼尔·杜威、玛格丽特·博登、彼得·诺维格（Peter Norvig）、尼克·海（Nick Hay）、莫舍·瓦尔迪（Moshe Vardi）、斯科特·西斯金德（Scott Siskind）、尼克·波斯特洛姆、弗朗西斯卡·罗西、谢恩、列格、曼纽拉·维罗索（Manuela Veloso）、戴维·马布尔（David Marble）、卡特娅·格蕾丝、伊拉克利·贝里泽（Irakli Beridze）、马蒂·特南鲍姆（Marty Tenenbaum）、吉尔·普拉特（Gill Pratt）、马丁·里斯（Martin Rees）、约舒亚·格林、马特·谢勒（Matt Scherer）、安杰拉·凯恩（Angela Kane）、阿玛拉·安杰莉卡（Amara Angelica）、杰夫·莫尔（Jeff Mohr）、穆斯塔法·苏莱曼、史蒂夫·奥莫亨德罗（Steve Omohundro）、凯特·克劳福德（Kate Crawford）、维塔利克·布特林（Vitalik Buterin）、松尾丰（Yutaka Matsuo）、斯特凡诺·俄曼（Stefano Ermon）、迈克尔·韦尔曼（Michael Wellman）、巴斯·斯托纳布林克（Bas Steunebrink）、文德尔·华莱士、艾伦·达福（Allan Dafoe）、比比·奥德、托马斯·迪特里奇、丹尼尔·卡尼曼（Daniel Kahneman）、达里奥·阿莫德伊（Dario Amodei）、埃里克·德雷克斯勒（Eric Drexler）、托马索·波吉奥、埃里克·施密特（Eric Schmidt）、佩德罗·奥尔特加（Pedro Ortega）、戴维·利克（David Leake）、肖恩·奥黑格尔尔戎、欧文·埃文斯、扬·塔里安、安卡·德拉甘（Anca Dragan）、肖恩·勒加斯克（Sean Legassick）、托比·沃尔什（Toby Walsh）、彼得·阿萨罗（Peter Asaro）、凯·弗思·巴特菲尔德（Kay Firth-Butterfield）、菲利普·萨贝斯（Philip Sabes）、保罗·梅洛拉（Paul Merolla）、巴尔特·塞尔曼、图克·戴维（Tucker Davey）、雅各布·斯坦哈特、摩西·卢克斯（Moshe Looks）、乔西·特南鲍姆、汤姆·格鲁伯（Tom Gruber）、吴恩达、卡里姆·阿尤布（Kareem Ayoub）、克雷格·卡尔霍恩（Craig Calhoun）、珀西·梁（Percy Liang）、海伦·特纳（Helen Toner）、大卫·查尔默斯、理查德·萨顿、克劳迪娅·帕索斯·费里拉（Claudia Passos-Ferriera）、雅诺什·克拉玛（János Krámar）、威廉·麦卡斯基尔（William MacAskill）、埃利泽·尤德考斯基、布赖恩·齐巴特（Brian Ziebart）、休·普莱斯、卡尔·舒尔曼（Carl Shulman）、尼尔·劳

伦斯（Neil Lawrence）、理查德·马拉（Richard Mallah）、尤尔根·施米德胡贝（Jürgen Schmidhuber）、迪利普·乔治、乔纳森·罗思伯格（Jonathan Rothberg）、诺亚·罗思伯格（Noah Rothberg）；前排依次是：安东尼·阿奎尔、索尼娅·萨克斯（Sonia Sachs）、卢卡斯·佩里（Lucas Perry）、乔弗里·萨克斯（Jeffrey Sachs）、文森特·科尼泽（Vincent Conitzer）、史蒂夫·古斯（Steve Goose）、维多利亚·克拉科芙娜、欧文·科顿·巴勒特（Owen Cotton-Barratt）、丹妮拉·鲁斯（Daniela Rus）、迪伦·哈德菲尔德·梅内尔（Dylan Hadfield-Menell）、维里蒂·哈丁（Verity Harding）、希冯·齐利斯（Shivon Zilis）、劳伦特·奥索（Laurent Orseau）、拉玛纳·库马尔（Ramana Kumar）、纳特·索尔斯、安德鲁·麦卡菲、杰克·克拉克、安娜·萨拉蒙（Anna Salamon）、欧阳隆（Long Ouyang）、安德鲁·克里奇（Andrew Critch）、保罗·克里斯蒂亚诺（Paul Christiano）、约舒亚·本吉奥、戴维·桑福德（David Sanford）、凯瑟琳·奥尔森（Catherine Olsson）、杰西卡·泰勒（Jessica Taylor）、玛蒂娜·孔茨（Martina Kunz）、克里斯汀·索里森（Kristinn Thorisson）、斯图尔特·阿姆斯特朗、扬·勒丘恩（Yann LeCun）、亚历山大·塔马斯（Alexander Tamas）、罗曼·亚姆波尔斯基（Roman Yampolskiy）、马林·索里亚彻克（Marin Soljačić）、劳伦斯·克劳斯（Lawrence Krauss）、斯图尔特·罗素、埃里克·布莱恩约弗森、瑞安·卡洛、薛晓岚（ShaoLan Hsueh）、梅亚·奇塔·泰格马克、肯特·沃克、希瑟·罗夫、梅雷迪思·惠特克（Meredith Whittaker）、迈克斯·泰格马克、阿德里安·韦勒、乔斯·埃尔南德斯·奥拉罗（Jose Hernandez-Orallo）、安德鲁·梅纳德（Andrew Maynard）、约翰·赫林（John Hering）、艾布拉姆·德姆斯基（Abram Demski）、尼古拉斯·伯格鲁恩（Nicolas Berggruen）、格雷戈里·邦尼特（Gregory Bonnet）、山姆·哈里斯、蒂姆·黄（Tim Hwang）、安德鲁·斯奈德·贝蒂（Andrew Snyder-Beattie）、玛尔塔·哈利娜（Marta Halina）、塞巴斯蒂安·法夸尔（Sebastian Farquhar）、斯蒂芬·凯夫（Stephen Cave）、简·莱克（Jan Leike）、塔莎·麦考利（Tasha McCauley）、约瑟夫·戈登·莱维特（Joseph Gordon-Levitt）；后来抵达的人有：古鲁达斯·巴纳瓦尔（Guruduth Banavar）、丹米斯·哈萨比斯、拉奥·卡姆巴哈帕蒂（Rao Kambhampati）、埃隆·马斯克、拉里·佩奇、安东尼·罗梅罗（Anthony Romero）。

了才气横溢的头脑，他们都追逐着哈萨比斯大胆的目标——解决智能问题，这让我打心眼里相信，成功是可能的。

第二天晚上，我和朋友扬·塔里安在 Skype 上通了一次话——这个软件的创造中有他的一份力量。我向他解释了未来生命研究所的愿景。一小时之后，塔里安决定每年给我们捐赠 10 万美元的经费。没有什么比获得超过我应得的信任更让我感动的了。一年之后，在我第 1 章中提到过的波多黎各会议上，他开玩笑说，这是他做过的最好的一笔投资。这对我来说简直意味着整个世界。

第二天，我的出版商给我留出了一点自由时间，于是我拜访了位于伦敦南肯辛顿区的英国科学博物馆。在长时间沉迷于智能的过去与未来之后，突然觉得我正行走在自己思维的物质体现中。这家博物馆组织了一场代表人类知识增长的精彩展览，从史蒂文森的"火箭号"机车到福特 T 型车、真实大小的"阿波罗 11 号"月球车复制品，还有各式各样的计算机，最早从巴贝奇设计的差分机一直到现代的计算机硬件。这家博物馆还有一个展览，是关于智能的历史的，从意大利物理学家路易吉·加尔瓦尼 (Luigi Galvani) 的青蛙腿实验到神经元、脑电图和功能性磁共振成像。

我这个人平常很少哭，但在走出博物馆时，我哭了，就在熙熙攘攘的隧道里。人们步履匆匆，前往南肯辛顿地铁站。这些人过着幸福的生活，完全不知道我脑中在想什么。此时回旋在我脑海中的是，首先，人类发现了如何用机器来复制一些自然过程，由此创造出了人造的风、闪电和机械马力。慢慢地，人类开始意识到自己的身体也是机器。接着就发现了神经细胞，这个发现模糊了身体与心智的界限。然后，人类开始建造比我们的肌肉更加强壮、比我们的大脑更加聪明的机器。那么，在发现自我的同时，我们是否也不可避免地淘汰了了自己？如果是的话，那简直太悲剧了。

这个想法让我感到害怕，但也增强了我践行新年决定的决心。我觉得，未来生命研究所创始团队还需要一个能带领一群理想主义的年轻志愿者的人物才算完整。最合乎逻辑的选择就是哈佛大学杰出学生维多利亚·克拉科芙娜（Viktoriya Krakovna）。她不仅赢得了国际奥数竞赛银奖，而且还创办了 Citadel。Citadel 是一所房子，供十几个想要在人生和世界中扮演更大角色的理想主义年轻人使用。梅亚和我邀请她 5 天后到我家吃饭（如图 9-2 所示），并告诉她我们的愿景。那一天，我们桌上的寿司还没吃完，未来生命研究所就诞生了。

图 9-2 未来生命研究所诞生之日

注：2014 年 5 月 23 日，扬·塔里安、安东尼·阿奎尔、我自己、梅亚·赤塔 - 泰格马克和维多利亚·克拉科芙娜在我家吃寿司，以庆祝未来生命研究所的成立。

## 波多黎各的冒险

波多黎各会议标志着一段精彩冒险的开始。正如我在第 1 章中提到的那样，我们经常在我家举行头脑风暴般的会议，与数十名理想主义的学生、教授和其他本地思想家一起，把评价最高的想法转化为实际的项目。第一个项目就是第 1 章中提到的与史蒂芬·霍金、斯图尔特·罗素、弗兰克·韦尔切克共同撰写的专题文章，旨在引发公众讨论。在建设未来生命研究所这个新组织（比如整合和招募顾问委员会以及发布网站）的同时，我们在麻省理工学院的礼堂前举行了一个有趣的发布会。在那里，艾伦·艾尔达（Alan Alda）等顶级专家探讨了技术的未来。

我们把那一年剩下的时间都用来组织波多黎各会议上。正如我在第 1 章中提到的那样，这个会议的目的是让世界顶级人工智能研究者参与到"如何保证人工智能对人类有益"的讨论中来。我们的目标是把人们对人工智能安全性的担忧转化为实际行动：从争论我们应不应该担心，到同意开展一些具体的研究项目，以获得尽可能好的结果。为了做好充分准备，我们收集了来自世界各地的关于人工智能安全性研究的点子，并邀请学术界对我们不断扩大的项目名单提出反馈和意见。在斯图尔特·罗素和一群勤劳的年轻志愿者，特别是丹尼尔·杜威、亚诺思·克拉马尔和理查德·马拉的帮助下，我们从这些研究项目中提炼出了一个文件，供大会讨论[1]。我们希望让人们意识到值得做的人工智能安全性研究有很多，并鼓励人们实际开展这些研究。我们的最终目标是，说服某些人来资助这些项目，因为到目前为止，政府在这方面几乎没有任何投入。

这时，埃隆·马斯克闪亮登场了。2014年8月2日，他进入了我们的搜寻雷达，因为他发布了一条著名的推特："尼克·波斯特洛姆的《超级智能》值得一读。我们需要对人工智能保持谨慎。它们可能比核武器还要危险。"于是，我联系上了他，并向他介绍了我们的愿景。几个星期后，我和他通了一次电话。虽然当时我就像见到大明星一样感到非常紧张，但成果是毋庸置疑的：他同意加入未来生命研究所的科学顾问委员会，出席我们的会议，并可能资助即将在波多黎各会议上宣布的第一个人工智能安全性研究项目。这给我们的未来生命研究所团队打了一剂强心针，让我们更有动力加倍努力地组织一场精彩的会议，确定有前景的研究课题，并为其收集来自学术界的支持。

两个月后，马斯克来到麻省理工学院参加空间研讨会时，我终于有机会与他见面，商讨进一步的规划。当时，他就像摇滚明星一样，被1 000多名麻省理工学院的学生簇拥着；而片刻之后，我和他单独待在一间绿色的小房间里，这感觉十分奇特。但是几分钟后，我满脑子就只剩下我们的合作项目。我很快对他产生了好感。他浑身散发着真诚的态度，十分关心人类的长期未来，并大胆地将自己的愿望变为行动，这让我深受启发。马斯克希望人类能够探索宇宙，并在其中安居乐业，所以他创办了太空探索技术公司（SpaceX）；他想要可持续发展的能源，所以创办了一家太阳能公司和一家电动汽车公司。马斯克身材高大、英俊潇洒、知识渊博，很容易理解为什么人们愿意倾听他的见解。

不幸的是，这次麻省理工学院的活动也让我意识到媒体是可以多么的危言耸听、哗众取宠和四分五裂。马斯克在台上讲了一个小时关于太空探索的迷人话题,我认为这完全可以编辑成一档精彩的电视节目。最后,一个学生问了他一个关于人工智能的问题——这个问题其实与当天的话题无关。马斯克在回答中讲了"开发人工智能可能会召唤出恶魔"这么一句话,结果这成为当天大多数媒体报道的唯一事情。他们断章取义,揪着这句话不放。令我感到震惊的是,许多记者的报道与我们想在波多黎各完成的宗旨背道而驰,我们想通过强调共同点来构建社区共识,而媒体却想强调个中分歧。他们报道的争议越多,他们的尼尔森收视率和广告收入就越高。而且,我们希望让各界人士聚在一起,增进理解,而媒体报道却有意无意地引用了许多断章取义的话,加剧了人们对持异议者的不满,造成了误解。出于这个原因,我们禁止记者参加波多黎各会议,并实施"查塔姆大厦规则"(Chatham House Rule),也就是禁止与会者向外界透露会上谁说了什么[①]。

虽然我们的波多黎各会议最终取得了成功,但成功来之不易。在最后一段时间里,我们做了大量辛勤的准备工作。比如,我必须打电话或用 Skype 联系大量的人工智能研究者,好组成一个重量级的参会团队,才能吸引来更多参与者。还有一些戏剧性的时刻,比如,2014 年 12 月 27 日上午 7 点,我接到埃隆·马斯克从乌拉圭打来的电话。这个电话的通话质量十分糟糕。他说:"我认为这行不通。"他担心人工智能安全性

---

① 这段经历让我开始重新思考应当如何解读新闻。虽然我早就知道大部分报道都怀有政治目的,但我现在才意识到,它们不仅在政治上如此,而且在所有问题上(包括与政治无关的话题)都带有偏见。

研究计划可能会给人们带来错误的安全感,让那些不计后果的研究者误以为只需动动嘴皮子、聊聊人工智能的安全性就万事大吉了。虽然通话质量不断变糟,但我们还是充分讨论了将该话题纳入主流视野、促使更多人工智能研究者从事人工智能安全性工作的好处。通话结束后,马斯克给我发来了一封电子邮件,堪称我这辈子最爱的邮件之一:"刚才没信号了。无论如何,文档看起来不错。我很愿意在3年内为这个研究资助500万美元。或许,1 000万美元?"

4天后,2015年为我和梅亚开了一个好头——我们在会议前来了一次短暂的放松,在波多黎各的海滩上跳舞,看烟花照亮天空。会议也取得了一个良好的开端:人们普遍认为,需要开展更多的人工智能安全性研究。基于与会者的进一步讨论,我们之前精炼的研究重点文件得到了完善和落实。我们传阅了第1章中提到的人工智能安全性研究公开信,很高兴几乎每个人都签了字。

我和梅亚在酒店的房间里与埃隆·马斯克进行了一次神奇的会谈。他称赞了我们对资助项目的详细计划。梅亚感动于马斯克朴实坦率的个人生活以及他对我们的极大兴趣。他问我们是如何认识的,他很喜欢梅亚讲述的详细故事。第二天,我们为他拍摄了一个关于人工智能安全性问题以及他为什么支持人工智能安全性研究的采访视频[2]。一切似乎都走上了正轨。

会议的高潮是马斯克发布捐款声明,计划于2015年1月4日晚上7点举行。那是一个星期天。我感到非常紧张,以至于前一天晚上几乎睡不着觉。然而，在我们出发前往会议的 15 分钟之前遇到了麻烦！马斯克的助理打电话来说，他可能无法参加这个活动。梅亚说，她从没见过我如此紧张和失望。好在，就在活动开始的几秒前，马斯克终于赶来了。他解释说，两天后 SpaceX 要进行一次重要的火箭发射，他们希望让第一级火箭着陆在一艘遥控船上。如果成功，这将是人类有史以来的第一次。由于这将是一个重大的里程碑，SpaceX 团队不希望有其他事情来分散马斯克的媒体关注度。安东尼·阿奎尔一如既往的冷静和清醒，他指出，这意味着没有人想要媒体关注我们的会议，马斯克不想要，我们也不想要。活动推迟了几分钟开始，但我们制订了一个新计划：我们不打算提到捐赠的数额，这样媒体就会认为我们宣布的消息不值得关注，而且我会监督"查塔姆大厦规则"的执行，确保所有人都保守秘密，让大家在长达 9 天的时间里不泄露关于马斯克捐款声明的任何消息。之所以是 9 天，是因为 9 天后，他的火箭将到达太空站（无论着陆是否成功）；他说，如果火箭发射时发生了爆炸，他可能还需要比 9 天更多的时间。

倒计时终于归零，活动开始。我主持的超级智能小组成员仍然坐在我旁边的椅子上，他们是：埃利泽·尤德考斯基、埃隆·马斯克、尼克·波斯特洛姆、理查德·马拉、默里·沙纳汉、巴尔特·塞尔曼、谢恩·列格和弗诺·文奇。人们的掌声逐渐平息，但小组成员仍然坐在那里，因为是我让他们留下的，他们不知道我葫芦里卖的什么药。梅亚后来告诉我，当时她的脉搏跳到了最快。她在桌子下面紧紧抓着维多利亚·克拉科芙

娜平静的手。我笑了。我知道,这是我们努力已久、期盼已久、等待已久的时刻。在会议上我说道:

> 很高兴大家在"保证人工智能有益于人类,我们需要进行更多研究"上达成了共识,并且,我们也讨论出了许多马上就可以着手开展的具体研究方向。不过,既然我们已经在会议上谈到了严重的风险问题,那么,在大家出发到外面的酒吧和露天晚宴之前,最好先振奋一下精神,保持乐观的情绪。现在,我们把话筒交给埃隆·马斯克!

当马斯克拿着麦克风宣布他将捐出大量资金用于人工智能安全性研究时,我感到历史正在改变。不出所料,他博得满堂喝彩。按照计划,他并没有提到金额的多少,但我知道是说好的 1 000 万美元。实在太炫酷了!

会议结束之后,梅亚和我去瑞典和罗马尼亚分别拜访了我们的父母。在斯德哥尔摩,我们和我的父亲一起屏着呼吸观看了火箭发射直播。不幸的是,火箭着陆失败,终结于被马斯克委婉称为"RUD"的状态,这是"意外快速解体"(rapid unscheduled disassembly)的简写。又过了 15 个月,马斯克带领的团队终于成功实现了海上着陆。[3]他们的所有卫星都成功进入了轨道,我们的资助计划也一样。马斯克在社交平台上向他的几百万粉丝宣布了这一消息。

## 让人工智能安全性研究进入主流

波多黎各会议的一个重要目标是让人工智能的安全性研究进入主流。看到这个目标逐步实现,我十分振奋。第一步是会议本身。一旦研究者意识到他们的社群正在增长,就会开始喜欢讨论这个话题。很多参会者的鼓励让我深受感动。例如,康奈尔大学人工智能教授巴尔特·塞尔曼给我发电子邮件说:"我从未见过比你们组织得更好、更激动人心、更启发人智慧的科学会议。"

第二个主要步骤开始于 2015 年 1 月 11 日,当时马斯克在推特上发布"世界顶级人工智能开发者签署了致力于人工智能安全性研究的公开信",并链接到一个注册页面。该页面很快就收集了 8 000 多个签名,其中包括许多享誉全球的人工智能开发者。突然之间,那些爱说"担心人工智能的安全的人不知道自己在说什么"的人很难开口了,因为这意味着他们在说,世界上最牛的人工智能研究者也不知道自己在说什么,这显然不切实际。世界各地的媒体都报道了这封公开信,但他们报道的方式让我们觉得,禁止记者参加会议是一个明智的决定。虽然信中最危言耸听的词语不过是"陷阱",但却引发了诸如"埃隆·马斯克和斯蒂芬·霍金签署公开信,以预防机器人起义"这样的头条新闻,并配上了终结者的照片。在我们看过的数百篇文章中,我们最喜欢的一篇文章嘲讽地写道:"这个标题令人联想到机器人脚踩人类头骨的场景,将复杂和变革的技术变成了一场狂欢派对。[4]"幸运的是,也存在许多清醒的新闻文章,但它们给我们带来了另一个挑战,那就是如何对不断涌来的新签名进行手动验证，以保护我们的信誉，并除掉恶作剧签名，比如"HAL 9000""终结者""莎拉·珍妮特·康纳"和"天网"。为此，也为了今后的公开信，维多利亚·克拉科芙娜和亚诺思·克拉马尔组织了一个轮班制的志愿团队来检查签名。这个团队包括杰西·加莱夫、埃里克·佳斯特弗莱德和雷瓦蒂·库马尔，当身在印度的库马尔准备睡觉时，她就会把接力棒传递给身在波士顿的佳斯特弗莱德，然后再继续传递下去。

第三个主要步骤开始于4天后，当时马斯克在推特上发布了我们宣布他捐赠1 000万美元用于人工智能安全性研究的链接。一周之后，我们推出了一个在线通道，世界各地的研究者可以通过这个通道申请并竞争这笔资金。我们能如此迅速地推出申请系统，要多亏阿圭尔和我在过去的10年中一直运营类似的物理奖学金竞赛。位于加州的开放慈善项目（Open Philanthropy Project）通常聚焦于高影响力的捐赠，他们在马斯克的捐赠基础上又慷慨地加了一些，让我们能为研究者提供更多资金。我们不确定会有多少申请者，因为这个话题很新，截止日也没剩几天了。结果让我们震惊了——全世界大约有300个团队申请，总资金需求量大约1亿美元。一个由人工智能教授等研究人员组成的小组仔细审查了这些提案，并选出了37个获奖团队，资助他们3年的资金。当我们宣布获奖名单时，媒体对我们的报道产生了微妙的变化，再也没有终结者的照片。有志者，事竟成。人工智能安全性研究终于不再是空谈，而是有许多实际有用的工作要做。并且，许多优秀的研究团队纷纷卷起袖子加入进来。

第四个主要步骤是一个有机的过程，发生在接下来的两年里。全球范围内出现了大量技术出版物，还有几十个关于人工智能安全的研讨会，通常是作为主流人工智能会议的一部分。为了让人工智能社区参与到安全性研究中来，许多人已经坚持了许多年，但成功的次数寥寥无几。然而现在，事情真正起飞了。这些出版物中有许多是由我们的项目资助的。在未来生命研究所，我们尽自己最大的努力来帮助组织和资助尽可能多的研讨会，但我们看到，由人工智能研究者投入自己的时间和资源组织的会议占了越来越大的部分。因此，有越来越多的研究者从同行那里了解了人工智能安全性研究，并发现这些研究不仅有用，还可能很好玩，涉及有趣的数学和计算问题，够他们思考好一会儿了。

当然，并不是每个人都觉得复杂的方程很好玩。在波多黎各会议的两年之后，阿西洛马会议之前，我们还举办了一个技术研讨会。在会上，未来生命研究所资金的获奖者展示了他们的研究，大屏幕上的幻灯片里写满了数学符号。莱斯大学的人工智能教授摩西·瓦尔迪开玩笑说，他知道，一旦开会变成一件无聊的事，我们就成功地将人工智能安全性研究搞成了一个正式的研究领域。

人工智能安全性工作的迅速发展并不局限于学术界。亚马逊、DeepMind、Facebook、谷歌、IBM和微软发起了一个"人工智能有益运动"的行业伙伴关系[5]。我们最大的非营利性姊妹机构包括加州大学伯克利分校的机器智能研究所、牛津大学的人类未来研究所和剑桥大学的存在风险研究中心（Centre for the Study of Existential Risk）。由于在人工智能安全性研究方面获得了大额的新捐赠，这些机构得以扩展它们的研究。

此外，还有一些别的"人工智能有益运动"项目也因获得了 1 000 万美元（或者更多）捐助而启动了，包括剑桥大学莱弗休姆智能未来中心（Leverhulme Centre for the Future of Intelligence）、位于匹兹堡的高盖茨伦理与计算技术基金会（K&L Gates Endowment for Ethics and Computational Technologies）以及位于迈阿密的人工智能伦理与管理基金会（Ethics and Governance of Artificial Intelligence Fund）。最后，还有一件同样重要的事——埃隆·马斯克等企业家耗资 10 亿美元在旧金山开办了一家非营利性公司 OpenAI。人工智能安全性研究就此成型。

随着这一波研究的兴起，一大批个人意见和集体意见不断涌现。人工智能行业的合作伙伴关系发布了它的创始原则；美国政府、斯坦福大学和电气与电子工程师协会（简称 IEEE，世界上最大的技术专家组织）都发表了长篇报告和建议；除此之外还有几十份报告和意见书[6]。

我们希望促进阿西洛马会议与会者之间有意义的讨论，并希望了解这个多元化的社区到底有哪些共识。因此，卢卡斯·佩里承担了一项很重要的任务——阅读我们找到的所有文件，并提取出其中所有的观点。阿奎尔发起了一项马拉松式项目，在这个项目中，未来生命研究所团队召开了一系列长时间的电话会议，尝试将相似的意见集中在一起，删除冗长的官僚辞令，最后整理出一个简洁的原则列表，其中包括一些没有正式发表但拥有一定的影响力，并在某些非正式场合发表过的意见。不过，这个列表中有很多模糊和矛盾的地方，需要进一步解释。所以，在会议的一个月前，我们向参会者分享了这份列表，收集了他们的观点和修改意见,以及一些更新颖的原则。来自社群的投入极大改进了这份原则列表,最终成形,供会议使用。

图 9-3 一桌伟大的思想家正在阿西洛马思考有关人工智能的原则

这个集体努力的过程既费时又费力。在会议中,阿奎尔、梅亚和我都缩短了睡眠和午餐时间,争取尽早准备好下一步骤所需的所有内容。但这也令人兴奋。经过如此详细、棘手、时而争吵的讨论和如此广泛的反馈,我们惊喜地看到在最后的调研中,围绕许多原则涌现出了高度的共识,有些原则甚至获得了 97% 以上的支持率。这促使我们为最终列表设定了一个很高的标准:我们只保留至少 90% 参会者同意的原则。这意味着一些时髦的原则在最后时刻被摒弃了,包括我个人最喜欢的一些原则[7]。然而,这能让大多数参与者感到满意,愿意签名以表示支持。以下是结果。

# 阿西洛马人工智能原则

人工智能已经向全世界的人们提供了日常使用的有益工具。如果以下列原则为指导继续发展下去,我们将有惊人的机会帮助未来数十年甚至数百年后的人类,并赋予他们力量。

## 研究问题

1. **研究目标**:人工智能研究的目标应该是创造有益的智能,而不是没有方向的智能。

2. **研究经费**:在对人工智能的投资中,应该留出一部分资金来研究如何确保它的应用对人类有益,包括计算机科学、经济学、法律、伦理和社会研究中的棘手问题,例如:

a) 如何让未来的人工智能系统具备高度的稳健性,好让它们按我们的要求运行,而不会出现故障或被黑客攻入?

b) 如何通过自动化来实现繁荣发展,同时保留人类的资源和目标?

c) 如何升级法律系统,使其更加公正有效,以跟上人工智能的发展,并管理人工智能带来的风险?

d) 人工智能应该符合怎样的价值体系,以及它应该拥有怎样的法律和伦理地位?

3. **科学与政策的联系**:在人工智能研究者和政策制定者之间应该存在具有建设性的健康的信息交流。

4. **研究文化**：应该在人工智能研究者与开发者之中建立一种合作、信任和透明的文化。

5. **避免竞争**：开发人工智能系统的团队应该积极合作，避免在安全标准上偷工减料。

## 伦理与价值

6. **安全**：人工智能系统在它的整个运营寿命中应该是安全可靠的，并且，其安全性在其适用和可行之处必须是可验证的。

7. **故障透明度**：如果人工智能系统造成了危害，必须有方法查明原因。

8. **公平透明度**：自动化系统参与的任何法律决策都应该提供令人满意的解释，并且，这些解释能通过具有一定资质的权威人士的审计。

9. **责任**：先进人工智能系统的设计者和建造者是其使用、误用和行为的道德后果的利益相关者，肩负着承担这些后果的责任，也拥有承担这些后果的机会。

10. **价值定位**：高度自主的人工智能系统的设计应该保证它们的目标和行为在其运营寿命中与人类价值观相一致。

11. **人类价值**：人工智能系统的设计和运营应该符合人类尊严、权利、自由和文化多样性的理想。

12. **个人隐私**：在给予人工智能分析和使用人类数据的权利时，人类也应该有权利访问、管理和控制自己产生的这些数据。

13. **自由与隐私**：人工智能对个人数据方面的应用不应该不合理地剥夺人们的自由，包括真实的自由和感觉到的自由。

14. **共享利益**：人工智能技术应该惠及和赋予尽可能多的人口。

15. **共同富裕**：人工智能创造的经济效益应该被广泛分享，惠及所有人。

16. **人类控制**：人类应该决定要不要赋予人工智能决策权以及如何赋予它们决策权，以完成人类的目标。

17. **非颠覆**：由于控制了高度先进的人工智能系统而获得的权力应该尊重和改进健康社会所依赖的社会与公民程序，而不应该起到颠覆的反作用。

18. **人工智能军备竞赛**：应该避免开发致命自动化武器的军备竞赛。

## 长期问题

19. **能力警惕**：由于还未达成共识，我们应该避免在未来人工智能的能力上限方面做出强假设。

20. **重要性**：先进的人工智能可能为地球生命的历史带来深远的改变，应该用相应的谨慎和资源进行计划和管理。

21. **风险**：人工智能系统带来了一些风险，尤其可能带来灾难性的后果以及危及人类存在的风险，我们应该投入与这些风险的预期影响相称的努力，以缓解后果。

22. **迭代式自我改进**：设计出来迭代式自我改进或自我复制的人工智能系统，如果可能导致质量或数量的快速增长，那应该对其安全性和可控性进行严格的评估。

23. **公共利益**：超级智能只应该被开发以服务于广泛认同的伦理理念和全人类的利益，而不是服务于单个国家或组织的利益。

我们把这份原则发布在网上后，签名人数急剧增加。到现在，已经涵盖了超过1 000名人工智能研究者和许多顶级思想家。如果你也想加入，成为签名者，你可以访问这个网址：http://futureoflife.org/AI-principles。

令我们震惊的，不仅是这些原则获得了很多共识，还因为它们本身的力度就很强。诚然，其中一些原则乍一看就像"和平、爱和母性是有价值的"这种话，看起来似乎毫无争议，但却暗藏机关，只要设想一些与之违背的陈述，就很容易看出来。例如，"超级智能是不可能的"违反了第19条，"减少人工智能存在风险的研究完全是浪费"违反了第21条。你可以观看我们关于长期影响的小组讨论视频[8]，在那里你可以看到，埃隆·马斯克、斯图尔特·罗素、雷·库兹韦尔、丹米斯·哈萨比斯、山姆·哈里斯、尼克·波斯特洛姆、戴维·查尔默斯、巴尔特·塞尔曼、扬·塔里安这些人都同意超级智能有可能被开发出来。因此,人工智能的安全性研究非常重要。

我希望,阿西洛马人工智能原则能开启更多更细致的探讨,最终带来有据可依的应对人工智能的策略和政策。本着这样的精神,未来生命研究所媒体主管阿里尔·康恩(Ariel Conn)同塔克·戴维(Tucker Davey)等团队成员一起,采访了顶尖人工智能研究者对这些原则的看法以及他们的解读;与此同时,戴维·斯坦利(David Stanley)带领未来生命研究所一个国际化的志愿者团队将这份原则翻译成了多国语言。

## 警觉的乐观

正如我在开头所说,对生命的未来,我从来没有像现在这般乐观。请允许我向你分享我的个人故事,来解释一下为什么。

过去几年的经历因为两个不同的原因提升了我的乐观程度。首先,我亲眼目睹了人工智能界以非凡的方式聚集在一起,并与其他领域的思想家合作,积极应对未来的挑战。埃隆·马斯克在阿西洛马会议后告诉我,他惊讶地发现人工智能的安全性问题在短短几年内,从一个边缘问题进入了主流视野,我自己也感到同样惊喜。现在,不仅第3章中讨论的短期问题成了严肃的话题,甚至连阿西洛马人工智能原则中谈到的超级智能和存在风险也逐渐被越来越多的人讨论。这些原则如果放到两年前的波多黎各会议上,肯定无法通过——那时的那封公开信中最吓人的词也不过是"陷阱"而已。

我喜欢观察人。在阿西洛马会议的最后一天早上，我站在礼堂旁边，看着与会者聆听关于人工智能和法律的讨论。有一股温暖而模糊的感觉掠过我全身，让我非常感动。这与波多黎各会议如此不同！在波多黎各，我记得人工智能界大多数人对人工智能的态度是尊重和恐惧共存——并不是与我们针锋相对，但我和我那些关心人工智能的同事都觉得，这些人尚等待着我们去说服。而现在，我能明显感觉到他们和我们站在同一边了。正如你从本书中看到的那样，我依然不知道如何用人工智能创造美好的未来，所以，能成为这个不断成长的社区的一部分，与他们共同寻找答案，我感觉棒极了。

图 9-4  在阿西洛马会议上，寻找答案的人越来越多

我变得更加乐观的第二个原因是，未来生命研究所的经历赋予了我力量。在伦敦催我泪下的是一种面对必然无能为力的感觉：一个令人不

安的未来可能即将来临，而我们却无力回天。但接下来的三年时间里，我那忧郁的宿命感逐渐被消解了。如果一个名不见经传的志愿者团队都愿意免费为这个当今最重要的对话做出积极的贡献，那么请想象一下，如果全人类合力，我们将完成多么伟大的壮举！

埃里克·布莱恩约弗森在阿西洛马发表了演讲。在其中，他提到了两种乐观主义。第一种是无条件的乐观，比如，我们乐观地相信太阳明早一定还会出来。第二种是警觉的乐观，也就是说，相信只要计划周全、坚持不懈，就一定会有好的结果。我对未来的感觉，正是这第二种乐观。

那么，随着我们踏进人工智能的时代，你能为生命的未来做出什么积极的贡献呢？我认为，如果你还没准备好，那么第一大步就是努力成为一个警觉的乐观主义者。接下来我将解释一下原因。要成为一个成功的警觉乐观主义者，重要的是要对未来形成一个积极的愿景。每当麻省理工学院的学生来我的办公室咨询就业建议时，我通常会先问他们认为自己 10 年后会在哪里。如果一个学生回答"我可能会躺在癌症病房里，或者被汽车撞死了，埋在公墓里"，那我会对他毫不客气。只看到悲观的未来对职业规划来说是很糟糕的！诚然，把自己 100% 的精力都花在避免疾病和意外上，对抑郁症和妄想症患者来说是一个良方，但对幸福却不是。相反，我想听到学生激情四射地描述自己的目标，然后，我们就可以开始讨论要到达那里可能有哪些策略，同时如何避免陷阱。

布莱恩约弗森指出，根据博弈论，积极的愿景构成了世界上所有合作的大部分基础，从婚姻到企业并购，再到美国各州组成一个国家的决定。毕竟，如果不能得到更大的回报，为什么要牺牲一些自己拥有的东西？这意味着，我们不仅要为我们自己，还要为社会和全人类想象一个积极的未来。换句话说，我们需要更多的"存在希望"！虽然梅亚总是提醒我，从《弗兰肯斯坦》到《终结者》，人们在文学和电影作品中对未来的想象大都不甚理想。换句话说，全社会对未来的计划都很糟糕，就像我假想出来的那个麻省理工学院的学生一样。这就是为什么我们需要更多警觉的乐观主义者。这也是为什么我在这本书里一直鼓励你去思考，你想要什么样的未来，而不是你害怕什么样的未来。这样，我们才能找到共同的目标，然后一起努力去实现它。

在这本书里，我们看到了人工智能可能会带来巨大的机会和艰巨的挑战。有一个策略可能对所有人工智能挑战都有用，那就是让我们一起行动，在人工智能完全起飞之前对人类社会进行改善。如果我们教育年轻人，在技术获得巨大的力量之前保证技术是稳健而有益的，那一切就会变得更好。如果我们及时修改法律，让其跟上技术的发展，以免过时，那一切也会变得更好。如果我们能在国际争端升级为自动化武器军备竞赛之前就解决它们，那一切也会变得更好。如果我们能在人工智能加剧不平等现象之前就创造出一个人人富裕的社会，一切也会变得更好。如果在我们的社会中，人工智能安全性研究的成果得以实施，而不是被人忽视，那一切也会变得更好。再看得远一点，看看与超人类通用人工智能有关的挑战。如果我们在教给强大的智能机器基本伦理标准之前，在某些标准上达成了共识，那一切就会变得更好。在一个极端和混乱的世界里，有权有势的人有更大的动机和能力用人工智能来胡作非为，同时，比起彼此合作，争先恐后的通用人工智能开发团队们更有动力在安全性上偷工减料。总而言之，如果我们能创建一个齐心协力追求共同目标的和谐社会，那么，人工智能的变革极有可能会带来皆大欢喜的结果。

换句话说，想要改善生命的未来，最好的方法就是从明天开始做起。你有许多方式可以实现这一点。当然了，你可以用选票告诉代表你的政客，你对教育、隐私、自动化武器、技术性失业等问题的看法。但你每天也在通过其他事情进行投票，比如你买的东西、你阅读的新闻、你分享的信息和你扮演的角色。你是想成为一个打断人们谈话并检查他们手机的人，还是想要计划周全、小心谨慎地使用科技并从中获得力量？你想要拥有你的科技产品，还是被你的科技产品所拥有？你希望在人工智能时代身为一个人类的意义是什么？请和你周围的人讨论这些问题——这个话题不仅很重要，而且引人入胜。

我们就是未来生命的守护者，因为人工智能时代正在由我们塑造。虽然我在伦敦流下了眼泪，但我现在觉得，未来没有什么是必然发生、不可避免的。并且，我知道，要做出改变，比我想象的容易得多。我们的未来并没有镌刻在石头上，只等着发生——它要由我们来创造。让我们一起创造一个振奋人心的未来吧！

注释

## 01　欢迎参与我们这个时代最重要的对话

1. 让人工智能更强健和有益的公开信: http://futureoflife.org/ai-open-letter/.

2. 媒体对机器人危言耸听的报道案例: http://tinyurl.com/hawkingbots.

## 02　物质孕育智能

1. 关于通用人工智能（AGI）这个词的来源的注解: http://wp.goertzel.org/who-coined-the-term-agi.

2. 选自汉斯·莫拉维克于1998年发表的文章《当计算机硬件与人类大脑相媲美时》(*When will computer hardware match the human brain*), *Journal of Evolution and Technology*, vol. 1.

3. 在显示每年的计算成本的图片中，2011年以前的数据来自雷·库兹韦尔的书《人工智能的未来》(*How to Create a Mind*)，之后的数据是根据以下参考文献计算出来的：https://en.wikipedia.org/wiki/FLOPS.

4. 量子计算先驱戴维·多伊奇在下面这本书中描述了他为什么把量子计算视为平行宇宙的证据：David Deutsch 1997, *The fabric of reality*, Allen Lane。如果你想了解我对量子平行宇宙的看法（我将其视为四层多重宇宙中的第三层），你可以读一下我的前一本书：《穿越平行宇宙》。

## 03　不远的未来：科技大突破、变故、法律、武器和就业

1. DeepMind 公司的深度强化学习人工智能教自己玩计算机游戏《打砖块》的视频：https://tinyurl.com/atariai.

2. DeepMind 公司的人工智能如何玩雅达利游戏的相关论文：http://tinyurl.com/ataripaper.

3. 《纽约时报》关于机器翻译的最新进展的文章：http://www.nytimes.com/2016/12/14/magazine/the-%20great-%20ai-%20awakening.htm.

4. 威诺格拉德模式挑战赛：http://tinyurl.com/winogradchallenge.

5. 调查委员会提供的"阿丽亚娜 5 号"501 号飞行故障报告：http://tinyurl.com/arianeflop.

6. NASA 的火星气候探测器事故调查委员会第一阶段报告：http://tinyurl.com/marsflop.

7. 关于"水手 1 号"金星任务失败事故，最详细一致的分析认为，失败原因是手工抄写时导致一个数学符号错误（丢失了一个上画线）：http://tinyurl.com/marinerflop.

8. 苏联的"福波斯 1 号"火星任务的失败，在这本书的 308 页有详细描述：

*Soviet Robots in the Solar System*, Wesley Huntress & Mikhail Marov 2011, Praxis Publishing.

9. 未经验证的软件如何让骑士资本集团在45分钟内损失了4.4亿美元：http://tinyurl.com/knightflop1 和 http://tinyurl.com/knightflop2.

10. 美国政府对华尔街"闪电崩盘"事故的报告：http://tinyurl.com/flashcrashreport.

11. 基于社区的"微观装配实验室"的全球地图：https://www.fablabs.io/map.

12. 关于罗伯特·威廉姆斯被工业机器人杀死的新闻文章：http://tinyurl.com/williamsaccident.

13. 关于浦田健志被工业机器人杀死的新闻文章：http://tinyurl.com/uradaaccident.

14. 大众汽车工人被工业机器人杀死的新闻文章：http://tinyurl.com/baunatalaccident.

15. 美国政府对工厂事故的报告：https://www.osha.gov/dep/fatcat/dep_fatcat.html.

16. 汽车事故统计数据：http://tinyurl.com/roadsafety2%20and%20http://tinyurl.com/roadsafety3.

17. 特斯拉自动驾驶汽车第一起事故的新闻报道：http://tinyurl.com/teslacrashstory；美国政府的报告：http://tinyurl.com/teslacrashreport.

18. 一本描述"自由企业先驱号"灾难的书：R. B. Whittingham, *The Blame Machine: Why Human Error Causes Accidents*, Elsevier 2004.

19. 2003年美国和加拿大停电事故的官方报告：http://tinyurl.com/

uscanadablackout.

20. 三里岛事故调查委员会的最终报告：http://www.threemileisland.org/downloads/188.pdf.

21. 荷兰一项研究表明，在对MRI图像进行前列腺癌诊断时，人工智能的表现超过人类放射科医生：http://tinyurl.com/prostate-ai.

22. 斯坦福大学的一项研究表明，人工智能在诊断肺癌时的表现比人类病理学家还要好：http://tinyurl.com/lungcancer-ai.

23. Therac-25放疗事故调查：http://tinyurl.com/theracfailure.

24. 因用户界面不清楚而导致的放疗设备辐射过量致命事故调查报告：http://tinyurl.com/cobalt60accident.

25. 手术机器人操作不良造成的事故的研究：https://arxiv.org/abs/1507.03518.

26. 这篇文章描述了糟糕的住院治疗导致的死亡数量：http://tinyurl.com/medaccidents.

27. 10亿雅虎账号用户被攻击，为"大规模攻击"制定了新的标准：https://www.wired.com/2016/12/yahoo-hack-billion-users/.

28. 《纽约时报》上一篇关于三K党凶手被宣判无罪，后又被定罪的文章：http://tinyurl.com/kkkacquittal.

29. Danziger等人在2011年进行的研究（http://www.pnas.org/content/108/17/6889.full）声称，饥饿的法官会更严厉，但这个研究被Weinshall-Margela & John Shapard批评说是有缺陷的（http://www.pnas.org/content/108/42/E833.full），但Danziger等人坚称他们的结论是有效的：http://www.pnas.org/content/108/42/E834.full.

30. 关于累犯预测软件中存在种族偏见的报告：http://tinyurl.com/robojudge.

31. 在审讯时使用功能磁共振成像等脑扫描技术获取的数据作为证据，是争议性非常高的，因为人们怀疑这种技术的可靠性，但一些团队声称其准确性高于 90%：http://journal.frontiersin.org/article/10.3389/fpsyg.2015.00709/full.

32. PBS 拍摄了一部电影《那个拯救世界的男人》(*The Man Who Saved the World*)，描述了瓦西里·阿尔希波夫如何以一人之力避免了苏联的核攻击。

33. 斯坦尼斯拉夫·彼得罗夫如何将美国核攻击的警报视为假警报的故事后来被改编为一部电影《那个拯救世界的男人》(*The Man Who Saved the World*)（不要和前一条注释中的那部电影混淆了，它们虽然名字相同，但是两部不同的电影）。彼得罗夫后来被联合国授予了"世界公民奖"的荣誉。

34. 人工智能和机器人学家关于自动化武器的公开信：http://futureoflife.org/open-letter-autonomous-weapons/.

35. 一名美国政府官员似乎在警告人工智能军备竞赛：http://tinyurl.com/workquote.

36. 牛津赈灾会（Oxfam）关于全球财富不平等状况的报告：http://tinyurl.com/oxfam2017.

37. 一项关于美国从 1913 年以来的财富不平等状况的研究：http://gabriel-zucman.eu/files/SaezZucman2015.pdf.

38. 关于技术驱动的不平等，有一个很好的介绍，请参见："*The Second Machine Age: Work, Progress, and Prosperity in a Time of Brilliant Technologies*" by Erik Brynjolfsson & Andrew McAfee, Norton, 2014.

39. 数据来自：Facundo Alvaredo, Anthony B. Atkinson, Thomas Piketty, Emmanuel Saez, and Gabriel Zucman, The World Wealth and Income Database (http://www.wid.world, 31/10/2016)，包括资本利得。

40. 《大西洋月刊》上关于受教育程度较低者的工资降低的文章：http://tinyurl.com/wagedrop.

41. 詹姆斯·玛尼卡（James Manyika）关于收入从劳动转向资本的演讲：http://futureoflife.org/data/PDF/james_manyika.pdf.

42. 牛津大学关于未来职业自动化的预测（http://tinyurl.com/automationoxford），以及麦肯锡的预测（http://tinyurl.com/automationmckinsey）。

43. 马林·索里亚奇克（Marin Soljačić）在2016年的一次研讨会上探讨了这些选项："发狂的计算机：人工智能的发展对社会的影响和意义。"http://futureoflife.org/2016/05/06/computers-gone-wild/.

44. 安德鲁·麦卡菲关于如何创造更多好工作的建议：http://futureoflife.org/data/PDF/andrew_mcafee.pdf.

45. 美国劳工统计局：http://www.bls.gov/cps/cpsaat11.htm.

46. 认为技术性失业"这次不一样"的论据：Robots Will Steal Your Job, but That's OK, Federico Pistono 2012, http://robots-willstealyourjob.com.

47. 美国马匹数量的变化：http://tinyurl.com/horsedecline.

48. 综合分析表明，失业会影响幸福感：Maike Luhmann et al. 2012: *"Subjective well-being and adaptation to life events: a meta-analysis"*, Journal of personality and social psychology 102.3 (2012): 592, https://www.ncbi.nlm.nih.gov/pmc/articles/PMC3289759.

49. 关于如何提升人们幸福感的研究：Angela Duckworth, Tracy Steen, and Martin Seligman 2005, *Positive Psychology in Clinical Practice* (http://tinyurl.com/wellbeingduckworth)，Weiting Ng & Ed Diener, *"What matters to the rich and the poor? Subjective well-being, fi-nancial satisfaction, and postmaterialist needs across the world."*, Journal of

personality and social psychology 107.2 (2014): 326 (http://psycnet. apa.org/journals/psp/107/2/326), Kirsten Weir 2013, "More than job satisfaction" (http://www.apa.org/monitor/2013/12/ job- satisfaction. aspx).

50. 将 $10^{11}$ 个神经元、每个神经元 $10^4$ 个连接、每秒每个神经元大约放电 1( $10^0$ )次乘起来,结果表明,大约 $10^{15}$ FLOPS( 1 petaFLOPS)就足以模拟人类大脑,但是,还有许多复杂的东西是我们理解得不甚透彻的,包括放电的具体时机,以及是否也需要模拟神经元和突触的较小部件。根据 IBM 计算机科学家哈蒙德拉·莫得哈(Dharmendra Modha)估计,需要 38 petaFLOPS(http:// tinyurl.com/javln43),而神经科学家亨利·马克拉姆(Henry Markram)估计大约需要 1 000 petaFLOPS(http://tinyurl.com/6rpohqv)。人工智能研究者卡特娅·格蕾丝和保罗·克里斯蒂亚诺则认为,大脑模拟最昂贵的部分并不是计算,而是通信,但即便如此,这也已经是目前最好的超级计算机可以完成的任务了: http://aiimpacts.org/about。

51. 这篇论文包含关于人脑计算能力的有趣估算: Hans Moravec 1998, "When will computer hardware match the human brain", *Journal of Evolution and Technology*, vol. 1.

## 04 智能爆炸?

1. 第一只机器鸟的视频: https://www.ted.com/talks/a_robot_that_flies_like_a_bird.

## 05 劫后余波, 未知的世界: 接下来的 1 万年

1. 这句关于人工智能尊敬人类的话引用自这本书: Ray Kurzweil 2005, *The Singularity is Near*, Viking Press.

2. 描述本·格策尔的"保姆人工智能"情景的文章：https://wiki.lesswrong.com/wiki/Nanny_AI.

3. 关于机器与人类的关系，以及机器是不是我们的奴隶的文章：http://tinyurl.com/aislaves.

4. 尼克·波斯特洛姆在他的《超级智能》一书中讨论了"智能犯罪"，并在这篇更近一些的论文中讨论了更多技术细节：Nick Bostrom, Allan Dafoe & Carrick Flynn 2016, "Policy Desider- ata in the Development of Machine Superintelligence", http://www.nickbostrom.com/papers/aipolicy.pdf.

5. 东德间谍组织头领的回忆录：http://www.mcclatchydc.com/news/nation- world/national/article24750439.html.

6. 人们为什么会有动机创造出没有人想要的东西？对于这个问题，我推荐一个发人深省的反思："Meditations on Molloch" http://slatestarcodex.com/2014/07/30/meditations- on- moloch.

7. 一个关于核战争可能因意外而爆发的互动式时间线：http://tinyurl.com/nukeoops.

8. 美国铀处理和核试验辐射受害者获得的赔偿金：https://www.justice.gov/civil/awards- date- 04242015.

9. 美国对核爆电磁脉冲的研究报告：http://www.empcommission.org/docs/A2473- EMP_Commission-7MB.pdf.

10. 美国和苏联科学家分别警告里根和戈尔巴乔夫关于核冬天风险的独立研究：

    a) Crutzen, P. J. & Birks, J. W. 1982, "*The atmosphere after a nuclear war*: Twilight at noon", Ambio,11.

    b) Turco, R.P., Toon, O. B., Ackerman, T. P., Pollack, J. B. & Sagan,

C. 1983, "*Nuclear winter: Global consequences of multiple nuclear explosions*", Science, 222, 1283-1292.

c) Aleksandrov, V. V. & Stenchikov, G. L. 1983, "*On the modeling of the climatic consequences of the nuclear war*", Proceeding on Applied Mathematics, 21: Computing Centre of the USSR Academy of Sciences, Moscow.

d) Robock, A. 1984, "*Snow and ice feedbacks prolong effects of nuclearwinter*", Nature, 310, 667-670.

11. 对全球核战争的环境影响的计算: Robock A., Oman, L. & Stenchikov, L. 2007, "*Nuclear winter revisited with a modern climate model and current nuclear arsenals: Still catastrophic consequences*", J. Geophys. Res., 12, D13107.

## 06 挑战宇宙禀赋：接下来的 10 亿年以及以后

1. 安德斯·桑德伯格（Anders Sandberg）收集的关于戴森球的资料: http://tinyurl.com/dysonsph.

2. 弗里曼·戴森关于戴森球的开创性论文: Freeman Dyson 1959, "Search for Artificial Stellar Sources of Infrared Radiation", it Science, vol. 131, 1667-1668.

3. 路易斯·克兰和肖恩·威斯特摩兰解释了他们提出的黑洞引擎: http://arxiv.org/pdf/0908.1803.pdf.

4. 一张来自欧洲粒子物理研究所（CERN）的漂亮的信息图，总结了已知的基本粒子: http://tinyurl.com/cernparticle.

5. 在宇宙中，小星系远远比大星系多。如果我们算上那些质量只相当于银河系百万分之一的微型星系,那么,星系的总数预计会上升到 2 000 亿~2 万亿这么多:https://arxiv.org/pdf/1607.03909.pdf。

6. 关于激光帆的教育片:http://www.lunarsail.com/LightSail/rit-1.pdf。

7. 杰伊·奥尔森分析了在宇宙中扩张的文明:http://arxiv.org/abs/1411.4359。

8. 第一篇对我们遥远未来的全面科学分析:Dyson, Freeman J. 1979, "*Time without end: Physics and biology in an open universe*", Reviews of Modern Physics 51.3, 447, http://tinyurl.com/dysonfuture。

9. 上面提到过的塞思·劳埃德的方程告诉我们,在一个时间段 $\tau$ 内运行一个计算过程需要消耗的能量 $E \geq h/4\tau$,其中 h 是普朗克常量。如果我们想在时间 T 内一个接一个地完成 N 个计算运算,那么,$\tau = T/N$,因此,$E/N \geq hN/4T$。这告诉我们,我们可以用能量 E 和时间 T 来执行次串行运算。所以,能量和时间都是资源。如果有许多能量和资源,将大有裨益。如果你将你的能量分割成 N 个不同的并行计算,那它们的速度会变慢,但能量效率会提高。尼克·波斯特洛姆估计,要模拟一个人 100 年的人生,大约需要 $N = 10^{27}$ 次运算。

10. 如果你想知道为什么生命的起源可能需要非常偶然和侥幸的事件,使得我们最近的邻居也在 101 000 米之外,那么,我推荐普林斯顿物理学家兼天文生物学家埃德温·特纳(Edwin Turner)做的视频(扫码中文版序最后一页上的二维码,获取"湛庐阅读"APP,搜索"生命 3.0"获取精彩视频)。

11. 马丁·里斯关于寻找地外智能生命的文章:https://www.edge.org/annual-question/2016/response/26665。

## 07 目 标

1. 一篇关于杰里米·英格兰的"耗散驱动适应性效应"理论的科普文章: https://www.scientificamerican.com/article/a-new-physics-theory-of-life/. 这本书打下了许多基础: Ilya Prigogine & Isabelle Stengers 1984, *Order Out of Chaos: Man's New Dialogue with Nature*, Bantam.

2. 关于感觉以及它们的生理基础:

   a) *Principles of Psychology*, William James 1890, Henry Holt & Co.

   b) *Evolution of Consciousness: The Origins of the Way We Think*, Robert Ornstein 1992, Simon & Schuster.

   c) *Descartes' Error: Emotion, Reason, and the Human Brain*, Antónonio Damasio 2005, Penguin.

   d) *Self Comes to Mind: Constructing the Conscious Brain*, Antó nio Damá sio 2012, Vintage.

3. 埃利泽·尤德考斯基曾经讨论过,不需要让友好的人工智能的目标与我们目前的目标相一致,但需要让它们符合我们的"连贯推断意志"(Coherent Extrapolated Volition,简称CEV)。简单而言就是说,假设我们的知识更多、思考的速度更快、代表的人数更多,那么,一个理想化的人类想要什么东西。尤德考斯基在2004年发表了关于CEV的文章(http://intelligence.org/files/CEV.pdf),之后不久,就开始批评这种思想。因为它很难实施,也因为不清楚它是否能收敛到任何确定的东西上。

4. 逆向增强学习方法的一个核心思想是,人工智能试图最大限度满足的不是它自己的目标,而是人类的目标。因此,在不清楚它的主人想要什么时,它有动机保持谨慎,并试图找出这个目标。如果它的主人关掉它也应该没关系，因为这意味着它误会了主人的意思。

5. 史蒂夫·奥莫亨德罗关于人工智能目标涌现的论文：http://tinyurl.com/omohundro2008.

6. 下面这本发人深省的书，讨论了当智能盲目服从命令而不质疑其伦理偏见的时候，会发生什么事：Hanna Arendt (1963), "*Eichmann in Jerusalem: A Report on the Banality of Evil*", Penguin. 类似的困境也适用于埃里克·德莱克斯勒近期提出的一个想法（http://www.fhi.ox.ac.uk/reports/2015-3.pdf）——将超级智能分割成无法理解全局的简单部分，以此来控制超级智能。如果这种方法可行的话，这或许为超级智能提供了一个缺乏固有道德规范的强有力工具，它会尽力实现主人任何心血来潮的命令，而不考虑任何道德问题。这会让人想起反乌托邦极权主义情景中的分裂的官僚机构：一个部门负责建造武器，但不知道这些武器是如何使用的；另一个部门负责处决罪犯，却不知道他们犯了什么罪，等等。

7. 现代版本的黄金定律是约翰·罗尔斯（John Rawls）提出的：在一个假想的情况中，如果人们不会提前知道自己是该情况中的哪个角色时，就没有人想改变原始的情况。

8. 比如说，希特勒的一些高级官员的 IQ 值都很高：http://tinyurl.com/nurembergiq.

## 08　意　识

1. 斯图尔特·萨瑟兰（Stuart Sutherland）写的意识条目非常迷人：*Macmillan Dictionary of Psychology*, Macmillan, 1989, ISBN 978-0-333-38829-7.

2. 量子力学的创始人之一埃尔温·薛定谔在他的书《心灵与物质》(*Mind and*

*Matter*）中思考"过去"的时候，做出了上述精彩的评论，以及如果有意识的生命从来没有进化出来过，会发生什么事情。另一方面，人工智能的崛起提出了一个符合逻辑的可能性，那就是，我们在未来可能会演出一场无人观看的戏剧。

3. 斯坦福哲学百科全书对"意识"的不同定义和使用做出了广泛的调研：http://tinyurl.com/stanfordconsciousness.

4. Yuval Noah Harari 2017, Homo Deus, p116.

5. 一个先驱对"系统1"和"系统2"的精彩介绍：Daniel Kahneman 2011, *Thinking, Fast and Slow*, Farrar, Straus & Giroux.

6. 参见：*The Quest for Consciousness*: A Neurobiological App-roach, Christof Koch 2004, W. H. Freeman.

7. 在每秒进入我们大脑的信息中，我们可能只意识到了很少的部分（比如说10～50比特）：Küpfmüller, K. 1962, "*Nachricht-enverarbeitung im Menschen*", in Taschenbuch der Nachrichtenverarbeitung, Steinbuch, K., Ed., 1481-1502；Nørretranders, T. 1991, The User Illusion: *Cutting Consciousness Down to Size*, Viking.

8. "*The Future of the Mind: The Scientific Quest to Understand, Enhance, and Empower the Mind*", Michio Kaku 2014, Doubleday.

   a) "*On Intelligence*", Jeff Hawkins & Sandra Blakeslee 2007, Times Books.

   b) "*A neuronal model of a global workspace in effortful cognitive tasks*", Stanislas Dehaene, Michel Kerszberg & Jean-Pierre Changeux 1998, *Proceedings of the National Academy of Sciences*, 95, 14529-14534.

9. 近年来，意识相关神经区（NCC）的研究进入了神经科学界的主流。参见："*Neural correlates of consciousness in humans*"，Geraint Rees, Gabriel Kreiman & Christof Koch 2002, *Nature Reviews Neuroscience*, 3, 261-270, 和 "*Neural correlates of consciousness: Empirical and conceptual questions*"，Thomas Metzinger 2000, MIT press.

10. 连续闪烁抑制的工作原理：

    a) *The Quest for Consciousness:* A Neurobiological Approach, Christof Koch 2004, W.H. Freeman.

    b) "*Continuous flash suppression reduces negative afterimages*"，Christof Koch & Naotsugu Tsuchiya 2005, Nature Neuroscience, 8, 1096-1101.

11. "*Neural correlates of consciousness: progress and problems*"，Christof Koch, Marcello Massimini, Melanie Boly & Giulio Tononi 2016, *Nature Reviews Neuroscience*, 17, 307.

12. 参见这本书的第260页："*The Quest for Consciousness: A Neurobiological Approach*"，Christof Koch 2004, W.H. Freeman。斯坦福哲学百科全书对其展开了进一步的讨论（http://tinyurl.com/consciousnessdelay）。

13. 关于意识感知的同步性：

    a) *The Brain: The Story of You*, David Eagleman 2015, Pantheon.

    b) *Stanford Encyclopedia of Philosophy*, http://tinyurl.com/consciousnesssync.

14. "*Mind Time-The Temporal Factor in Consciousness*" Benjamin Libet 2004, Harvard University Press, "*Unconscious determinants of free decisions in the human brain*"，Chun Siong Soon, Marcel

Brass, Hans-Jochen Heinze, John-Dylan Haynes 2008, *Nature Neuroscience*, 11, 543-545, http://www.nature.com/neuro/journal/v11/n5/full/nn.2112.html.

15. 近期关于意识的理论方法的例子:

   a) *Consciousness explained*, Daniel Dennett 1992, Back Bay Books

   b) *In the Theater of Consciousness: The Workspace of the Mind*, Bernard Baars 2001, Oxford Univ. Press.

   c) *The Quest for Consciousness: A Neurobiological Approach*, Christof Koch 2004, Roberts.

   d) *A Universe Of Consciousness How Matter Becomes Imagination: How Matter Becomes Imagination*, Gerald Edelman & Giulio Tononi 2008, Hachette.

   e) *Self Comes to Mind: Constructing the Conscious Brain*, António Damásio 2012, Vintage.

   f) *Consciousness and the Brain: Deciphering How the Brain Codes Our Thoughts*, Stanislas Dehaene 2014, Viking.

   g) *"A neuronal model of a global workspace in effortful cognitive tasks"*, Stanislas Dehaene, Michel Kerszberg & Jean-Pierre Changeux 1998, *Proceedings of the National Academy of Sciences*, 95, 14529-14534.

   h) *"Toward a computational theory of conscious processing"*, Stanislas Dehaene, Lucie Charles, Jean-Ŕemi King & Śebastien Marti 2014, *Current opinion in neurobiology*, 25, 760-84.

16. 大卫·查尔默斯全面地讨论了"涌现"（emergence）这个词在物理学和哲学中的不同意义：http://cse3521.artifice.cc/Chalmers-Emergence.pdf.

17. 我关于"意识就是信息以某种复杂的方式处理时的感觉"的论证：

    a) https://arxiv.org/abs/physics/0510188.

    b) https://arxiv.org/abs/0704.0646.

    c) Max Tegmark 2014, Our Mathematical Universe, Random House.（中文书名：《穿越平行宇宙》）。

    d) 大卫·查尔默斯在他1996年的书《有意识的头脑》（*The Conscious Mind*）中也表达了相关的感觉："体验就是由内部而来的信息；物理学就是从外部而来的信息。"

18. "*A theoretically based index of consciousness independent of sensory processing and behavior*", Adenauer Casali et al. 2013, *Science translational medicine*, 5, 198ra105, http://tinyurl.com/zapzip.

19. 信息整合理论不适用于连续系统：

    a) https://arxiv.org/abs/1401.1219.

    b) http://journal.frontiersin.org/article/10.3389/fpsyg.2014.00063/full.

    c) https://arxiv.org/abs/1601.02626.

20. 克莱夫·韦尔林的短期记忆只能保持30秒（扫码中文版序最后一页上的二维码，获取"湛庐阅读"APP，搜索"生命3.0"获取对他的采访视频）。

21. 斯科特·阿伦森对信息整合理论的批评：http://www.scottaaronson.com/blog/?p=1799.

22. 斯科特·阿伦森对信息整合理论的批评，认为整合度不是意识的充分条件：http://tinyurl.com/cerrullocritique.

23. 信息整合理论预测，模拟的人类将是无意识的僵尸：http://rstb.royalsocietypublishing.org/content/370/1668/20140167.

24. 默里·沙纳汉对信息整合理论的批评：http://arxiv.org/ftp/arxiv/papers/1504/1504.05696.pdf.

25. 无意盲视：http://tinyurl.com/blindsight-paper.

26. 在每秒进入我们大脑的信息中，我们可能只意识到了很少的部分（比如说10-50比特）：Küpfmuüller, K. 1962, *"Nachrichtenverarbeitung im Menschen"*, in Taschenbuch der Nachrichtenverarbeitung, Steinbuch, K., Ed., 1481-1502；Nørretranders, T. 1991, *The User Illusion: Cutting Consciousness Down to Size*, Viking.

27. 支持和反对"不能获取的意识"（consciousness without access）的例子："*How neuroscience will change our view on consciousness*", Victor Lamme 2010, Cognitive Neuroscience, 204-20, http://www.tandfonline.com/doi/abs/10.1080/17588921003731586.

28. 这个问题及其相关问题在丹尼尔·丹尼特（Daniel Dennett）的《意识的解释》（*Consciouness Explained*）一书中有详细讨论。

29. 一个先驱对"系统1"和"系统2"的精彩介绍：Daniel Kahneman 2011, *Thinking, Fast and Slow*, Farrar, Straus & Giroux.

30. 斯坦福哲学百科全书的这篇文章对自由意志的争论进行了评述：https://plato.stanford.edu/entries/freewill.

31. 斯塞斯·劳埃德解释了为什么人工智能会觉得自己拥有自由意志（扫描中文版序最后一页上的二维码，获取"湛庐阅读"APP，搜索"生命3.0"获取视频）。

32. 参见: *Dreams of a Final Theory: The Search for the Fundam-ental Laws of Nature.*

33. 第一篇对我们遥远未来的全面科学分析: Dyson, Freeman J. 1979, "*Time without end: Physics and biology in an open universe*", Reviews of Modern Physics 51.3, 447, http://tinyurl.com/dysonfuture.

## 后记　未来生命研究所团队风云传

1. 波多黎各会议产生的那封公开信（http://futureoflife.org/ai-open-letter/）认为，如何让人工智能系统稳健和有益，这个问题不仅很重要，而且迫在眉睫，并指出，已经有一些具体的研究方向可供今天的人们研究，比如这份研究优先级文件: http://futureoflife.org/data/documents/research_priorities.pdf.

2. 我就人工智能的安全性问题对埃隆·马斯克进行了采访（扫码中文版序最后一页上的二维码，获取"湛庐阅读"APP，搜索"生命3.0"获取采访视频）。

3. 在这个视频集锦中，你可以看到SpaceX的几乎每一次火箭着陆尝试，从第一次成功的海上着陆开始（扫码中文版序最后一页上的二维码，获取"湛庐阅读"APP，搜索"生命3.0"获取采访视频）。

4. 这篇文章嘲笑了那些对我们的公开信危言耸听的新闻: http://www.popsci.com/open-letter-everyone-tricked-fearing-ai.

5. 致力于让人工智能有益于人类和社会的企业伙伴关系: https://www.partnershiponai.org.

6. 最近一些表达观点的人工智能报告：

    a) 斯坦福的人工智能百年研究: http://tinyurl.com/stanfordai.

b) 白宫关于人工智能未来的报告：http://tinyurl.com/obamaAIreport.

c) 白宫关于人工智能与就业的报告：http://tinyurl.com/AIjobsreport.

d) 电气和电子工程师协会关于人工智能和人类幸福的报告：http://standards.ieee.org/develop/indconn/ec/ead_v1.pdf.

e) 美国机器人发展路线图：http://tinyurl.com/roboticsmap.

7. 在被删掉的原则中，我最喜欢的是这个："意识警惕：由于还未达成共识，我们应该避免对先进的 AI 是否拥有意识或是否需要意识或感觉做出强假设。"这个原则经历了多次修改，在最后的版本中，"意识"这个颇有争议的词被"主观体验"所替代，但这个原则只获得了 88% 的认可，差一点就达到 90% 的标准了。

8. 与埃隆·马斯克等伟大的思想家一起探讨超级智能的讨论小组：http://tinyurl.com/asilomarAI.

# 致谢

我很感激每一位鼓励和帮助我写这本书的人。

我的家人、朋友、老师、同事和合作者多年来对我的支持和启发；

我的母亲点燃了我对意识与意义的好奇心；

我的父亲为了让世界变得更美好而不懈奋斗；

我的儿子菲利普和亚历山大证明了人类水平智能的奇迹。

感谢这么多年以来全世界各地与我联系的科技爱好者们，他们分享问题和评论，并鼓励我追寻和发表我的思想。

感谢我的经纪人约翰·布罗克曼（John Brockman），他一直向我"施压"，直到我同意写这本书；感谢鲍勃·佩纳（Bob Penna）、杰西·塞勒（Jesse Thaler）和杰里米·英格兰（Jeremy England），他们分别与我进行了关于类星体、溜滑子和热力学问题的讨论。

感谢那些读过部分手稿并给予我反馈的人，包括我的母亲、我的兄弟佩尔（Per）、路易莎·巴赫特（Luisa Bahet）、罗伯特·本辛格（Robert Bensinger）、凯特琳娜·伯格斯特龙（Katerina Bergström）、埃里克·布莱恩约弗森（Erik Brynjolfsson）、丹妮拉·奇塔（Daniela Chita）、戴维·查尔默斯（David Chalmers）、尼马·德赫加尼（Nima Deghani）、亨利·林（Henry Lin）、艾琳·马尔姆斯科尔德（Elin Malmsköld）、托比·奥德（Toby Ord）、杰里米·欧文（Jeremy Owen）、卢卡斯·佩里（Lucas Perry）、安东尼·罗梅罗（Anthony Romero）和纳特·索尔斯（Nate Soares）。

还要感谢对整本书的草稿提出评论的超级英雄们，他们是梅亚、我的父亲、安东尼·阿奎尔（Anthony Aguirre）、保罗·埃尔蒙德（Paul Almond）、马修·格拉夫斯（Matthew Graves）、菲利普·赫尔比格（Philip Helbig）、理查德·马拉（Richard Mallah）、戴维·马布尔（David Marble）、霍华德·梅辛（Howard Messing）、路易诺·西奥亚尼（Luiño Seoane）、马林·索里亚彻克（Marin Soljačić）、扬·塔里安（Jaan Tallinn）和我的编辑丹·弗兰克（Dan Frank）。

最应该感谢的是我心爱的缪斯与旅伴——梅亚，她给予我不懈的鼓励、支持和启迪。没有她，这本书将不复存在。

# 未来，属于终身学习者

我们正在亲历前所未有的变革——互联网改变了信息传递的方式，指数级技术快速发展并颠覆商业世界，人工智能正在侵占越来越多的人类领地。

面对这些变化，我们需要问自己：未来需要什么样的人才？

答案是，成为终身学习者。终身学习意味着永不停歇地追求全面的知识结构、强大的逻辑思考能力和敏锐的感知力。这是一种能够在不断变化中随时重建、更新认知体系的能力。阅读，无疑是帮助我们提高这种能力的最佳途径。

在充满不确定性的时代，答案并不总是简单地出现在书本之中。"读万卷书"不仅要亲自阅读、广泛阅读，也需要我们深入探索好书的内部世界，让知识不再局限于书本之中。

# 湛庐阅读 App: 与最聪明的人共同进化

我们现在推出全新的湛庐阅读 App，它将成为您在书本之外，践行终身学习的场所。

- 不用考虑"读什么"。这里汇集了湛庐所有纸质书、电子书、有声书和各种阅读服务。
- 可以学习"怎么读"。我们提供包括课程、精读班和讲书在内的全方位阅读解决方案。
- 谁来领读？您能最先了解到作者、译者、专家等大咖的前沿洞见，他们是高质量思想的源泉。
- 与谁共读？您将加入优秀的读者和终身学习者的行列，他们对阅读和学习具有持久的热情和源源不断的动力。

在湛庐阅读 App 首页，编辑为您精选了经典书目和优质音视频内容，每天早、中、晚更新，满足您不间断的阅读需求。

【特别专题】【主题书单】【人物特写】等原创专栏，提供专业、深度的解读和选书参考，回应社会议题，是您了解湛庐近千位重要作者思想的独家渠道。

在每本图书的详情页，您将通过深度导读栏目【专家视点】【深度访谈】和【书评】读懂、读透一本好书。

通过这个不设限的学习平台，您在任何时间、任何地点都能获得有价值的思想，并通过阅读实现终身学习。我们邀您共建一个与最聪明的人共同进化的社区，使其成为先进思想交汇的聚集地，这正是我们的使命和价值所在。

# CHEERS

## 湛庐阅读 App
## 使用指南

**读什么**
- 纸质书
- 电子书
- 有声书

**怎么读**
- 课程
- 精读班
- 讲书
- 测一测
- 参考文献
- 图片资料

**与谁共读**
- 主题书单
- 特别专题
- 人物特写
- 日更专栏
- 编辑推荐

**谁来领读**
- 专家视点
- 深度访谈
- 书评
- 精彩视频

HERE COMES EVERYBODY

下载湛庐阅读 App
一站获取阅读服务

Life 3.0: being human in the age of artificial intelligence / by Max Tegmark.

Copyright © 2017 by Max Tegmark. All right reserved.

本书中文简体字版由作者授权在中华人民共和国境内独家出版发行。未经出版者书面许可，不得以任何方式抄袭、复制或节录本书中的任何部分。

**版权所有，侵权必究。**

图书在版编目（CIP）数据

生命 3.0 /（美）迈克斯·泰格马克著；汪婕舒译
. -- 杭州：浙江教育出版社，2018.6（2025.2 重印）
ISBN 978-7-5536-7278-6

Ⅰ.①生… Ⅱ.①迈… ②汪… Ⅲ.①未来学—普及读物 Ⅳ.① G303-49

中国版本图书馆 CIP 数据核字（2018）第 080724 号

浙江省版权局
著作权合同登记章
图字:11-2018-289号

## 上架指导：经济管理 / 科技趋势

版权所有，侵权必究
本书法律顾问　北京市盈科律师事务所　崔爽律师

## 生命 3.0
SHENGMING 3.0
［美］迈克斯·泰格马克　著
汪婕舒　译

| | |
|---|---|
| **责任编辑：** | 赵清刚 |
| **美术编辑：** | 韩　波 |
| **封面设计：** | 杭州烧麦设计工作室 |
| **责任校对：** | 马立改 |
| **责任印务：** | 时小娟 |

| | | | |
|---|---|---|---|
| **出版发行：** | 浙江教育出版社（杭州市环城北路177号　电话：0571-88900883） | | |
| **印　　刷：** | 唐山富达印务有限公司 | | |
| **开　　本：** | 880mm×1230mm 1/32 | **成品尺寸：** | 147mm×210mm |
| **印　　张：** | 16 | **字　　数：** | 342 千字 |
| **插　　页：** | 6 | **版　　次：** | 2018 年 6 月第 1 版 |
| **印　　次：** | 2025 年 2 月第 14 次印刷 | **书　　号：** | ISBN 978-7-5536-7278-6 |
| **定　　价：** | 99.90 元 | | |

如发现印装质量问题，影响阅读，请电话联系调换。